Power Electronics

실용 전력전자공학

김철우 . 송연빈 共著

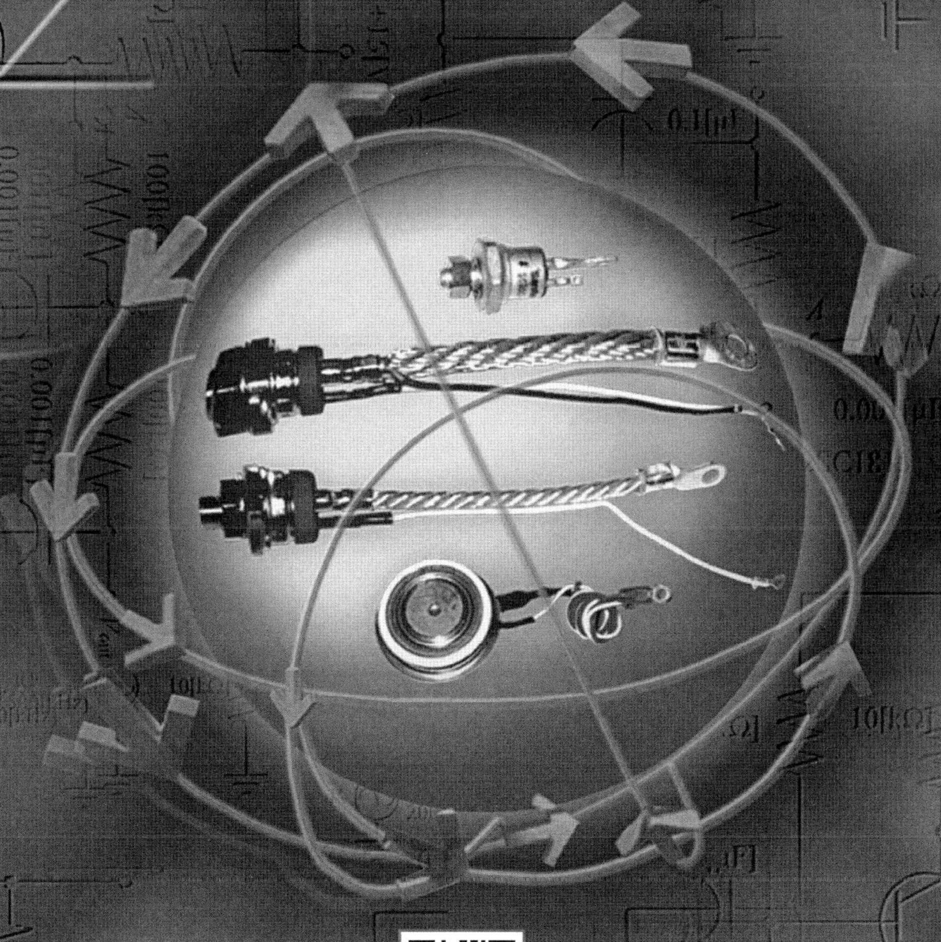

D.B.Info

머 리 말

오늘날 우리들은 급속한 기술 변화의 시대에 살고 있으며, 이제 독자적인 기술개발 없이는 혹독한 세계 경쟁에서 살아 남을 수 없게 되었습니다. 전력전자공학은 산업분야에서 응용이 날로 증대되고 있으며, 새로운 기술이 급속한 발전과 응용 제품이 다양하게 등장하고 있습니다. 각종 산업용 전동기의 제어, 유도가열, 조명제어, 무정전 전원장치, 전철용 견인 전동기의 제어, 엘리베이터 구동 전동기의 속도제어, 각종 로봇 구동 전동기의 제어, 스위칭 전원장치, 무접점 스위치, 전자식 릴레이, 무접점 접촉기 및 개폐기 등은 물론 앞으로 다음 세기의 교통수단이 될 전기 자동차, 자기부상열차, 새로운 에너지 저장장치, 우주선용 전원장치 등 그 이용분야는 무수히 확장되고 있습니다.

전력전자공학은 전력, 전자, 제어, 컴퓨터 분야가 서로 융합되어, 상호 깊은 관련이 있으며, 시스템화를 위하여 컴퓨터 제어 네트워크도 관련되기 때문에 시스템적인 연구가 필요한 분야입니다. 앞으로 소프트웨어에 의한 시뮬레이션 기술, 광기술 등 새로운 하드웨어 기술과도 연관이 될 것으로 예상됩니다.

이 책은 새로운 전력전자공학의 발전 추세를 고려하면서, 전기기사 대비 입문서 및 전력전자공학 분야에 대한 전기공학도들이 기본적으로 알아야 할 사항을 중심으로 구성하였습니다.

개정판에서는 제12장 전력전자 응용실습을 추가하여 실습회로, 실습재료 등을 상세히 다루어 실용적인 실습을 할 수 있도록 보완하였습니다.

앞으로 계속 보완 발전시킬 것을 약속드리며, 동학 제현의 아낌없는 질책을 바랍니다. 끝으로 이 책을 발간하는데 적극적으로 협력해 주신 복두출판사의 송광헌 사장님과 직원 여러분의 성원에 깊은 감사를 드립니다.

2001년 2월
저자 씀

차 례

제 1 장 전력전자공학의 개요

1.1 전력전자공학의 정의 11
1.2 전력변환 기술의 정의 12
1.3 전력 스위치의 개념 14
1.4 전력의 변환과 제어 17
1.5 응용 분야 19
■ 연습문제 23

제 2 장 전력용 다이오드

2.1 전력용 다이오드의 기능 27
2.2 전력용 다이오드의 특성 27
2.3 전력용 다이오드 회로의 스위칭 32
2.4 전력용 다이오드의 활용 35
■ 연습문제 40

제 3 장 정류기 회로

3.1 정류기의 특성 43
3.2 정류기의 회로분석 46
3.3 단상 반파 정류기 53
3.4 단상 전파 정류기 56
3.5 삼상 브리지 정류기 59
■ 실습과제 61
■ 연습문제 65

제 4 장 사이리스터

4.1 사이리스터의 특성 71
4.2 사이리스터의 스위칭 73
4.3 사이리스터의 구동회로 76
4.4 사이리스터의 형태 80
4.5 GTO 사이리스터 84
■ 실습과제 88
■ 연습문제 89

제 5 장 제어 정류기

5.1 제어 정류기의 특성 93
5.2 단상 제어 정류기 95
5.3 삼상 제어 정류기 99
5.4 제어 정류기의 역률 개선 106
■ 실습과제 113
■ 연습문제 115

제 6 장 전력용 트랜지스터

6.1 전력용 트랜지스터의 종류 119
6.2 바이폴라 트랜지스터 119
6.3 전력용 MOSFET 129
6.4 IGBT 134
■ 실습과제 136
■ 연습문제 137

제 7 장 AC-AC 컨버터

7.1 AC-AC 컨버터의 특징 141
7.2 단상 위상 제어 컨버터 142
7.3 싸이클로컨버터 146
■ 실습과제 148
■ 연습문제 149

제 8 장 DC-DC 컨버터

8.1 DC-DC 컨버터의 특징 153
8.2 벅 컨버터 155
8.3 부스트 컨버터 159
8.4 벅 부스트 컨버터 163
8.5 DC-DC 컨버터의 응용 166
■ 실습과제 170
■ 연습문제 173

제 9 장 인버터

9.1 인버터의 특징 177
9.2 단상 브리지 인버터 179
9.3 PWM 인버터 181
9.4 전동기 제어 응용 185
9.5 전동기 제어 시스템의 관리 196
■ 실습과제 203
■ 연습문제 205

제 10 장 무정전 전원 시스템

10.1 무정전 전원 시스템의 특징 ······ 209
10.2 무정전 전원 시스템의 구성 ······ 210
10.3 시설 및 계획 ······ 216
10.4 축전지의 시설 요점 ······ 222
■ 연습문제 ······ 228

제 11 장 고조파의 분석

11.1 고조파의 개요 ······ 231
11.2 고조파 장해 ······ 235
11.3 고조파의 관리 ······ 236
■ 연습문제 ······ 241

제 12 장 전력전자 응용실습

12.1 실습보고서 작성방법 ······ 244
12.2 오실로스코우프의 사용법 ······ 245
12.3 단상 반파 정류기의 제작 및 특성 실습 ······ 253
12.4 단상 전파 정류기의 제작 및 특성 실습 ······ 255
12.5 제어용 전원장치 제작 및 동작 실습 ······ 258
12.6 영점검출장치 제작 및 동작 실습 ······ 260
12.7 변환기 구동장치 제작 및 동작 실습 ······ 262
12.8 구동장치 절연회로 제작 및 동작 실습 ······ 264
12.9 단상 세미컨버터 제작 및 특성 실습 ······ 266
12.10 벅 컨버터 제작 및 특성 실습 ······ 268
12.11 인버터 구동 및 동작 실습 ······ 271

■ 부 록 ······ 275
■ 참고문헌 ······ 303
■ 찾아보기 ······ 304

제 1 장

전력전자공학의 개요

1-1 전력전자공학의 정의
1-2 전력변환 기술의 발전
1-3 전력 스위치의 개념
1-4 전력의 변환과 제어
1-5 응용분야

1.1 전력전자공학의 정의

전력전자공학(Power Electronics)은 전력, 전자, 제어, 컴퓨터, 통신분야가 종합적으로 결합되는 공학분야이다. 전력부문은 발전, 송전, 배전을 위한 정지형(static) 및 회전형 전력장치들을 다루고, 전자부문은 원하는 제어목표를 성취하기 위한 신호처리를 위한 전력용 반도체 소자와 그 회로를 다루며, 제어부문은 제어 시스템의 정특성과 동특성 등을 다룬다. 컴퓨터 및 통신부문은 하드웨어 및 소프트웨어적인 측면에서 시스템적으로 결합되어 향후 계속 발전될 부분이다. 따라서 전력전자공학은 전력용 반도체 소자를 이용하여 전력의 변환, 제어 등을 수행하는 공학분야로 정의할 수 있다. 응용분야는 전력기기, 전력 플랜트, 전력계통의 계측과 제어에 관한 공학 전반을 포함하며, 컴퓨터 및 통신을 이용한 응용 분야로 확대되고 있다. 그림 1.1은 이러한 전력전자공학의 관련 영역을 나타낸다.

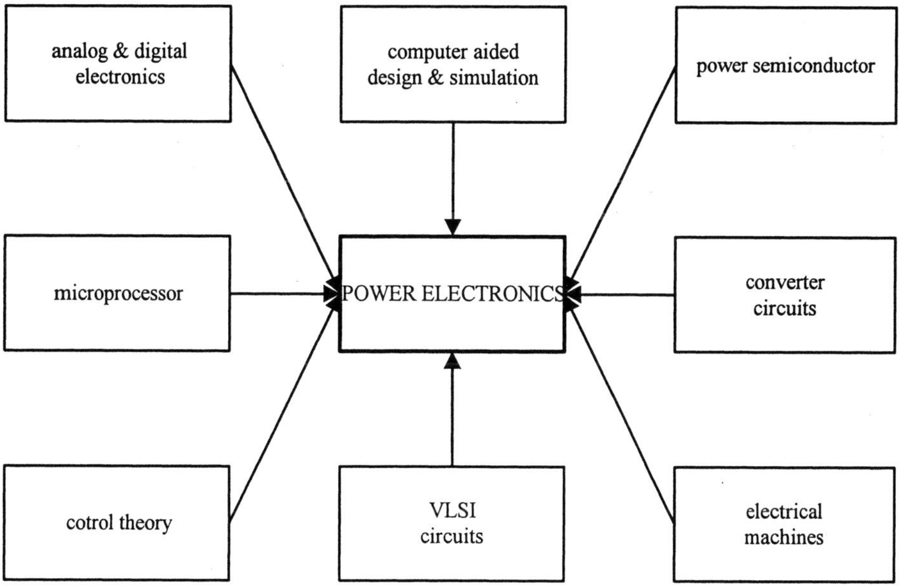

그림 1.1 전력전자공학의 관련분야

1.2 전력변환 기술의 발전

전력변환 기술의 개념은 직류기의 정류자로부터 출발되었는데, 이 정류자 즉 교류-직류변환기는 A.M.Ampere(1755-1836)의 지도로 Pixit(1808-1835)에 의하여 발명되었다. 이 시기에 전동기의 발달은 1821년 Arago의 디스크 실험, 1831년 Faraday의 전자유도 현상의 실험에서 시작되었다. 1870년 W.V.Siemens, Z.T.Gramme의 직류 전동기 발명, 1883년 J.Hopkinson의 동기전동기 발명, 1887년 G.Ferraris, W.Baily의 2상 유도 전동기 발명, 1888년 N.Tesla의 교류 회전자계의 발명, 1889년 M.D.Dobrowlsky(AEG)의 농형 유도 전동기의 발명이 이루어졌다.

본격적인 직접 기계적 변환인 회전형 컨버터는 1893년 C.Pollak에 의하여 발명되었다. 최초의 정지형 기기는 mercury arc rectifier로 1908년 P.Cooper Hewitt에 의하여 발명되었다. 이 기기는 손실이 너무 커서 사용전력이 제한되었으나, 개선된 제어 가능한 mercury arc valve가 I.Langmuir에 의하여 1914년 발명되고, 최초의 제어 가능한 mercury arc valve는 1927년 Siemens에 의하여 제작되었다. 기술발전에 따라 1965년경에 이 mercury arc valve는 전압 10KV, 전류 4KA정도까지 이용되었다.

이러한 제어 밸브들을 이용하여 1923년에 HVDC(High Voltage Direct Current) 송전, 1932년 무효전력(VAR) 제어, 16 2/3～50Hz의 전철용 컨버터의 구동, 교류 전동기 구동 등에 활용되었다.

그러나 전력전자공학의 급속한 발전은 1948년 BTL(Bell Telephone Laboratories)에서 Bardeen, Brattain, Schockley에 의한 실리콘 트랜지스터의 발명으로 시작되었다. 1956년 BTL에서 J.Moll은 PNPN 스위치에 실리콘을 사용하여야 함을 발명하고, 이 PNPN 스위치를 사이리스터(thyristor) 또는 SCR(silicon control rectifier)로 명명하였다. 본격적인 상업용 사이리스터는 1958년 미국 General Electric 사에서 생산되면서 전력전자공학의 발전은 본격화하기 시작하였다. 이 때의 사이리스터의 전압정격은 약 300V, 전류정격은 약 16A정도였다.

1970년 이래로 여러가지 전력용 반도체 소자들이 상용화되었고, 이들은 전력용 다이오드, 사이리스터, BJT(bipolar junction transistor), 전력용 MOS(metal oxide semiconductor), FET(feild effect transistor), IGBT(insulated gate bipolar transistor), SIT(static induction transistor)들로 분류되고 있다. 사이리스터도 GTO(gate turn off) 사이리스터, RCT(reverse conducting thyristor), SITH(static induction thyristor), GATT(gate assisted turn off thyristor), LASCR(light activated SCR), MCT(MOS controlled thyristor)로 분류되고 있다.

표 1.1 전력변환기술이 발전과정

연대 \ 구분	기 기	회 로	시 스 템
	• 직류 전동기 • 유도 전동기		
1900	• 진공관 • 수은정류기 • Thyratron • Ignitron • 회로증폭기 • 자기증폭기 • 트랜지스터	• 정류회로 • 싸이클로컨버터 • 공진형 인버터	
1950	• 접합형 트랜지스터 • FET,SIT • 게르마늄 다이오드 • 실리콘 다이오드 • Tyristor(1957)	• Jones 회로	• Ignitron 전차
1960	• 광 사이리스터 • GTO • TRIAC • IC,HIC	• McMurray회로 • PWM 인버터 • VVVF 인버터 • 다상 다중 쵸퍼 • 임펄스 전류회로 • TC 전류회로	• Tyristor Leonard 방식 • 교류전동기의 VVVF제어 • 사이리스터 모터 • UPS • 쵸퍼 전차 • HVDC
1970	• 마이크로프로세서 • GATT • 대용량 BJT • 파워 모듈 • 전력용 FET,SIT,SITh • 대용량 GTO	• DC-DC 컨버터 • 고역률 컨버터	• Active Filter • 무효전력조정장치 • 유도전동기 벡터제어 • AC 서보(NC,로보트용)
1980	• 인버터 모듈 • BI MOS • IGBT		• 인버터 에어콘 • 인버터 엘리베이터 • 인버터 전차
1990			• 태양전지,연료전지용 전원장치 • 자기부상식 철도 • 전기자동차

범용 다이오드는 전압 및 전류용량이 약 3,000V, 3,500A정도이고, 고속용은 약 3,000V, 1,000A정도이며, 역회복 시간은 약 0.1~5μsec이다. 자연 전류형 사이리스터는 전압 및 전류용량이 약 6,000V, 3,500A정도이고, 고속용 사이리스터의 턴 오프 시간은 약 1,200V, 2,000A정도에서 약 10~20μsec정도이다. RCT의 정격용량은 스위칭 시간 약 40μsec로 약 2,500V, 1,000A(역도통시 400A)정도이고, GATT의 용량은 스위칭 시간 약 8μsec로 약 1,200V, 400A정도이고, LASCR은 스위칭 시간 약 200~400μsec로 약 6,000V, 1,500A정도로 HVDC 송전에 이용되고 있다. GTO의 용량은 약

4,000V, 3,000A, SITH의 용량은 약 1,200V, 300A정도로 사용 주파수 범위는 GTO범위를 넘어 수백 kHz정도이고, MCT용량은 약 1,000V, 100A정도이다. 전력용 트랜지스터의 용량은 스위칭 주파수 10kHz정도 이하로 약 1,200V, 400A정도에서 널리 이용되고 있다. 전력용 MOSFET의 용량은 스위칭 주파수가 수십 kHz에서 약 1,000V, 50A정도이고, IGBT 용량은 스위칭 주파수 20kHz이상으로 약 1,200V, 400A정도이다. SIT의 용량은 스위칭 주파수 100kHz이상의 고속 스위칭으로 약 1,200V, 300A정도로 고전력, 고주파수 응용분야에 활용이 기대된다. 표 1.1에는 전력변환 기술의 발전과정을 기기, 회로 및 시스템별로 나누어 참고로 나타낸 것이다.

전력전자공학의 주요 기술들을 요약해 보면 다음과 같다.

(1) 전력용 반도체 소자 : 사이리스터, 전력용 트랜지스터에 이어, GTO, MOSFET, SITH, IGBT등 새로운 전력용 반도체 소자의 등장.
(2) 전력변환 회로 : 정류회로, 쵸퍼, 인버터, 싸이클로컨버터 등의 기본회로 외에 새로운 제어회로, 보호회로, 필터회로의 개발.
(3) 정지형 전원장치 : 직류 정전압 전원, 무정전 전원장치, 가열 및 용접용 전원, 싸이클로컨버터에 의한 항공기용 전원, 인버터에 의한 태양전지 및 연료전지용 전원, 전기자동차용 전원 등.
(4) 전동기 구동장치 : 사이리스터 레오나드 및 쵸퍼에 의한 직류 전동기 구동, 유도전동기의 벡터 제어 등.
(5) 최신 제어 : 적응제어, 최적제어, 퍼지제어, 마이크로 프로세서 이용 제어,
(6) 컴퓨터 시뮬레이션 : 전력전자 회로 해석, 각종 개발실험 활용.

1.3 전력 스위치의 개념

1.3.1 전력 스위치의 의미

전력 스위치는 전력의 변환과 제어의 가장 기초적인 동작인 전력의 온(on), 오프(off)를 행하는 기본 기기이다. 일반적으로 스위치라 하면 표 1.2에서의 접점 스위치를 의미한다. 이러한 접점 스위치는 전자력, 공기압력, 기계적인 동작 등에 의하여 접점을 기계적으로 개폐하여 전압 및 전류를 스위칭한다.

전력의 변환과 제어를 위하여 전력전자회로에서는 사이리스터와 같은 전력용 반도체 소자를 사용한다. 이러한 스위치를 반도체 스위치(정지형 스위치)라고 한다. 이러한 반도체 스위치는 수 kHz, 수십 kHz, 수백 kHz정도의 고속 온, 오프 동작이 가능하며, 전력을 고효율로 변환, 제어할 수 있다.

표 1.2 전력 스위치의 비교

구 분	접점 스위치	반도체 스위치
소 자	기계적 스위치	사이리스터, 전력용 트랜지스터 등 전력용 반도체 소자
동 작	저속 온, 오프	고속 온, 오프
용 도	대전력 개폐,절환	전력의 변환과 제어
응용기기	차단기, 릴레이 등	쵸퍼, 인버터 등

1.3.2 전력 스위치에서의 전력손실

그림 1.2에서 스위치를 통하여 흐르는 전류의 순시값을 i, 스위치 양단의 전압의 순시값을 v라 하면 스위치에서 발생하는 내부 전력손실 p는 다음 식으로 표시된다.

$$p = vi \tag{1.1}$$

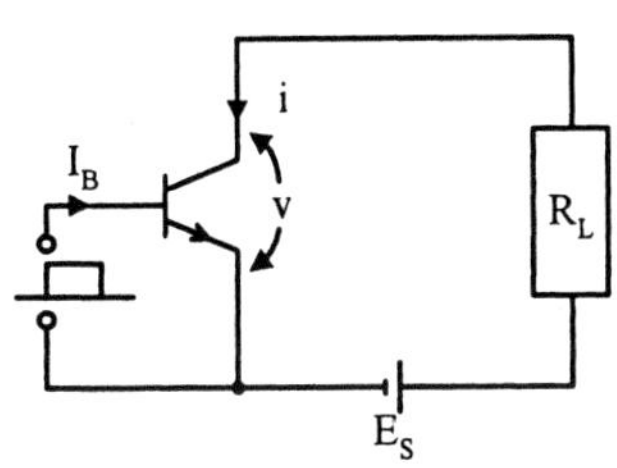

(a) 전력용 트랜지스터 이용

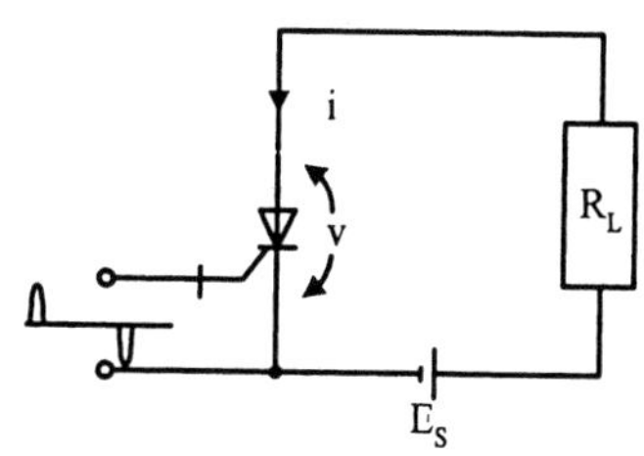

(b) GTO 사이리스터 이용

그림 1.2 반도체 전력 스위치

스위치의 내부 전력손실 p는 그림 1.3과 같은 스위치의 기본동작에서 보는 바와 같이 각 순간에서의 전류와 전압의 곱이 되므로 그 평균값 p_{av}는 다음 식으로 나타낼 수 있다.

$$p_{av} \fallingdotseq \frac{t_{on}}{T} I_L V_{on} + \frac{t_{off}}{T} E_s I_{off} + \alpha \frac{t_{s1}}{T} E_s I_L + \beta \frac{t_{s2}}{T} E_s I_L \tag{1.2}$$

여기서 V_{on} : 스위치가 온인 구간에서의 내부 전압강하

I_{off} : 스위치가 오프인 구간에서의 누설전류

t_{s1} : 스위치가 온에서 오프로 변하는 스위칭 시간

t_{s2} : 스위치가 오프에서 온으로 변하는 스위칭 시간

α, β : 스위칭 궤적에 따라 결정되는 상수

식 (1.2)에서 제1항은 스위치가 온인 구간에서의 전력손실이며, 제2항은 스위치가 오프인 구간에서의 전력손실이다. 제3항 및 제4항은 각각 스위치가 온에서 오프로 오프에서 온으로 스위칭시의 과도 전력손실을 의미하고 있다.

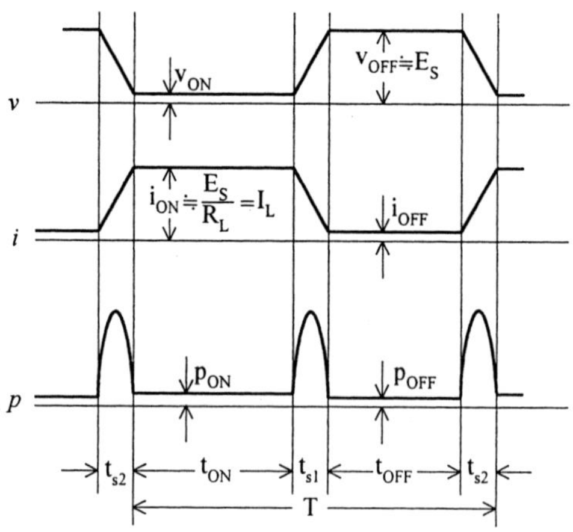

그림 1.3 전력스위치의 기본동작

과도 전력손실은 동작 주파수가 높아지면 정상 전력손실에 비하여 커지는 문제가 있다. 스위칭시의 전압 및 전류의 변하는 과정을 그림 1.4에 나타내고 있다.

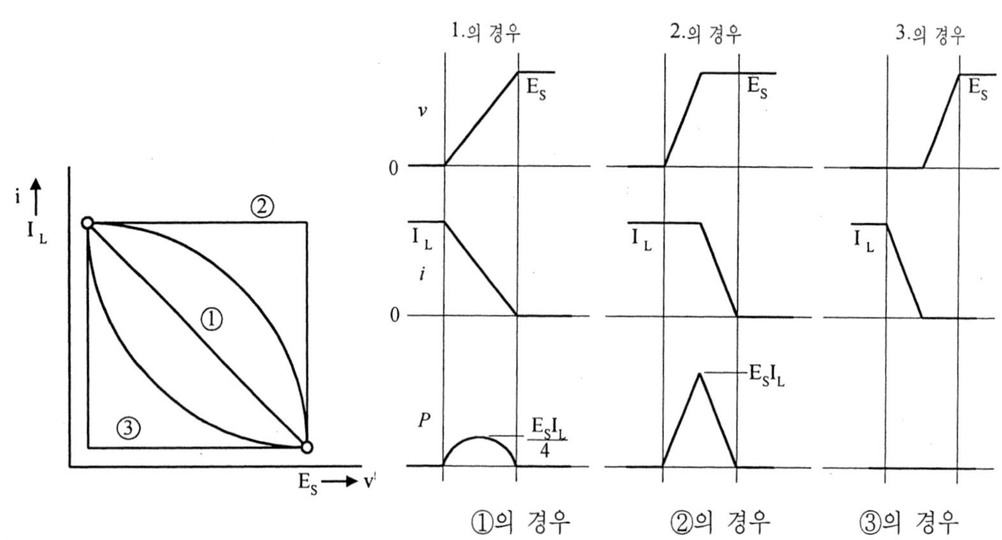

그림 1.4 스위칭시의 전압 및 전류가 변하는 경로

경로 ②는 전압과 전류의 곱이 가장 큰 점을 통과하므로 전력손실이 가장 큰 경우이고, 경로 ③은 전력손실이 0이 되는 이상적인 경우이다. 실제적으로 유도성 부하를 스위칭하는 경우 ②의 경로가 되기 쉬우므로 전류회로나 스너버 회로를 사용하여 ③의 경로에 가까운 스위칭 동작이 이루어지도록 하고 있다.

내부손실이 0인 스위치를 이상적인 스위치라 부르고 있다. 이러한 이상적인 스위치는 다음의 조건을 만족하여야 한다.

(1) $V_{on}=0$: 도통구간에서 전압강하가 0일 것.
(2) $I_{off}=0$: 비도통구간에서 누설전류가 0일 것.
(3) $t_s=0$: 스위칭 시간이 0일 것.

실제적으로 이러한 조건은 만족할 수 없다. 따라서 실제적인 경우 $\frac{I_{off}}{I_L}$, $\frac{V_{on}}{E_s}$, $\frac{t_s}{T}$의 값이 될 수 있는 한 작아야 할 것이다. 전력전자 응용 시스템의 스위치에는 추가적으로 다음과 같은 사항들을 만족하여야 한다.

(1) 취급할 수 있는 전압 및 전류의 허용범위가 클 것.
(2) 제어신호에 대한 동작지연이 작을 것.
(3) 동작에 필요한 제어입력은 될 수 있는 한 작을 것.
(4) 동작 신뢰도가 높을 것.
(5) 수명이 반영구적이고 보수 유지가 쉬울 것.
(6) 소형 · 경량이고, 부품가격이 낮을 것.

1.4 전력의 변환과 제어

전력의 변환은 순변환, 역변환, 주파수변환, 직류변환, 교류전력조정으로 크게 나눌 수 있다. 순변환은 교류전력을 직류전력으로 변환하는 것을 의미하며 일반적으로 정류라고 부른다. 이러한 정류회로는 그림 1.5에 보여준다. 정류회로의 소자에 다이오드를 이용한 경우 출력전압 제어는 불가능하지만 사이리스터를 사용한 경우에는 출력전압을 제어할 수 있어, 전력의 변환과 제어가 동시에 이루어진다.

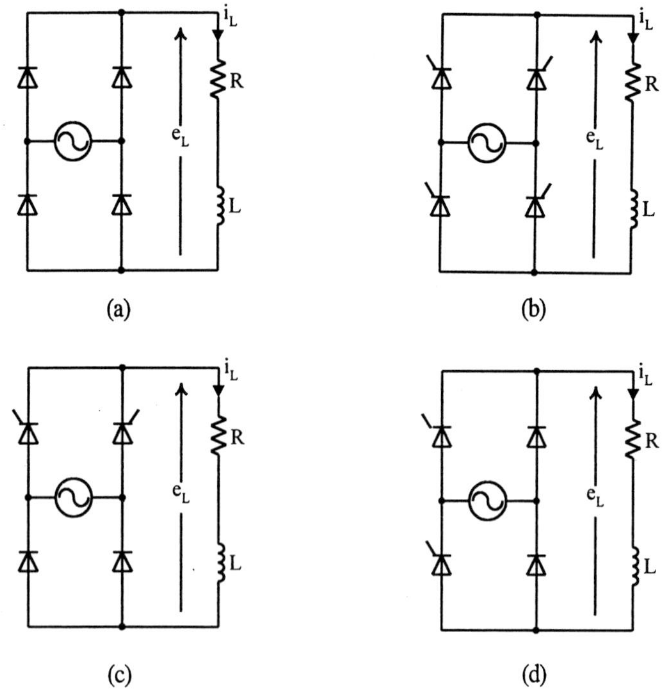

그림 1.5 정류기의 기본회로 예

역변환은 직류전력을 교류전력으로 변환하는 것을 의미하며, 역변환 기능을 수행하는 역변환장치를 인버터(inverter)라 부른다. 인버터는 전압원 인버터와 전류원 인버터로 나누어진다. 그림 1.6에는 전압원 인버터의 회로 형태를 나타내고 있다.

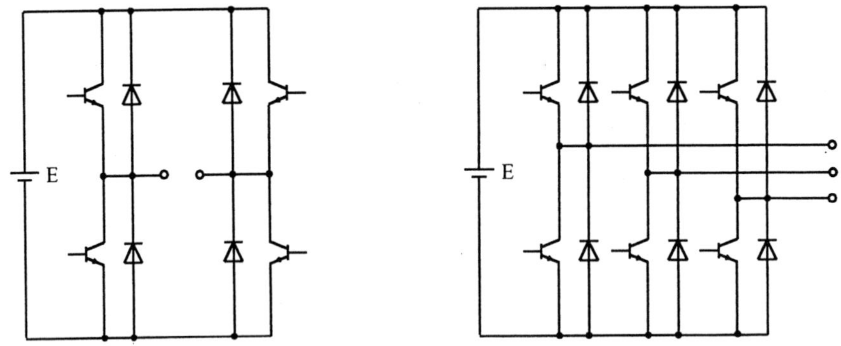

(a) 단상 브리지 인버터 (b) 삼상 브리지 인버터

그림 1.6 인버터의 기본회로 예

주파수변환은 교류전력을 주파수가 다른 교류전력으로 변환하는 것을 의미하며, 이러한 기능을 수행하는 주파수 변환장치를 싸이클로컨버터(cycloconverter)라 부른다.

직류변환은 한 직류전력을 다른 크기의 직류전력으로 변환하는 것을 의미하며, 이러한 기능을 수행하는 전력변환장치를 직류 쵸퍼(chopper)라 부른다. 사무 자동화용 소규모 직류전력 변환장치로 이용되는 경우에는 DC-DC 컨버터라고도 부르고 있다.

교류전력의 조정은 교류전력의 주파수의 변환없이 교류전력의 크기만을 변환하는 것을 의미한다. 그림 1.7에는 교류전력조정을 위한 기본회로를 보여준다.

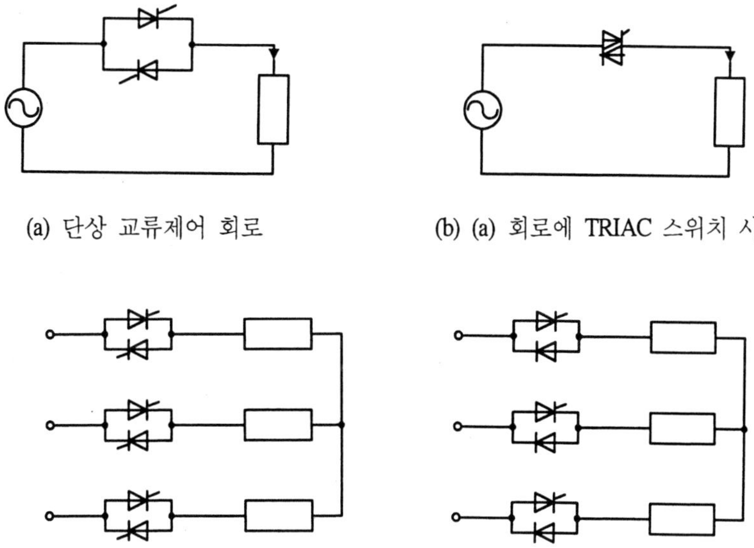

(a) 단상 교류제어 회로 (b) (a) 회로에 TRIAC 스위치 사용

(c) 양방향 삼상 교류제어 회로 (d) 단방향 삼상 교류제어 회로

그림 1.7 교류전력조정회로 예

1.5 응용 분야

오늘날 전력전자공학은 새로운 전력용 반도체 소자의 이용, 마이크로 프로세서의 응용, 새로운 제어기법, 컴퓨터 및 통신 시스템의 이용, 새로운 회로구성 등으로 그 활용영역을 급속히 넓혀가고 있다. 그림 1.8은 확대되고 있는 전력변환기술의 이용 분야들을 나타낸 것이다.

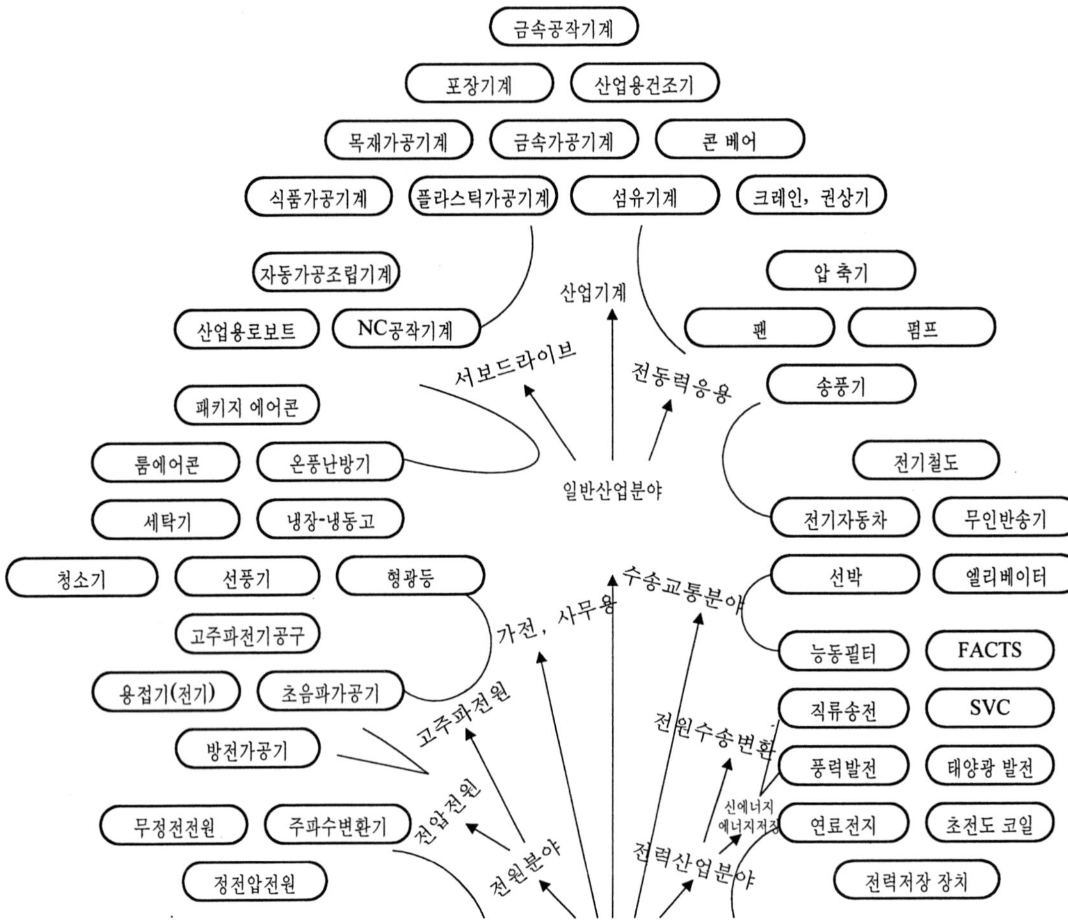

그림 1.8 전력변환기술의 이용분야의 확장 개념도

1.5.1 정류기 응용

순변환기인 정류기는 직류 정전압 전원, 직류 정전류 전원, 고전압 전류 및 대전력 변환, 전해 및 도금용 전원, 직류 용접기의 전원, 전기철도의 변전소 전원, 통신기기 및 전자기기용 전원 등으로 실용화되고 있다.

1.5.2 직류변환 응용

전자기기 및 컴퓨터, 계측제어장치에서 안정적인 직류전원을 얻기 위한 스위칭 레귤레이터가 널리 이용되고 있다. 레이더 및 엔진 점화기의 펄스 전원으로도 이용되고 있다.

직류쵸퍼는 지하철 전동차의 직류 전동기 제어에 이용되고 있어 에너지 절약 효과를 크게 하고 있다. 전동 지게차 및 전기자동차 등의 수송 및 교통기관용으로도 이용되고 있다. 고속 서보 직류 전동기의 구동 및 VTR 등의 전자기기의 구동 등에도 이용되고 있다.

1.5.3 인버터 응용

인버터 응용은 산업분야에서 매우 다양하게 이용되고 있다. 정전압 정주파수 전원으로 무정전 전원장치, 새로운 에너지원인 태양전지 및 연료전지의 직류 출력변환 장치, 고주파수 전원인 유도 가열로, 전기가공기 등에 이용되고 있다. 가변 주파수 가변 전압 제어로 유도 전동기 및 동기 전동기의 제어가 직류 전동기의 제어보다 우수하고 고성능 제어를 실현하게 되었다. 인버터 제어는 공기조화 시스템에서도 에너지 절약을 극대화할 수 있는 가변 풍량 제어방식을 구현할 수 있다. 조명기기의 전자식 안정기 응용, 사무 자동화 기기 응용, 에어콘 및 냉장고 응용, 엘리베이터 응용, 항공 우주분야 응용, 대용량 인버터의 전력계통 분야 응용 등 실로 인버터의 응용 분야는 시스템적으로 계속 확장되고 있다.

1.5.4 교류전력조정 및 전력변환의 응용

교류 전력조정 및 전력변환 분야에서 접점 릴레이 대신 정지형 스위치가 보급되고 있다. 대전력 교류 스위치에도 개폐빈도가 높은 경우에 실용화되고 있다. 극장 및 호텔의 조광장치, 히터의 전력제어에도 이용되고 있다. 싸이클로컨버터의 응용은 항공기용 전원, 저속 대용량 전동기의 구동장치, 대용량 유도로 등에 이용되고 있다.

전력전자공학의 응용분야는 표 1.3과 같이 요약할 수 있다.

전력전자공학은 가까운 장래에 전기 자동차에 널리 활용될 것이며, 각종 로봇에도 응용될 것이다. 특히 전기철도에 광범위하게 응용되고 있으며, 자기부상열차에 응용되어 더욱 편리한 생활환경을 제공할 것이다. 전력전자공학은 반도체 물리학, 시뮬레이션, 정보처리, 전자공학, 센서기술 등 새로운 기술과 상호연관이 높아지고 있다.

표 1.3 전력전자공학의 응용 분야

· 공기조화 시스템	· 크레인 및 호이스트	· 전동공구	· 채광
· 항공기의 전원장치	· 조광기	· 열제어	· 전동기 구동, 제어
· 경보장치	· 전기모포	· 고주파수 조명	· 원자로
· 각종 전기기구	· 전기 건조기	· 고전압 직류송전	· 오븐제어
· 오디오 증폭기	· 팬 및 펌프	· 유도가열	· 입자가속 전원장치
· 충전기	· 전기 자동차	· 레이져 전원공급	· 냉동기
· 교반기	· 전자석	· 릴레이	· 서보시스템
· 송풍기	· 전기도금	· 리니어 모터 제어	· 태양전지
· 보일러	· 전자 점호	· 전기철도	· 반도체 릴레이
· 시멘트 킬른	· 엘리베이터	· 공작기계	· 반도체 접촉기
· 화학 공정 처리	· 자동점멸장치	· 마그네틱 기록장치	· 금속 분쇄기
· 컴퓨터	· 가스 터어빈 기동기	· 대량 수송	· 온도제어
· 컨베이어	· 발전기 여자기	· 전자식 안정기	· 철도
· 우주선 전원장치	· 정지형 개폐기	· 정지형 릴레이	· 진공소제기
· 동기기 기동기	· 합성섬유	· 텔레비젼 회로	· 세탁기
· 타이머	· 장난감	· 교통신호제어	
· TV편향	· 초음파 발생기	· 무정전 전원장치	
· 무효전력 보상기	· 자동 판매기	· 전압조정기	
· 용접기	· 로봇		

연 습 문 제

1.1 전력전자공학에 대하여 설명하시오.

1.2 전력스위치의 기본개념을 설명하시오.

1.3 전력의 변환과 제어에 대하여 설명하시오.

1.4 전력전자공학의 응용분야에 대하여 설명하시오.

제 2 장

전력용 다이오드

2-1 전력용 다이오드의 기능

2-2 전력용 다이오드의 특성

2-3 전력용 다이오드의 회로의 스위칭

2-4 전력용 다이오드의 활용

2.1 전력용 다이오드의 기능

전력용 다이오드(power semiconductor diode)는 전력전자 회로에서 중요한 역할을 수행한다. 다이오드는 일종의 스위치로써, 정류기(rectifier)에서 스위치 기능, 스위칭 레귤레이터 (switching regulator)에서 프리휠링(freewheeling) 기능, 커패시터의 역충전, 소자 간의 에너지 전환, 전압 절연, 부하에서 전원으로 에너지 회생 등의 기능을 수행한다.

전력용 다이오드는 P형 반도체와 N형 반도체를 접합시킨 PN 접합 다이오드와 유사하다. 전력용 다이오드는 일반적인 PN 접합 다이오드에 비하여 전력, 전압, 전류용량이 크고, 스위칭 속도가 느린 특징이 있다. 그림 2.1은 여러가지 다이오드를 보여주는 그림이다.

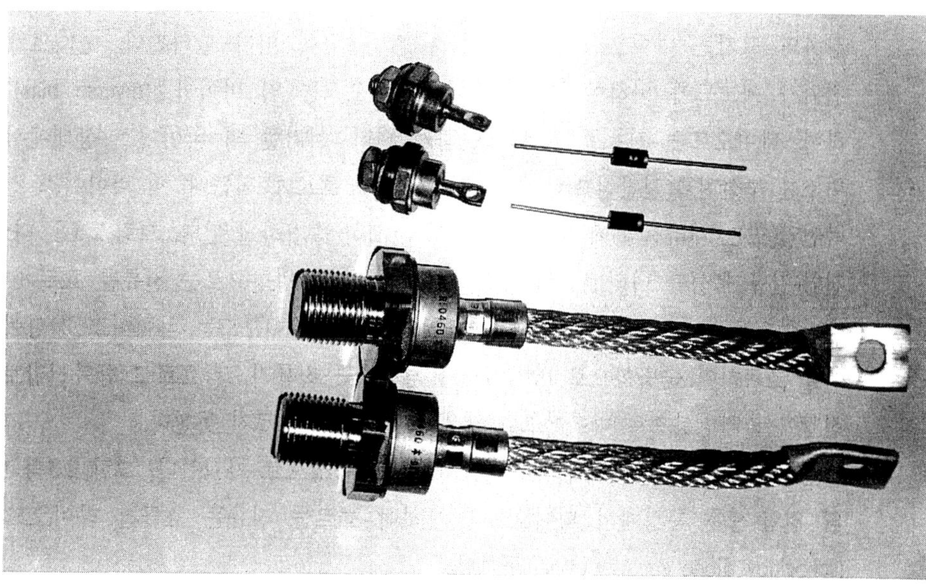

그림 2.1 다이오드의 형태

2.2 전력용 다이오드의 특성

2.2.1 기본특성

전력용 다이오드는 2단자를 가진 PN 접합 반도체 소자이다. 그림 2.2는 PN 접합 다이오드의 기호를 나타낸 것이다. 애노드(anode)는 양극(+)을 의미하며, 캐소드(cathode)는 음극 (−)을 의미한다. 애노드의 전위가 캐소드에 비하여 높아지면, 이 다이오드는 순바이어스(forward bias) 되었다고 하며, 다이오드는 도통되어 전류가 흐르게 된다.

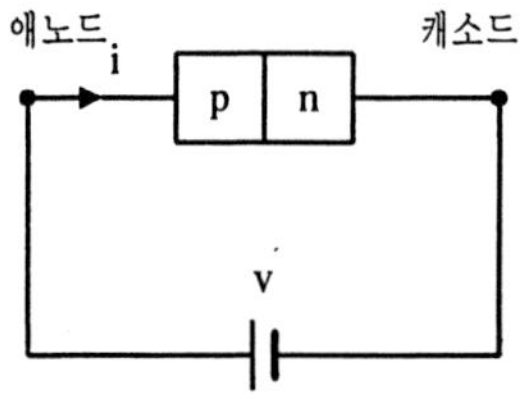

(a) PN 접합

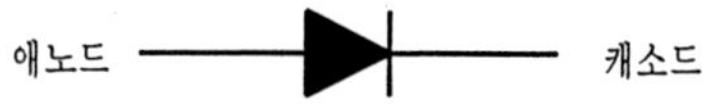

(b) 다이오드의 기호

그림 2.2 PN접합 다이오드의 기호

도통된 다이오드는 애노드와 캐소드 사이에 작은 순방향 전압강하가 있으며, 이 전압강하의 크기는 다이오드의 제조과정과 접합온도에 따라 달라진다. 반대로 캐소드의 전위가 애노드에 비하여 높아지면, 이 다이오드는 역 바이어스(reverse bias)되었다고 하며, 다이오드는 전류를 흐르지 못하게 된다. 이러한 역 바이어스 상태에서는 아주 미소한 누설전류(일반적으로 수 μ~mA정도)가 흐르게 되는데, 역 바이어스 전압이 항복전압(또는 제너전압)에 도달할 때까지 서서히 증가하게 된다. 그림 2.3은 다이오드의 전압-전류 특성을 나타낸 것이다. 다이오드는 한쪽 방향으로는 전류를 흐르게 하고 반대방향으로는 전류를 차단하는 기능을 수행한다. 다이오드는 바이어스 전압이 전위장벽을 초과하여 순방향으로 바이어스된 경우에는 전류가 잘 흐르고 항복전압보다 낮은 전압에서 역방향으로 바이어스된 경우에는 전류는 흐르지 못한다.

실제적인 응용시에는 다이오드는 이상적인 특성으로 가정한다. 그림 2.3의 다이오드의 전압-전류 특성에서 다이오드를 통하여 흐르는 전류는 쇼클리 다이오드 방정식(schockley diode equation)으로 구한다.

$$I_D = I_S\left(e^{\frac{V_D}{nV_T}} - 1\right) \tag{2.1}$$

여기서
- I_D : 다이오드에 흐르는 전류 (A)
- V_D : 애노드와 캐소드 사이의 다이오드 전압(V)
- I_S : 누설전류 (일반적으로 $10^{-6} \sim 10^{-15} A$)
- n : 상수 (emission coefficient or ideality factor)

상수 n은 1~2사이에서 변하며, 다이오드의 재료와 물리적 구조에 따라 달라지는데, 게르마늄 다이오드에서는 1정도로, 실리콘 다이오드에서는 2정도가 된다. 상용 다이오드는 n이 1.1~1.8정도이다.

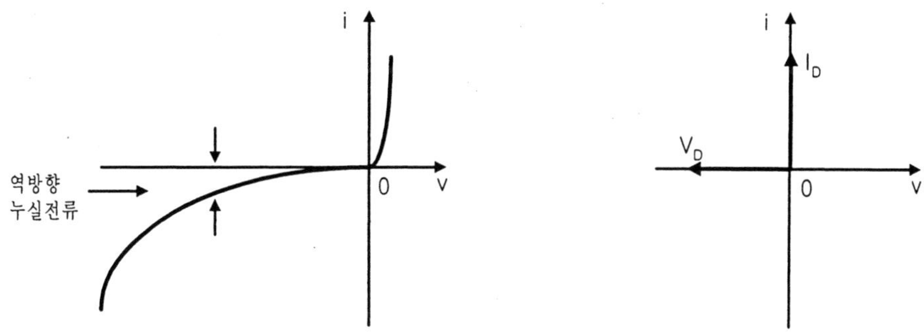

(a) 실제의 경우　　　　(b) 이상적인 경우

그림 2.3 다이오드의 전압-전류 특성

V_T도 일종의 상수로 열전압(thermal voltage)이라 부르며, 다음식으로 구한다.

$$V_T = \frac{KT}{q} \tag{2.2}$$

여기서 q : 전자의 전하량 [1.602×10^{-19}(C)]
T : 절대온도 [K=273+℃]
K : 볼츠만의 상수 [1.3806×10^{-23}(J/K)]

접합온도 25℃에서 식 (2.2)에서 V_T는 다음과 같이 된다.

$$V_T = \frac{KT}{q} = \frac{1.3806 \times 10^{-23} \times (273+25)}{1.602 \times 10^{-19}} \approx 25.8\,[\text{mV}] \tag{2.3}$$

특정한 온도에서 누설전류 I_S는 상수로 취급할 수 있다.

다이오드의 전압-전류 특성에서는 순 바이어스 영역, 역 바이어스 영역, 항복영역으로 나누어진다.

(1) 순 바이어스 영역

순 바이어스 영역은 $V_D > 0$인 경우이다. 다이오드 전류 I_D는 V_D가 전위장벽(Si인 경우 0.7[V], Ge인 경우 0.3[V])보다 적으면 매우 적게 흐른다. 그러나 V_D가 전위장벽과 거의 같아지면 전류가 증가하기 시작한다. 순방향 전압이 전위장벽에 도달하면 전류는 급격하게 증가하므로 저항을 연결하여 전류를 제한하여야 한다.

(2) 역 바이어스 영역

역 바이어스 영역은 $V_D<0$인 경우이다. 이때 다이오드 전류는 $I_D \approx -I_S$가 되며, 다이오드는 전류가 흐르지 못하는 상태가 된다.

(3) 항복 영역

항복 영역은 대개 다이오드의 역전압이 1,000[V]이상인 경우이다. 이 역전압을 일반적으로 항복전압(breakdown voltage)이라 부르고 있다. 이 항복전압을 넘으면 다이오드는 파괴되며, 역방향으로 급속하게 전류가 흐르게 된다.

2.2.2 역회복 특성

순 바이어스된 다이오드의 전류흐름은 다수 캐리어 및 소수 캐리어의 이동에 기인한다. 다이오드가 순 바이어스 상태에서 순방향 전류가 영으로 줄어들어도 다이오드는 PN 접합에 남아 있는 소수 캐리어에 의하여 도통이 계속된다. 소수 캐리어는 다른 전하들과 재결합하여 중성화되는데 일정한 시간이 걸리며, 이를 역회복 시간(reverse recovery time)이라 부른다. 그림 2.4는 다이오드의 역회복 특성을 나타낸 것이다. 역회복 시간을 t_{rr}로 표시하면, 이 값은 다이오드 전류가 영전류로 감소되고 계속하여 최대 역전류 I_{RR}의 25%전류가 될 때까지의 시간을 의미한다. t_{rr}은 다시 t_a와 t_b로 나누어진다. t_a는 접합의 공핍층에 저장된 전하에 기인한 것이고, t_b는 반도체 재료에 축적된 전하에 기인한 것이다.

$$t_{rr} = t_a + t_b \tag{2.4}$$

최대 역전류 I_{RR}은 다음식으로 구할 수 있다.

$$I_{RR} = t_a \frac{di}{dt} \tag{2.5}$$

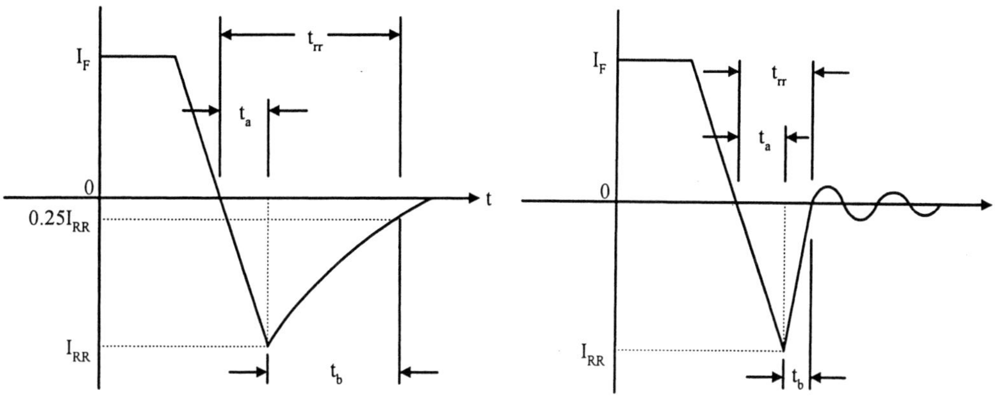

(a) 완만한 회복　　　　(b) 급속한 회복

그림 2.4 다이오드의 역회복 특성

(1) 역회복 시간

역회복 시간은 접합온도에 따라 달라지고, 순방향 전류의 변화율, 커뮤테이션(commutation)전의 순방향 전류에 따라 달라진다.

(2) 역회복 전하량

역회복 전하량은 순방향 도통상태에서 역방향 항복조건으로 전환될 때, 역방향으로 다이오드 사이에 흐르는 캐리어의 전하량이다. 역회복 전하량 Q_{rr}은 다음과 같이 계산된다.

$$Q_{rr} \cong \frac{1}{2} I_{RR} t_a + \frac{1}{2} I_{RR} t_b = \frac{1}{2} I_{RR} t_{rr} \tag{2.6}$$

또는

$$I_{RR} \cong \frac{2Q_{rr}}{t_{rr}} \tag{2.7}$$

만약 t_b가 t_a에 비하여 무시할 수 있게 작으면, $t_{rr} \approx t_a$가 되며 t_{rr}은 다음과 같다.

$$t_{rr} = \sqrt{\frac{2Q_{rr}}{\frac{di}{dt}}} \tag{2.8}$$

또는

$$I_{RR}=\sqrt{2Q_{rr}\frac{di}{dt}} \tag{2.9}$$

여기서 역회복 시간과 최대 역회복 전류는 역회복 전하량과 역방향 전류 변화율에 따라 변한다. 또한 역회복 전하량은 순방향 다이오드 전류에 따라 변한다. 다이오드가 역회복 상태에 있으면 누설전류는 소수 캐리어에 의하여 흐른다. 순방향 전압을 가하면 다이오드는 순방향으로 전류가 흐르게 된다. 그러나 모든 다수 캐리어에 의하여 접합의 전영역에 전류가 흐르기 전에 순방향 회복(turn on)시간이 필요하다. 만약 순방향 전류 상승율이 높아져서 접합의 어떤 작은 영역에 순방향 전류가 집중되면 다이오드는 파괴될 수 있다. 따라서 순방향 회복시간은 순방향 전류 상승율과 스위칭 속도를 제한하게 된다.

2.3 전력용 다이오드 회로의 스위칭

그림 2.5에서 스위치 S가 t=0에서 턴 온 되면, 정상상태 전류가 $I_o=\frac{V_s}{R}$가 되고, 환류 다이오드 D_m은 역 바이어스 된다.

스위치 S가 $t=t_1$에서 턴 오프되면, 다이오드 D_m이 도통되고 부하전류는 이 다이오드를 통하여 순환하여 흐르게 된다. 스위치가 t_2에서 다시 턴 온되면 다이오드 D_m은 단락회로로 동작하게 된다. 다이오드 D_1의 순방향 전류 상승율과 다이오드 D_m의 순방향 전류 하강율은 급속히 높아지고 거의 무한대가 된다.

식 (2.9)에 의하면 다이오드 D_m의 최대 역방향전류는 매우 높아지고, 다이오드 D_1과 D_m은 파괴될런지도 모른다. 이러한 문제는 그림 2.6에서 나타낸 di/dt 제한용 인덕터 L_s를 이용하여 극복할 수 있다. 실제적인 다이오드에서는 접합의 전영역이 도통상태가 되도록 어떤 턴 온 시간이 필요하며, 턴 온 시간 제한을 위하여 di/dt는 낮게 유지되어야 한다. 이러한 시간을 순방향 회복시간(foward recovery time)이라 한다.

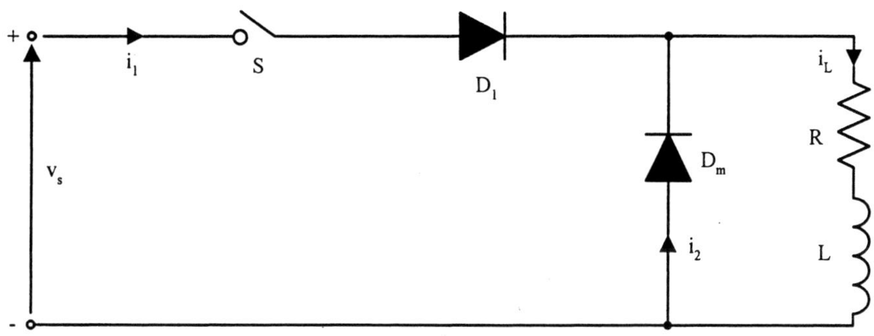

(a) 회로도

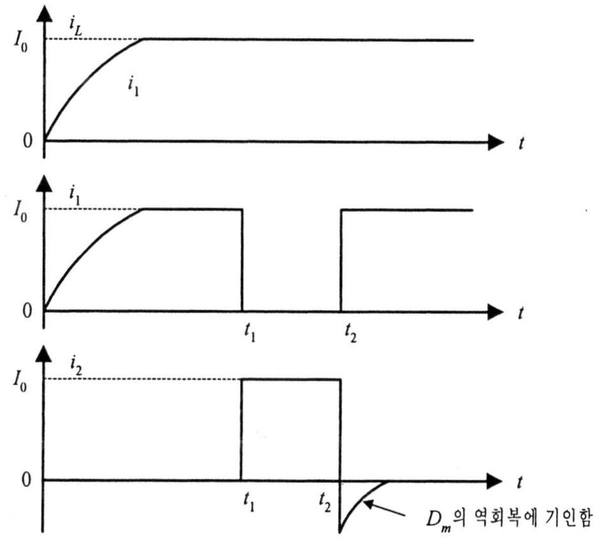

(b) 파형

그림 2.5 di/dt 제한 인덕터 없는 DC-DC 컨버터 회로

다이오드 D_1을 통한 전류 상승율은 다이오드 D_m을 통한 전류 하강율과 같아지고, di/dt는 다음과 같다.

$$\frac{di}{dt} = \frac{V_s}{L_s} \tag{2.10}$$

다이오드 D_m의 역회복 시간을 t_{rr}이라 하면, D_m의 최대 역전류 I_{RR}은 다음과 같다.

$$I_{RR} = t_{rr}\frac{di}{dt} = t_{rr}\frac{V_s}{L_s} \tag{2.11}$$

인덕터 L_S를 통한 최대전류 I_P는 다음과 같다.

$$I_P = I_0 + I_{RR} = I_0 + t_{rr}\frac{V_s}{L_s} \tag{2.12}$$

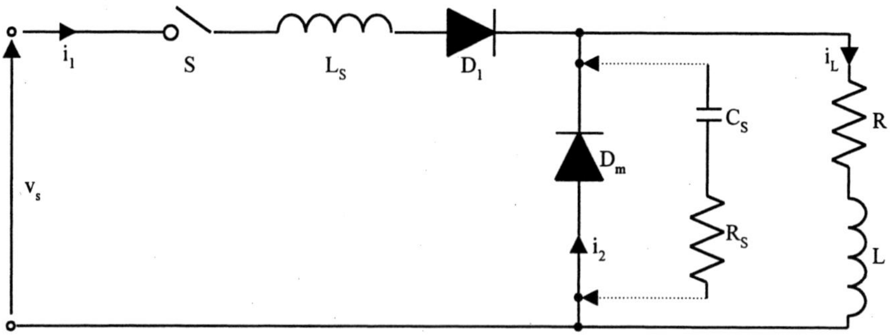

(a) 회로도

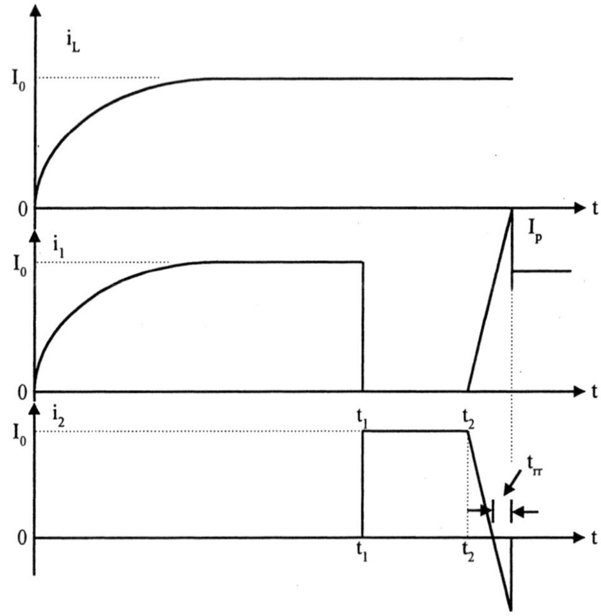

(b) 파형

그림 2.6 di/dt 제한용 인덕터를 가진 DC-DC 컨버터 회로

인덕터 전류가 I_P로 될 때, 다이오드 D_m은 갑자기 턴 오프되고, 전류흐름을 차단하게 된다. 높은 유도성 부하에 의하여 부하전류는 갑자기 I_P에서 I_0로 바꿀 수 없게 된다. L_S에 과도하게 축적되는 에너지는 D_m에 높은 역전압을 유기시키며 D_m을 파괴할 수도 있다. 역회복 시간에 과도하게 축적되는 에너지 W_R은 다음과 같다.

$$W_R = \frac{1}{2} L_s [\ (I_0 + I_{RR})^2 - I_0^2] \tag{2.13}$$

$$W_R = \frac{1}{2} L_s [\ (I_0 + t_{rr} \frac{V_s}{L_s})^2 - I_0^2] \tag{2.14}$$

이러한 과도한 에너지는 인덕터 L_S에서 D_m사이에 연결한 커패시터 C_S로 전환될 수 있다. C_S 값은 다음과 같이 결정할 수 있다.

$$\frac{1}{2} C_s V_c^2 = W_R \qquad \text{또는} \qquad C_s = \frac{2 W_R}{V_c^2} \tag{2.15}$$

여기서 V_C 는 다이오드의 허용 역전압이다. 저항 R_S는 커패시터와 직렬로 연결하여 과도적인 진동을 억제하는 효과가 있다.

2.4 전력용 다이오드의 활용

2.4.2 전력용 다이오드의 종류

이상적인 경우 다이오드는 역회복시간을 무시한다. 여러가지 응용분야에서 역회복시간의 영향은 심각하지 않으므로 범용 다이오드를 사용할 수 있다. 다이오드는 회복특성과 제조기법에 따라 세 가지 종류로 나눌 수 있다.

(1) 범용 다이오드

범용 정류 다이오드는 약 25μsec정도로 긴 역회복시간이 필요하므로 저속 응용분야 사용한다. 회복시간이 중요하지 않은 다이오드 정류기, 1kHz정도의 낮은 입력 주파수용 컨버터, 자연 전류형 컨버터에 이용된다. 전류정격은 1A보다 적은 것에서부터 수 KA까지, 전압정격은 50V에서 5KV까지 상품화되고 있다.

(2) 고속용 다이오드

이 다이오드는 일반적으로 5μsec이하인 짧은 회복 시간을 가지고 있다. 이것은 직류-직류 또는 직류-교류 컨버터에 사용되는데, 이 경우 회복시간이 매우 중요하다. 이 다이오드의 전류정격은 1A보다 적은 것에서부터 수 kA까지, 전압정격은 50V에서 약 3kV까지 상품화되고 있다.

(3) 쇼트키(schottky) 다이오드

PN 접합에서 전하축적의 문제는 쇼트키 다이오드에 의하여 최소화할 수 있다. 전하축적은 다이오드가 온에서 오프상태로 스위칭될 때 갑자기 역방향으로 바이어스되면 축적된 전하는 역방향으로 전류를 흐르게 한다. 이 문제는 다이오드의 한 쪽에 금속을 반도체 사이에 접촉함으로써 해결된다. 쇼트키 다이오드의 누설전류는 PN접합 다이오드보다 크다. 상대적으로 낮은 도통전압을 가진 쇼트키 다이오드가 상대적으로 높은 누설전류가 흐른다. 그 결과 최대 허용전압은 일반적으로 100V로 제한된다. 쇼트키 다이오드의 전류정격은 1~300A까지 상품화되고 있다. 쇼트키 다이오드는 고전류, 저전압 직류 전원장치에 이상적으로 적용할 수 있어 저압 전원장치에 널리 이용되고 있다.

2.4.2 전력용 다이오드의 대용량 응용회로

(1) 다이오드의 직렬연결

여러 가지 고전압 응용분야에서는 한 개의 다이오드로 전압정격을 감당할 수 없을 때, 다이오드를 직렬로 연결하여 역차단 용량을 증대시킬 수 있다. 그림 2.7(a)와 같이 직렬연결된 다이오드가 있을 때, 꼭 같은 다이오드라 하더라도 실제적인 전압-전류 특성은 다이오드 제조과정에 따라 다소 달라진다. 그림 2.7(b)는 각 다이오드의 전압-전류 특성을 나타낸 것이다. 순 바이어스 조건에서 양 다이오드들은 같은 크기의 전류를 도통할 수 있으며, 각 다이오드의 정방향 전압강하는 거의 같다. 그러나 역방향 차단조건에서 각 다이오드는 같은 누설전류가 흘러야 하므로 역 차단 전압은 크게 달라지게 된다.

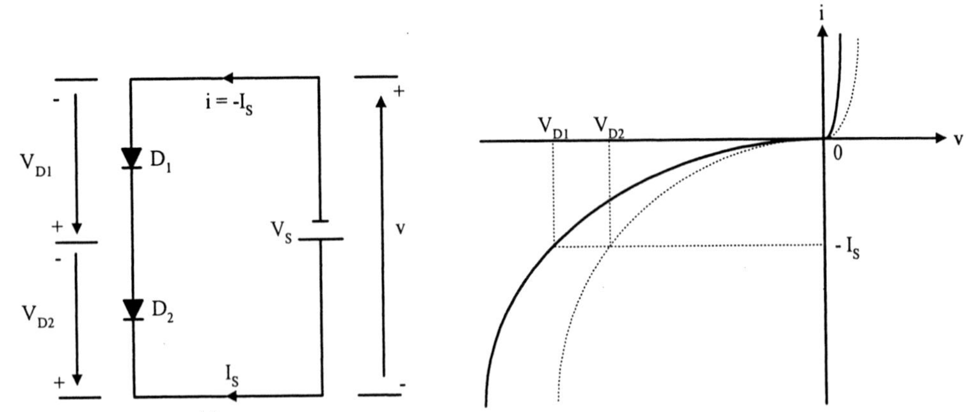

(a) 회로도 (b) v-i 특성

그림 2.7 역 바이어스된 직렬연결 다이오드

이러한 문제를 간단히 해결하기 위하여, 그림 2.8(a)와 같이 각 다이오드 사이에 저항을 연결하여 꼭같은 전압이 분배되도록 하는 것이다. 전압이 같아지므로 각 다이오드의 누설전류는 달라지게 된다.

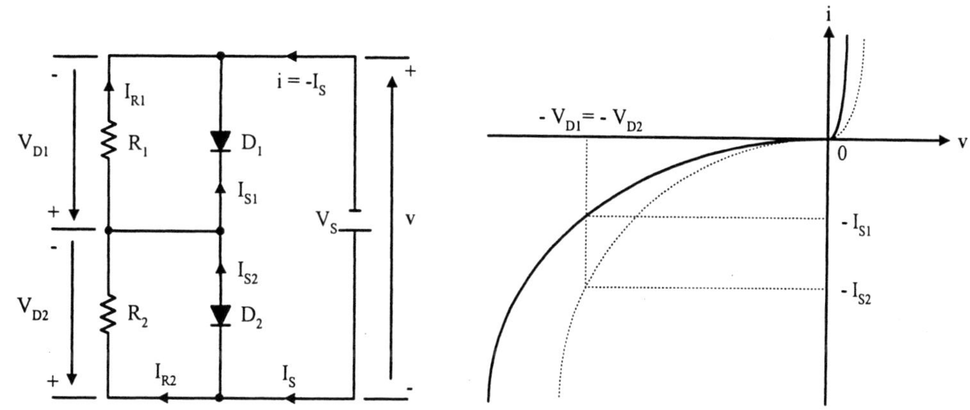

(a) 회로도 (b) v-i 특성

그림 2.8 정상상태에서 전압 배분된 직렬연결 다이오드

다이오드와 저항에 의하여 전체 누설전류가 분배되어야 하므로

$$I_s = I_{s1} + I_{R1} = I_{s2} + I_{R2} \tag{2.16}$$

그런데 $I_{R1} = \dfrac{V_{D1}}{R_1}$, $I_{R2} = \dfrac{V_{D2}}{R_2}$ 이므로

$$I_{s1} + \frac{V_{D1}}{R_1} = I_{s2} + \frac{V_{D2}}{R_2} \tag{2.17}$$

저항을 $R = R_1 = R_2$로 두면, 두 다이오드 전압은 두 개의 다른 전압-전류 특성에 의하여 약간 다르게 되며, 그 값은 다음식으로 결정할 수 있다.

$$I_{s1} + \frac{V_{D1}}{R} = I_{s2} + \frac{V_{D2}}{R} \tag{2.18}$$

$$V_{D1} + V_{D2} = V_s \tag{2.19}$$

과도조건에서 전압분배는 그림 2.9와 같이 커패시터 연결로 실현할 수 있는데 R_S는 역차단 전압의 상승율을 억제하기 위한 것이다.

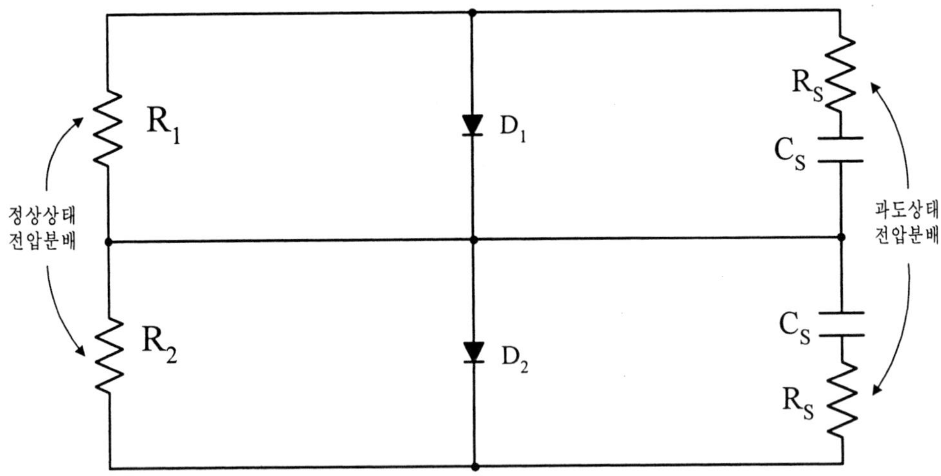

그림 2.9 정상 및 과도상태 직렬연결 다이오드의 전압분배

(2) 다이오드의 병렬연결

고전압 응용시 다이오드는 전류용량을 증대시키기 위하여 다이오드들을 병렬로 연결한다. 각 다이오드의 전류분배는 각각의 순방향 전압강하와 일치하게 된다. 일정한 전류분배는 같은 인덕턴스를 연결하거나 전류분배 저항을 연결하여 얻을 수 있다. 이때 다이오드는 같은 형으로 같은 순방향 전압강하를 가진 것을 선택한다. 다이오드를 병렬연결하면 각 다이오드의 역방향 차단전압은 같아지게 된다.

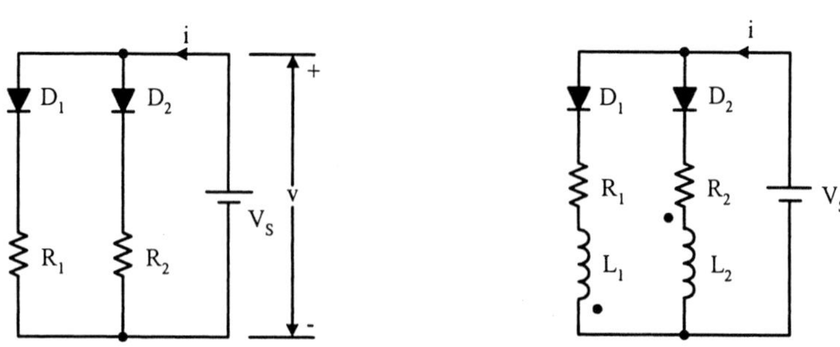

(a) 정상상태 (b)동적상태

그림 2.10 다이오드의 병렬연결

그림 2.10(a)는 정상상태에서 전류분배를 위한 저항연결상태를 나타낸 것이다. 그림 2.10(b)는 동적상태에서 전류분배를 위하여 인덕터를 연결한 것이다.

D_1을 통하여 흐르는 전류가 상승하면, L_1사이에 $L_1\frac{di}{dt}$가 증가하고 반대극성의 대응전압이 인덕터 L_2사이에 유도된다. 다이오드 D_2를 통한 저임피이던스로 전류는 더 많이 흐르게 된다. 응용회로에서는 인덕터가 전압 스파이크를 발생하거나 고전류 응용회로에서는 제품 가격이 높아지게 된다.

그림 2.11은 다이오드 병렬 연결시의 전류 분배를 일정하게 하기 위한 인덕터의 동적 상태에서 결선도를 나타낸 것이다.

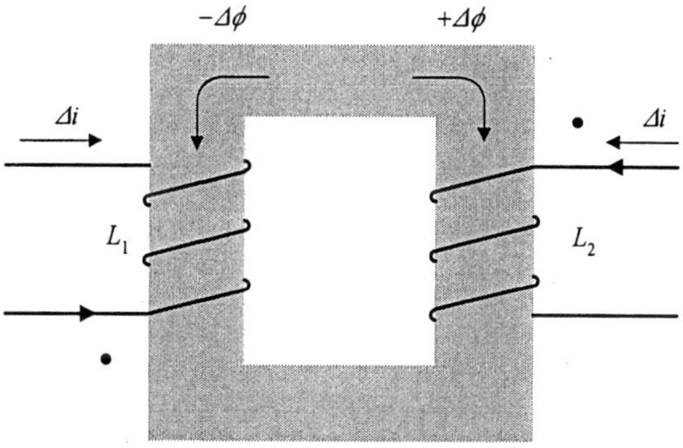

그림 2.11 인덕터에 의한 전류 평형

연 습 문 제

2.1 전력용 다이오드의 특성을 설명하시오.

2.2 다음의 용어를 설명하시오.

(1) 다이오드의 역회복시간

(2) 역회복 전하량

(3) 역회복 전류

2.3 다이오드의 역회복시간 5(μs)이고, di/dt=90(A/μs)일 때 다음을 구하여라.

(1) 역회복 전하량

(2) 최대 역회복전류

2.4 전력용 다이오드의 종류를 들어 설명하시오.

2.5 다이오드의 직렬연결에 대하여 설명하시오.

2.6 다이오드의 병렬연결에 대하여 설명하시오.

제 3 장

정류기 회로

3-1 정류기의 특성

3-2 정류기의 회로분석

3-3 단상 반파 정류기

3-4 단상 전파 정류기

3-5 삼상 브리지 정류기

3.1 정류기의 특성

다이오드는 전자 및 전기회로에서 여러 가지로 응용되고 있다. 전력전자 회로에서도 전기에너지의 변환을 위하여 널리 이용된다. 일반적으로 교류를 직류로 변환하는 컨버터(converter)를 정류기(rectifier)로 부른다. 정류기를 순변환회로라고도 부른다. 특히 다이오드 정류기는 일정한 직류 출력전압을 얻는데 이용된다. 여기서 다이오드는 역회복 시간과 순방향 전압강하를 무시한 이상적인 경우로 생각한다. 정류기는 반파 정류기 회로와 전파 정류기 회로로 구분할 수 있다. 그림 3.1에는 여러 가지 정류기 회로를 나타낸 것이다. 여기서 출력 상수는 한 주기당 펄스수를 의미한다.

출력상수 / 구분	P = 1	P = 2	P = 3	P = 6
반파정류기	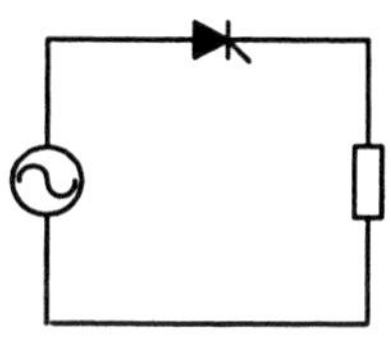	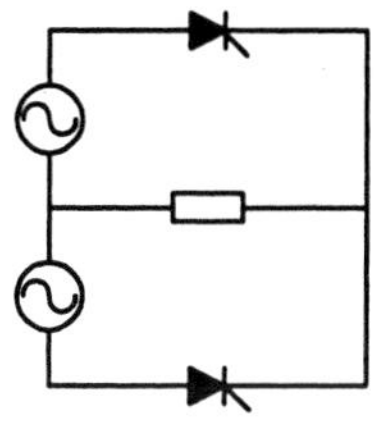	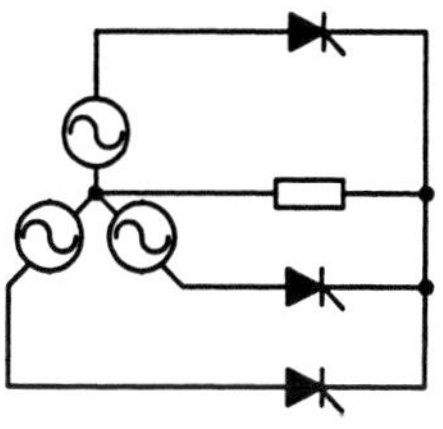	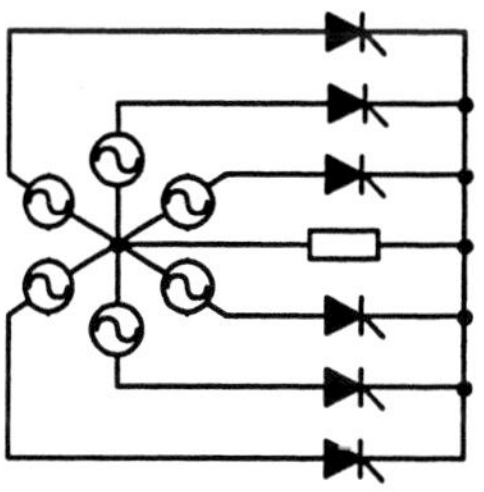
전파정류기		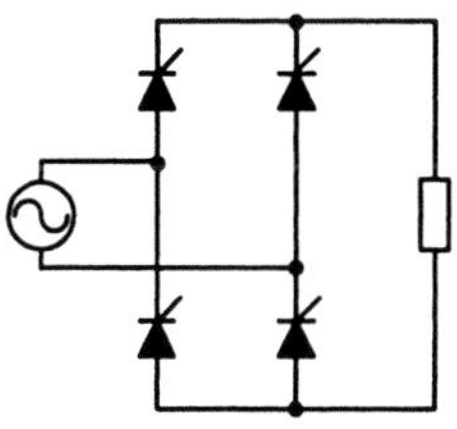		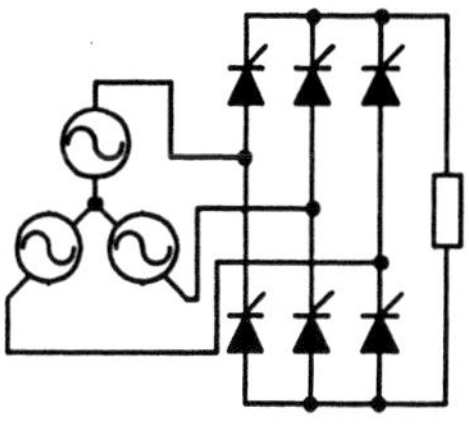

주 : 그림에서 스위칭 소자로 사이리스터를 사용한 경우(제어 정류기)이며 다이오드를 채택하면 직류 출력은 일정한 값이 된다.

그림 3.1 정류기 회로의 종류

정류기에서 교류 입력전압은 최소의 고조파를 함유하여야 하고, 입력전류는 될 수 있는 한 정현파가 되면서 역율은 1을 유지하는 것이 바람직하다. 일반적으로 퓨리에 급수 전개로 입력전류 및 입력전압의 고조파 성분을 찾을 수 있다.

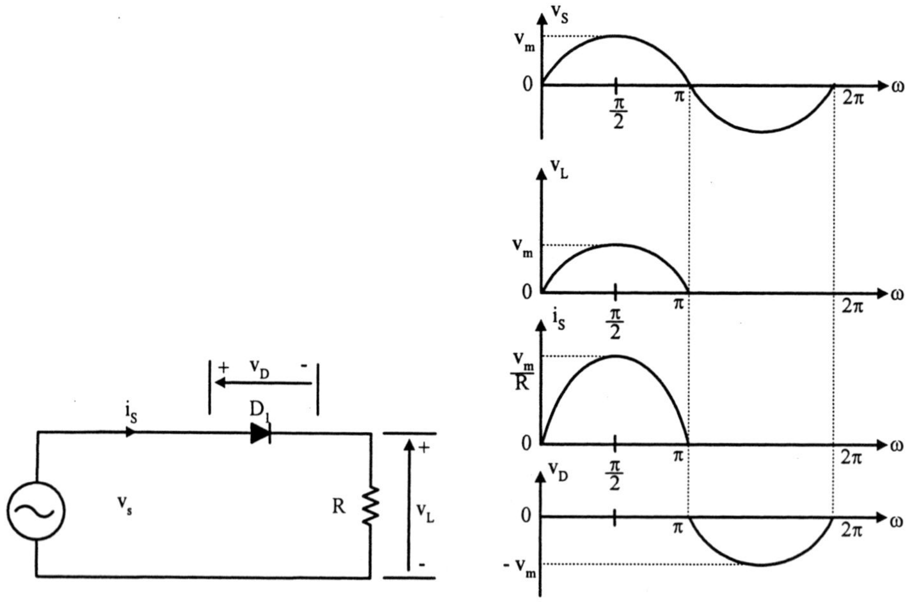

(a) 회로도　　　　　　　　　　　　(b) 각부 파형

그림 3.2 단상 반파 정류기 회로

그림 3.2의 정류기 회로에서 출력전압의 평균값을 V_{dc}, 출력전류의 평균값을 I_{dc}라 하면 직류출력 P_{dc}는 다음과 같이 정의한다.

$$P_{dc} = V_{dc} I_{dc} \tag{3.1}$$

출력전압의 실효값을 V_{rs}, 출력전류의 실효값을 I_{rs}라 하면 교류출력은 다음과 같이 정의한다.

$$P_{ac} = V_{rs} I_{rs} \tag{3.2}$$

정류기의 효율 η는 다음과 같이 정의한다.

$$\eta = \frac{P_{dc}}{P_{ac}} \tag{3.3}$$

출력전압의 교류성분의 유효값은 $V_{ac} = \sqrt{V_{rs}^2 - V_{dc}^2}$ 가 되므로 파형률 FF (form factor)는 다음과 같이 정의한다.

$$FF = \frac{V_{rs}}{V_{dc}} \tag{3.4}$$

한편 맥동률 RF(ripple factor)는 다음과 같이 정의한다.

$$RF = \frac{V_{ac}}{V_{dc}} = \sqrt{\left(\frac{V_{rs}}{V_{dc}}\right)^2 - 1} = \sqrt{FF^2 - 1} \tag{3.5}$$

변압기 이용률 TUF(transformer utilization factor)는 다음과 같이 정의한다.

$$TUF = \frac{P_{dc}}{V_s I_s} \tag{3.6}$$

그림 3.2에서 유도성 부하가 연결되었을 경우 입력전류 및 전압파형은 그림 3.3과 같은 형태가 된다. V_S는 정현파 입력전압이고, i_s는 입력전류의 순시값이며, i_{s1}은 기본파 성분이다. φ를 입력전류와 전압의 기본파 성분에 대한 위상각이라면 DF (displacement factor)는 다음과 같이 정의한다.

$$DF = \cos\varphi \tag{3.7}$$

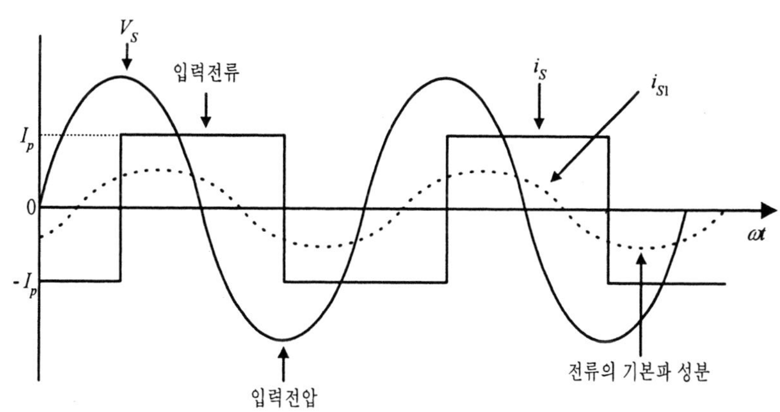

그림 3.3 정류기의 입력전압 및 전류의 파형

입력전류의 HF(harmonic factor)는

$$HF = \sqrt{\left(\frac{I_s^2 - I_{s1}^2}{I_{s1}^2}\right)} = \sqrt{\left(\frac{I_s}{I_{s1}}\right)^2 - 1} \tag{3.8}$$

이 되고, I_{S1}과 I_S는 실효값으로 나타낸 값이고 입력역률은 다음과 같이 정의한다.

$$PF = \frac{V_s I_{s1}}{V_s I_s} \cos \varphi = \frac{I_{s1}}{I_s} \cos \varphi \qquad (3.9)$$

이상적인 정류기인 경우,

$$\eta = 100\%, V_{ac} = 0, RF = 0, TUF = 1, HF = THD = 0, PF = 1$$

로 볼 수 있다.

3.2 정류기의 회로 분석

3.2.1 RC 및 RL부하

그림 3.4(a)는 RC부하를 가진 다이오드 정류기 회로를 나타낸 것이다. 스위치 S을 t=0에서 닫으면 충전전류 i는 커패시터를 통하여 흐르게 된다.

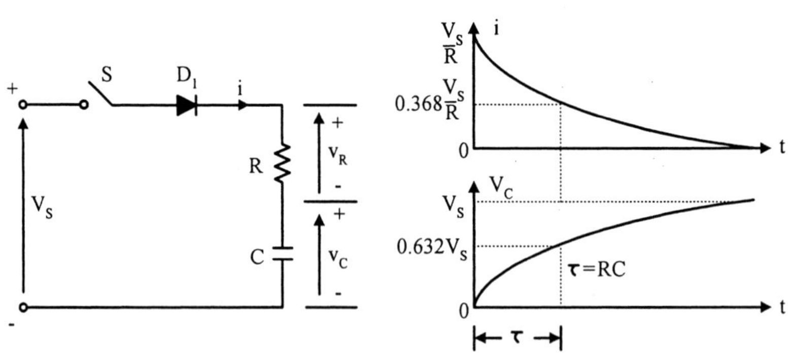

(a) 회로도 (b) 파형

그림 3.4 RC부하를 가진 다이오드 정류기 회로

정류기의 입력전압 V_S는

$$V_s = V_R + V_c = V_R + \frac{1}{C} \int idt + v_c(t=0) \qquad (3.10)$$

이 되고, $V_R = i \cdot R$이고, 초기상태에 커패시터에 충전되어 있지 않다고 가정하면 $v_c(t=0)=0$이므로 출력전류 $i(t)$는

$$i(t) = \frac{V_s}{R} e^{-t/RC} \tag{3.11}$$

이 된다. 따라서 커패시터의 양단간 전압 $V_c(t)$는

$$\begin{aligned} V_c(t) &= \frac{1}{C}\int_0^t i dt \\ &= V_s(1-e^{-t/RC}) \\ &= V_s(1-e^{-t/\tau}) \end{aligned} \tag{3.12}$$

가 된다. 여기서 τ=RC 는 RC부하에서 시정수이다.

정상상태가 되면 커패시터 양단의 전압은 V_S가 되고 전류는 거의 0이 된다.

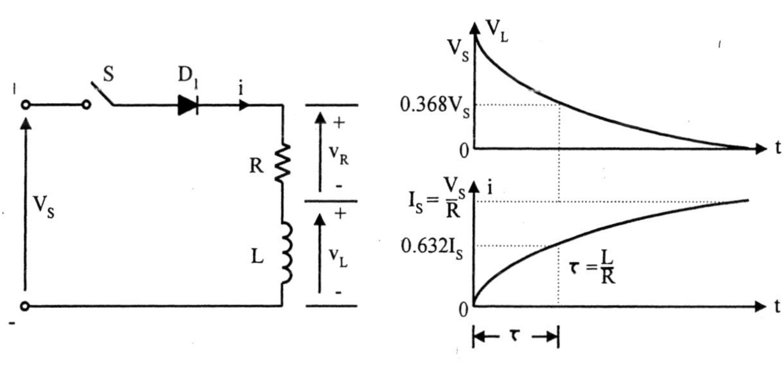

(a) 회로도 (b) 파형

그림 3.5 RL부하를 가진 다이오드 정류기 회로

그림 3.5(a)에서 RL부하를 가진 다이오드 회로를 나타낸다. 스위치 S가 t=0에서 닫았을 때 인덕터를 통하여 흐르는 전류를 i라 하면 정류기의 입력전압 V_s는

$$V_s = V_L + V_R = L\frac{di}{dt} + Ri \tag{3.13}$$

이 되고, 스위치를 닫는 순간인 t=0에서 i=0이므로 정류기의 출력전류 $i(t)$는

$$i(t)=\frac{V_s}{R}\left(1-e^{\frac{-Rt}{L}}\right) \tag{3.14}$$

가 된다. 인덕터간의 전압 $V_L(t)$는

$$\begin{aligned} V_L(t) &= L\frac{di}{dt} \\ &= V_s\, e^{-\frac{Rt}{L}} \\ &= V_s e^{-\frac{t}{\tau}} \end{aligned} \tag{3.15}$$

가 된다. 여기서 $\tau=\frac{L}{R}$를 RL부하의 시정수라 한다. 그림 3.5(b)에서 $t \gg \frac{L}{R}$이면, 인덕터 사이의 전압이 영으로 되어 전류의 정상값은 $I_s=\frac{V_s}{R}$가 된다. 스위치 S를 개방하면 인덕터에 축적된 에너지는 스위치와 다이오드 사이에 높은 역전압으로 변환하게 된다. 이 에너지는 스위치 사이의 스파크 형태로 방출되고, 이 과정에서 다이오드 D_1은 파괴될 수 있다. 이런 상태를 방지하기 위하여 환류 다이오드를 유도성 부하 사이에 연결하게 된다.

3.2.2 LC 와 RLC 부하

그림 3.6(a)에 LC부하를 가진 다이오드 정류기 회로를 나타낸다. t=0인 순간에 스위치 S를 닫았을 때 커패시터에 충전전류 i라 하면 정류기의 입력전압 V_s는

$$V_s=L\frac{di}{dt}+\frac{1}{C}\int i dt+v_c(t=0) \tag{3.16}$$

이 되고, 정류기 회로에서 스위치를 닫는 순간인 t=0에서, i=0, v_c=0로 가정하면, 정류기의 출력전류 $i(t)$는

$$i(t)=V_s\sqrt{\frac{C}{L}}\sin\omega t=I_p\sin\omega t \tag{3.17}$$

이 된다. 한편 공진 주파수 $\omega=\frac{1}{\sqrt{LC}}$이므로, 최대전류는 $I_p=V_s\sqrt{\frac{C}{L}}$ 이 된다.

커패시터 양단간의 전압 $V_c(t)$는

$$V_c(t) = \frac{1}{C}\int_0^t i dt = V_s(1-\cos\omega t) \tag{3.18}$$

이 된다.

이 정류기 회로에서 스위치를 닫은 후 t=t₁=π인 시점에서 다이오드 정류기의 출력전류는 0으로 줄어들고, 커패시터 양단전압은 $2V_s$로 충전된다.

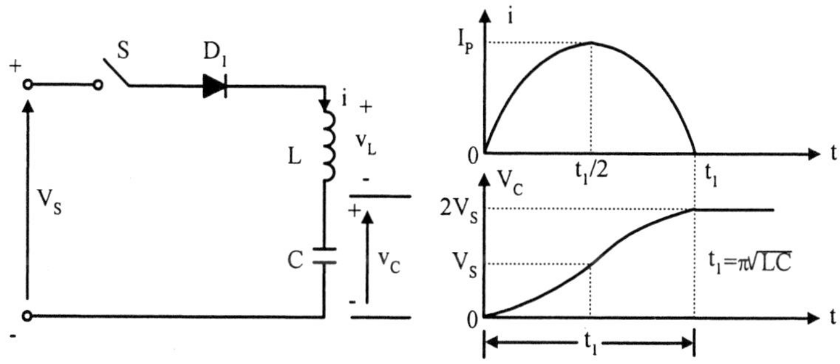

(a) 회로도　　　(b) 파형

그림 3.6 LC 부하를 가진 다이오드 정류기 회로

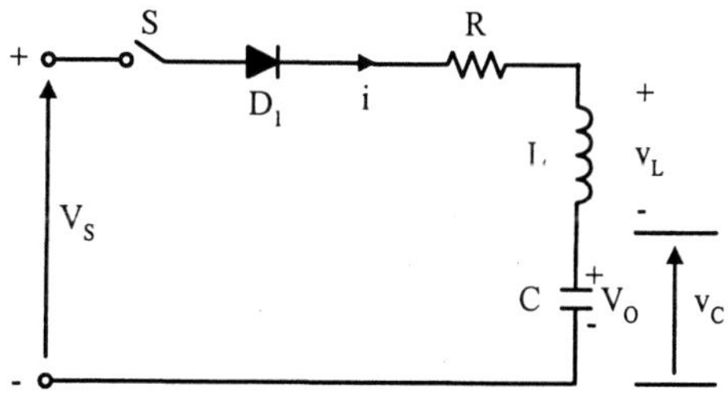

그림 3.7 RLC부하를 가진 다이오드 정류기 회로

그림 3.7의 정류기 회로에서 스위치 S를 t=0인 순간에 닫았을 때, 키르히호프의 전압법칙을 적용하면 입력전압 V_s는

$$V_s = L\frac{di}{dt} + Ri + \frac{1}{C}\int i dt + v_c(t=0) \tag{3.19}$$

스위치를 닫는 순간인 t=0에서, $i=0$, $v_c(t=0)=V_o$로 가정하면, 식(3.19)를 미분하여 정리하면

$$\frac{d^2i}{dt^2} + \frac{R}{L}\frac{di}{dt} + \frac{1}{LC}i = 0 \tag{3.20}$$

식 (3.20)의 특성방정식은 다음과 같다.

$$S^2 + \frac{R}{L} S + \frac{1}{LC} = 0 \tag{3.21}$$

이 특성방정식의 근은

$$S_{1,2} = \frac{-R}{2L} \pm \sqrt{\left(\frac{R}{2L}\right)^2 - \frac{1}{LC}} \tag{3.22}$$

이 된다. 여기서 댐핑 펙터(damping factor) $\alpha = \frac{R}{2L}$, 공진 주파수(resonant frequency) $\omega_0 = \frac{1}{\sqrt{LC}}$ 라면 식 (3.22)는 다음과 같이 된다.

$$S_{1,2} = -\alpha \pm \sqrt{\alpha^2 - \omega_o^2} \tag{3.23}$$

따라서 정류기의 출력전류는 α, ω_o에 따라 변하며, 다음의 세 가지 경우가 있게 된다.

(1) $\alpha = \omega_o$인 경우 $S_1 = S_2$가 되고, 정류기의 출력전류는

$$i(t) = (A_1 + A_2) e^{S_1 t} \tag{3.24}$$

이 된다.

(2) $\alpha > \omega_o$인 경우 근은 실수이고, 정류기의 출력전류는

$$i(t) = A_1 e^{S_1 t} + A_2 e^{S_2 t} \tag{3.25}$$

이 된다.

(3) $\alpha < \omega_o$인 경우 근은 복소수이고 $S_{1,2} = -\alpha \pm j\omega_r$이 된다.

여기서 ω_r를 제동 공진 주파수(damped resonant frequency)라고 부르며 $\omega_r = \sqrt{\omega_o^2 - \alpha^2}$ 이 되고, 정류기의 출력전류는

$$i(t) = e^{-\alpha t}(B_1 \cos \omega_r t + B_2 \sin \omega_r t) \qquad (3.26)$$

이 된다.

상수 B_1, B_2는 초기조건으로 부터 결정할 수 있다. 정류기의 출력전류는 일반적으로 (3)의 상태가 되며 거의 정현파에 가까운 파형을 나타내게 된다.

3.2.3 환류 다이오드의 동작

그림 3.8에서 스위치 S를 t_1에서 개방하면, 유도성 부하에 의하여 유도된 전류 i_2는 D_m을 통하여 흐르게 된다. 이 D_m을 환류(freewheeling)다이오드라 부른다. 이 때 회로동작은 두 가지 경우로 나누어진다. 모드 1은 스위치가 t=0에서 닫혀져 전류가 흐르기 시작한 경우이고, 모드 2는 $t=t_1$에서 스위치가 열리기 시작한 경우이다.

모드 1 : 다이오드 D_1에 흐르는 전류 $i_1(t)$은

$$i_1(t) = \frac{V_s}{R}\left(1 - e^{\frac{-Rt}{L}}\right) \qquad (3.27)$$

이 되고, 스위치가 $t=t_1$에서 개방되면 전류 $i_1(t)$는

$$i_1(t) = \frac{V_s}{R}\left(1 - e^{\frac{-Rt_1}{L}}\right) = I_1 \qquad (3.28)$$

이 된다. t_1이 충분히 커지면 전류는 정상상태의 값에 도달하고 부하를 통하여 $\frac{V_s}{R}$의 크기의 전류가 흐른다.

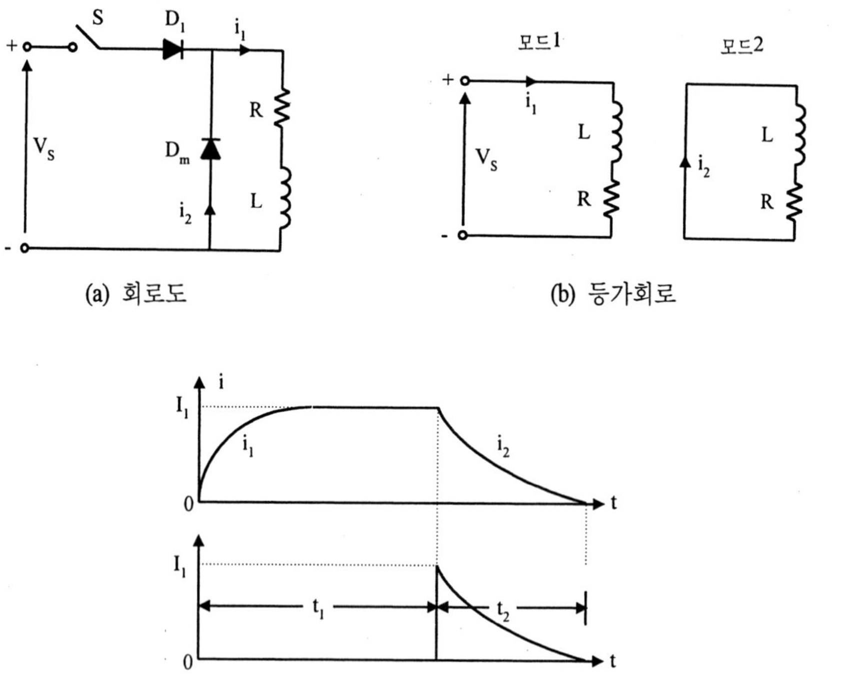

(a) 회로도

(b) 등가회로

(c) 파형

그림 3.8 환류 다이오드를 가진 정류기 회로

모드 2 : 스위치는 개방되기 시작하고, 부하전류는 D_m을 통하여 흐르게 된다. 이 환류 다이오드에서 흐르는 전류 i_2는

$$0 = L\frac{di_2}{dt} + Ri_2 \tag{3.29}$$

이 되고, 스위치의 개방시점에서 전류 $i_2 = I_1$이므로 다이오드를 통하여 흐르는 전류 $i_2(t)$는

$$i_2(t) = I_1 e^{\frac{-Rt}{L}} \tag{3.30}$$

이 된다. 이 전류는 지수 함수적으로 감소되며, $t = t_2$ $(t_2 \gg \frac{L}{R})$에서 거의 0이 된다.

3.3 단상 반파 정류기

정류기(rectifier)는 교류를 직류로 변환하는 전력변환 회로이다. 단상 반파 정류기는 가장 간단한 형태이고, 산업 응용분야에서는 거의 이용되지 않으나 정류기의 동작원리를 이해하기 위하여 사용되고 있다. 그림 3.9는 저항부하를 가진 회로이다. 입력전압이 정의 반파에서는 다이오드 D_1은 도통되고, 부의 반파에서는 다이오드는 차단되어 출력전압은 0이 된다.

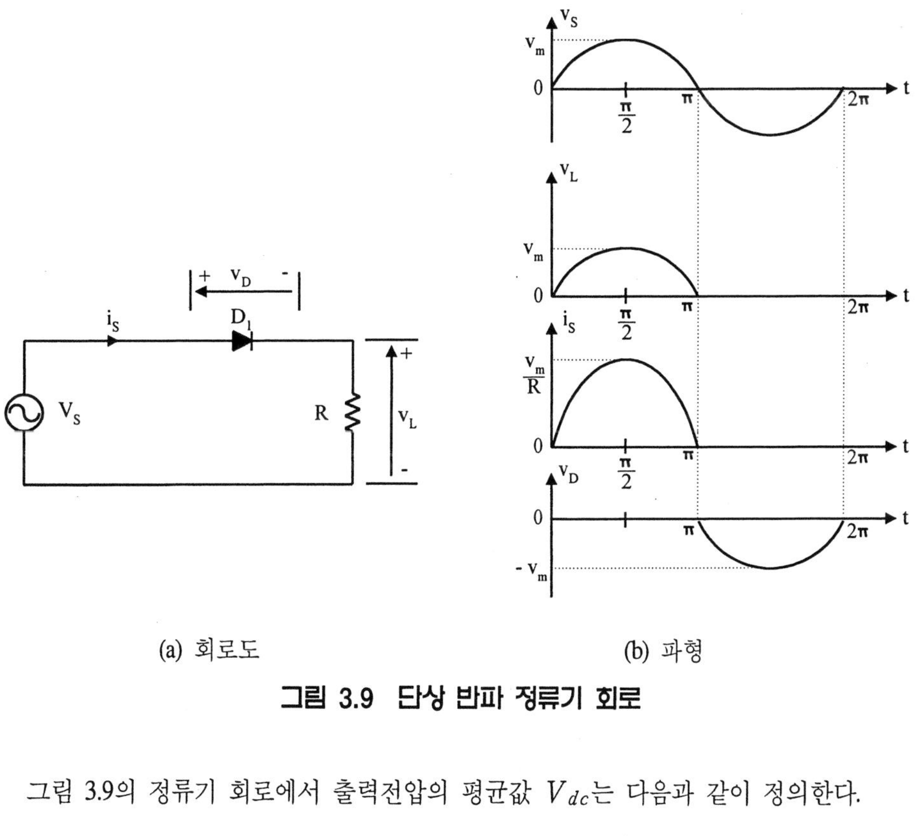

(a) 회로도 (b) 파형

그림 3.9 단상 반파 정류기 회로

그림 3.9의 정류기 회로에서 출력전압의 평균값 V_{dc}는 다음과 같이 정의한다.

$$V_{dc} = \frac{1}{T}\int_0^T v(t)dt \tag{3.31}$$

여기서 $v(t) = V_m \sin\omega t$이고, $\frac{T}{2} \leq t \leq T$ 에서는 $v(t) = 0$ 이므로

$$V_{dc} = \frac{1}{T}\int_0^T V_m \sin\omega t dt$$

$$= \frac{-V_m}{\omega T}\left(\cos\frac{\omega T}{2} - 1\right) \tag{3.32}$$

$\omega T = 2\pi$ 이므로 출력전압의 평균값 V_{dc}는

$$V_{dc} = \frac{V_m}{\pi} = 0.318\, V_m \tag{3.33}$$

이 된다. 한편 저항부하에 흐르는 출력전류의 평균값 I_{dc}는

$$I_{dc} = \frac{V_{dc}}{R} = \frac{0.318\, V_m}{R} \tag{3.34}$$

가 된다. $0 \le t \le \frac{T}{2}$ 에서 $v(t) = V_m \sin\omega t$ 이므로, 출력전압의 실효값 V_{rs}는

$$V_{rs} = \left[\frac{1}{T}\int_0^{\frac{T}{2}} (V_m \sin\omega t)^2 dt\right]^{\frac{1}{2}}$$

$$= \frac{V_m}{2} \tag{3.35}$$

이 되고, 단상 반파 정류기에 저항부하를 결합한 경우 출력전류의 실효값 I_{rs}는

$$I_{rs} = \frac{V_{rs}}{R} = \frac{0.5\, V_m}{R} \tag{3.36}$$

이 된다.

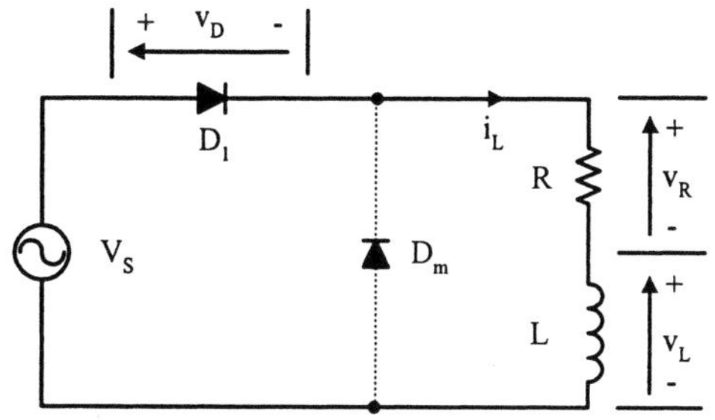

(a) 회로도

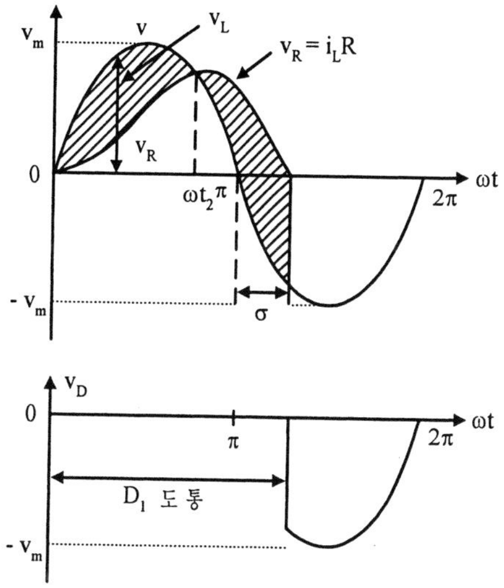

(b) 파형

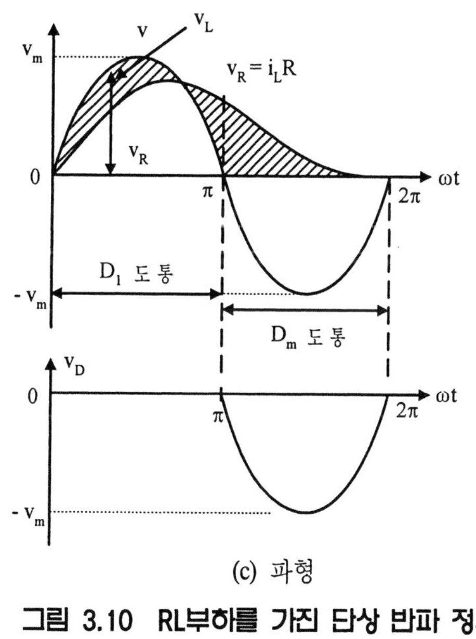

(c) 파형

그림 3.10 RL부하를 가진 단상 반파 정류기

그림 3.10에서와 같이 RL부하를 가진 회로를 보면, 유도성 부하에 의하여 D_1의 도통기간은 180 °를 넘어서 $\omega t = \pi + \sigma$에서 영으로 될 때까지 흐르게 된다. 인덕터의 평균전압값 v_L은 영이 되며, 이 정류기의 출력전압의 평균값 V_{dc}는

$$V_{dc} = \frac{V_m}{2\pi} \int_0^{\pi + \sigma} \sin \omega t d(\omega t)$$

$$= \frac{V_m}{2\pi}[1-\cos(\pi+\sigma)] \quad (3.37)$$

이 된다.

이 정류기 회로에서 평균부하전류 $I_{dc}=\frac{V_{dc}}{R}$ 가 된다. 환류 다이오드 D_m을 추가하면, 평균전압 및 전류는 증가하는 효과를 가져온다. 이 환류 다이오드는 부하양단에 나타나는 부전압을 방지하며, 저장되는 에너지를 증대시킨다. $t=t_1=\pi/\omega$에서 다이오드 D_1으로부터의 전류는 환류 다이오드 D_m으로 전환되는데 이를 다이오드의 커뮤테이션(commutation)이라 부른다. 부하전류는 부하의 시정수에 따라 불연속이 되는데, 순저항 부하의 경우 불연속이 되며, 매우 큰 유도성 부하의 경우 연속이 된다.

3.4 단상 전파 정류기

그림 3.11은 변압기의 중앙 탭을 이용한 단상 전파 정류기 회로이다. 이 단상 전파 정류기 회로에서 입력 전압의 최대값을 V_m이라고 하면, 출력전압의 평균값 V_{dc}는

$$V_{dc} = \frac{2}{T}\int_0^{\frac{T}{2}} V_m \sin\omega t dt$$

$$= \frac{2V_m}{\pi}$$

$$= 0.6366\,V_m \quad (3.38)$$

이 된다.

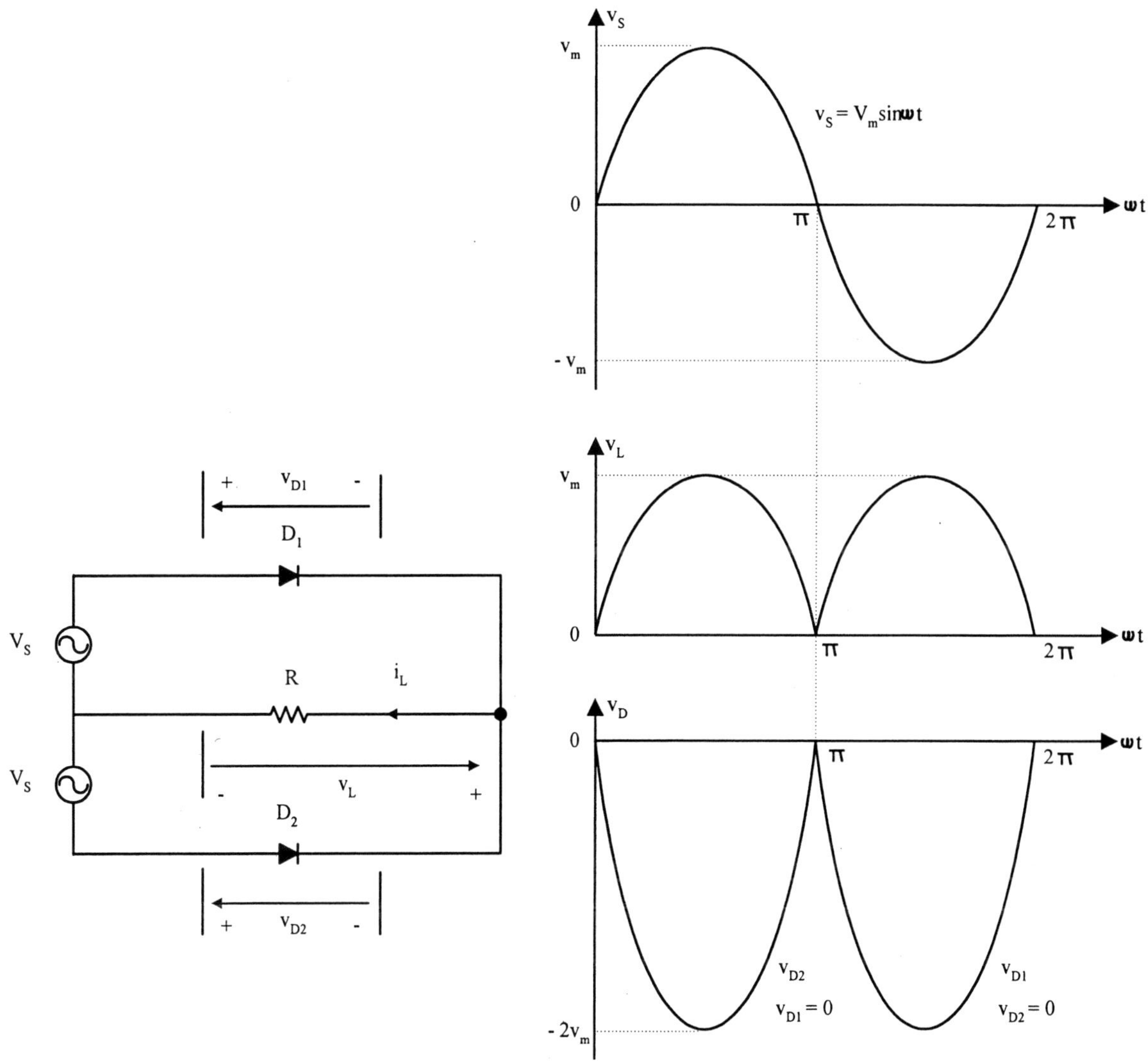

(a) 회로도 (b) 파형

그림 3.11 변압기의 중앙 탭 이용 단상 전파 정류기

이러한 변압기를 사용하지 않고 다이오드를 브리지 연결하여 그림 3.12와 같은 회로를 이용하여도 동일한 출력전압을 얻을 수 있다. 그림 3.12는 단상 전파 브리지 정류기 회로를 나타내며, 산업응용분야에서 정류기로 널리 이용되고 있다.

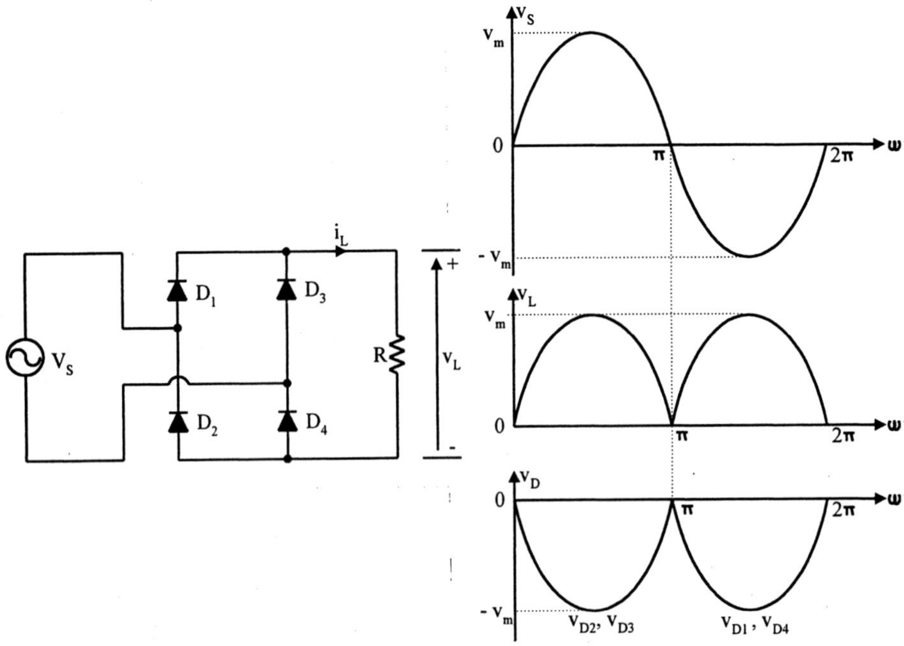

(a) 회로도 (b) 파형

그림 3.12 단상 전파 브리지 정류기

그림 3.13과 같은 정류기 회로에 RL부하를 연결하면, 부하전류는 저항 R과 인덕턴스 L의 값에 따라 변화한다. $V_s = V_m \sin\omega t = \sqrt{2}\,V\ \sin\omega t$라면 부하전류 i_L은 다음과 같이 구할 수 있다.

$$L\frac{di_L}{dt} + Ri_L + E = \sqrt{2}\,V_s \sin\omega t \tag{3.39}$$

이 정류기 회로에서 부하전류 i_L은

$$i_L = \frac{\sqrt{2}\,V_s}{Z}\sin(\omega t - \theta) + \frac{E}{R}\left(e^{\frac{-Rt}{L}} - 1\right) \tag{3.40}$$

이 된다. 여기서 $Z = \sqrt{R^2 + (\omega L)^2}$, $\theta = \tan^{-1}\frac{\omega L}{R}$ 이다.

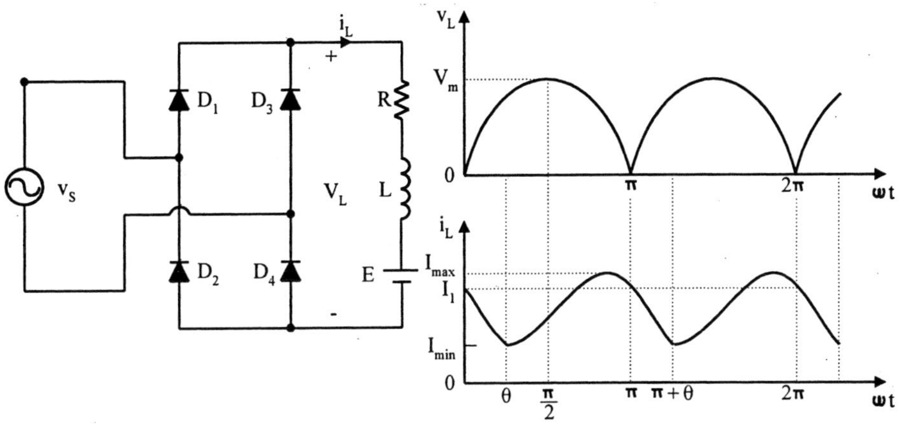

(a) 회로도 (b) 파형

그림 3.13 RL부하를 가진 단상 전파 정류기 회로

3.5 삼상 브리지 정류기

삼상 브리지 정류기는 일반적으로 고전압 응용분야에서 널리 이용되고 있다. 그림 3.14는 삼상 브리지 전파 정류기 회로를 나타낸 것이다. 출력전압은 변압기가 있건 없건 6펄스 리플을 나타낸다. 다이오드는 순서대로 각각 120° 씩 도통한다. 다이오드의 도통 시퀀스는 12, 32, 34, 54, 56, 16이 된다. 순간적인 선간전압이 가장 큰 선로에 연결된 다이오드들이 도통하게 될 것이다. 선간전압은 삼상 Y결선에서 상전압의 $\sqrt{3}$배가 된다. 그림 3.15는 정류기 회로의 출력 전압파형, 입력 전류파형, 각 다이오드에 흐르는 전류파형을 나타낸 것이다.

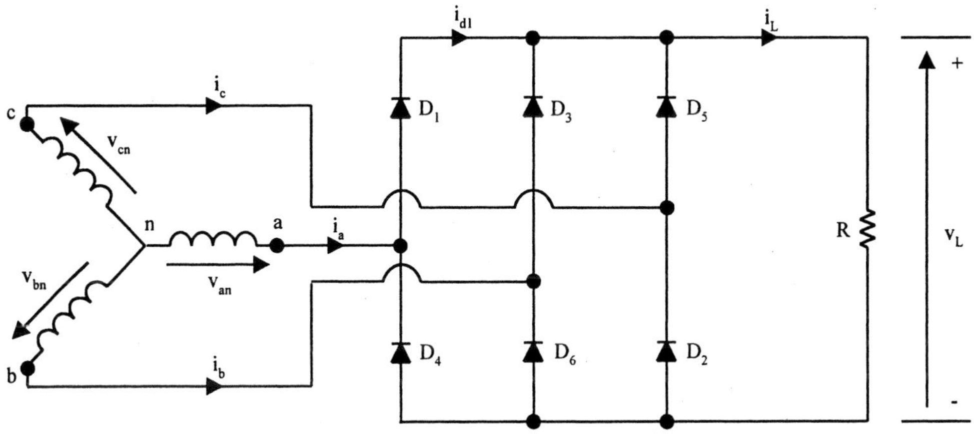

그림 3.14 삼상 전파 브리지 정류기

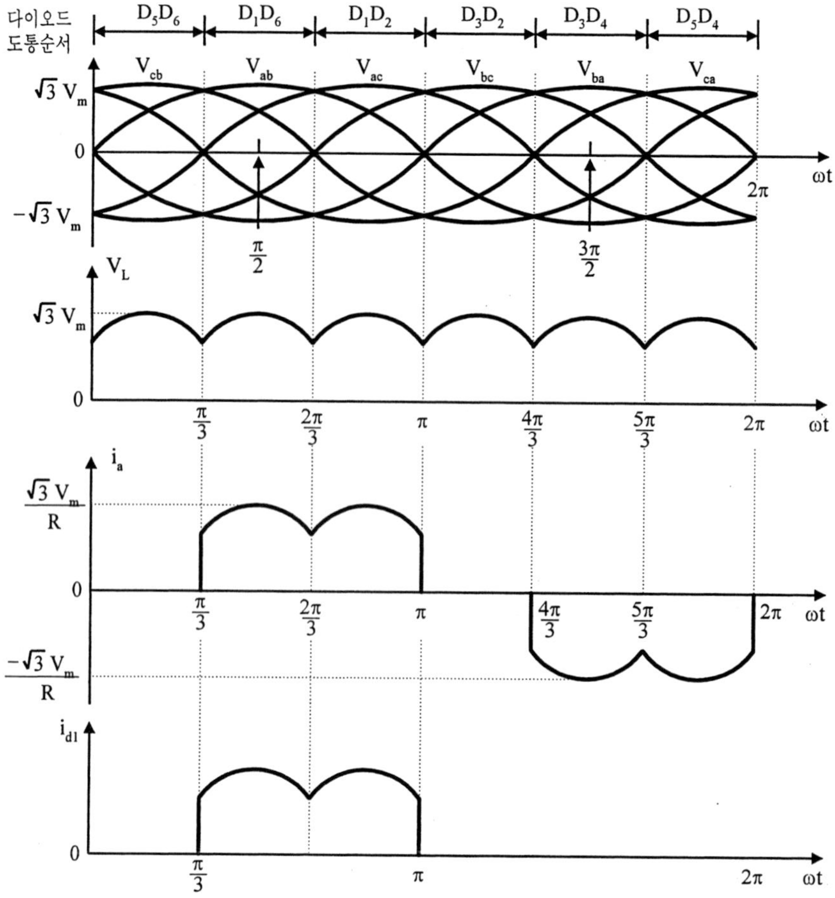

그림 3.15 정류기의 출력전압, 입력전류 및 다이오드의 전류 파형

이 정류기 회로에서 출력전압의 평균값 V_{dc}는

$$V_{dc} = \frac{2}{\frac{2\pi}{6}} \int_0^{\frac{\pi}{6}} \sqrt{3}\, V_m \cos\omega t d(\omega t)$$

$$= \frac{3\sqrt{3}}{\pi} V_m$$

$$= 1.654\, V_m \tag{3.41}$$

이 된다.

실 습 과 제

3-1 단상 반파 정류기의 구동 및 특성실습

3-1-1 목적

전력용 다이오드를 사용하여 그림 3.16의 단상 반파 정류기를 제작하고, 저항부하 및 인덕터부하에 대한 단상 반파 정류기의 동작원리와 운전특성을 이해한다.

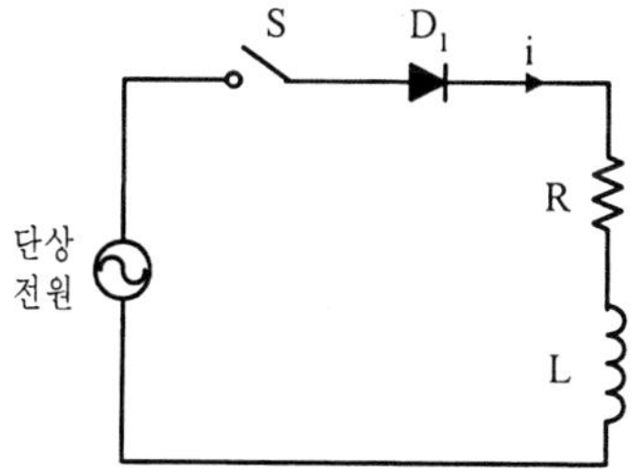

그림 3.16 단상 반파 정류기 회로

3-1-2 방법

(1) 사용기기 및 재료

: 단상전원, 오실로스코프, 전력용 다이오드, 저항부하, 인덕터부하

(2) 실습내용

① 그림 3.16의 회로를 이용하여 단상 반파 정류기를 구성한다.

② 저항부하, 인덕터부하를 이용하여 출력전압, 출력전류를 오실로스코프로 측정하여 파형을 관찰하고 기록한다.

③ 전력용 다이오드 양단의 전압을 측정하여 파형을 관찰하고 기록한다.

④ 인덕터부하의 크기를 바꾸었을 때의 출력전압, 출력전류의 파형을 관찰하고 파형이 달라지는 원인을 이론적으로 분석한다.

⑤ 단상 반파 정류기의 동작원리 및 실습결과를 기록한다.

3-2 환류 다이오드의 동작특성 실습

3-2-1 목적

그림 3.17의 단상 반파 정류기에 환류 다이오드를 설치고, 저항부하 및 인덕터부하를 직렬연결하여 환류 다이오드의 동작원리를 이해한다.

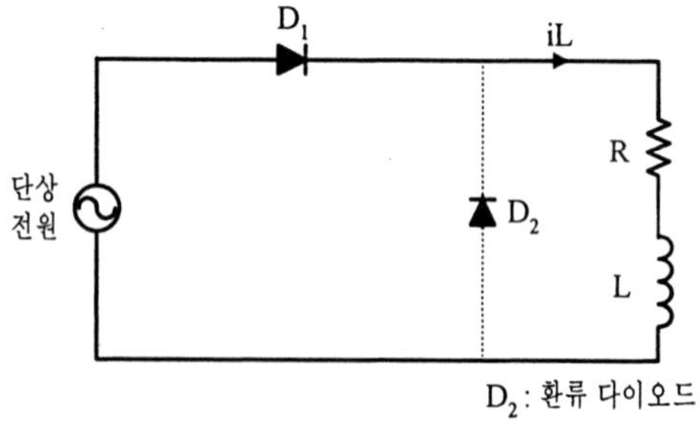

그림 3.17 단상 반파 정류기 회로

3-2-2 방법

(1) 사용기기 및 재료

: 단상전원, 오실로스코프, 전력용 다이오드, 저항부하, 인덕터부하

(2) 실습내용

① 그림 3.17의 회로를 이용하여 단상 반파 정류기를 구성한다.

② 저항부하 및 인덕터부하를 직렬연결하고 출력전압, 출력전류를 오실로스코프로 측정하여 파형을 관찰하고 기록한다.

③ 전력용 다이오드 D_1 및 환류 다이오드 D_2 양단의 전압을 측정하여 파형을 관찰하고 기록한다.

④ 인덕터부하의 크기를 바꾸었을 때의 출력전압, 출력전류의 파형을 관찰하고 파형이 달라지는 원인을 이론적으로 분석한다.

⑤ 환류 다이오드의 동작원리 및 실습결과를 기록한다.

3-3 단상 전파 정류기의 구동 및 특성실습

3-3-1 목적

전력용 다이오드를 사용하여 그림 3.18의 단상 전파 정류기를 제작하고, 저항부하 및 인덕터부하를 직렬연결하여 단상 전파 정류기의 동작원리와 운전특성을 이해한다.

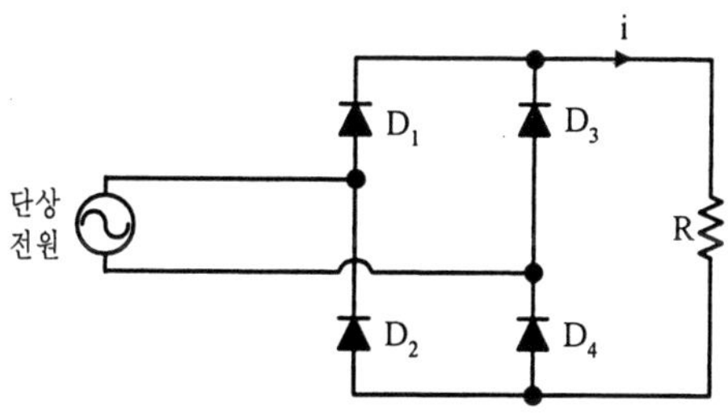

그림 3.18 단상 전파 정류기 회로

3-3-2 방법

(1) 사용기기 및 재료

: 단상전원, 오실로스코프, 전력용 다이오드, 저항부하, 인덕터부하

(2) 실습내용

① 그림 3.18의 회로를 이용하여 단상 전파 정류기를 구성한다.

② 저항부하 및 인덕터부하를 직렬연결하고 출력전압, 출력전류를 오실로스코프로 측정하여 파형을 관찰하고 기록한다.

③ 인덕터부하의 크기를 바꾸었을 때의 출력전압, 출력전류의 파형을 관찰하고 파형이 달라지는 원인을 이론적으로 분석한다.

④ 단상 전파 정류기의 동작원리 및 실습결과를 기록한다.

3-4 삼상 전파 정류기의 구동 및 특성실습

3-4-1 목적

전력용 다이오드를 사용하여 그림 3.19의 삼상 전파 정류기를 제작하고, 저항부하 및 인덕터부하를 직렬연결하여 삼상 전파 정류기의 동작원리와 운전특성을 이해한다.

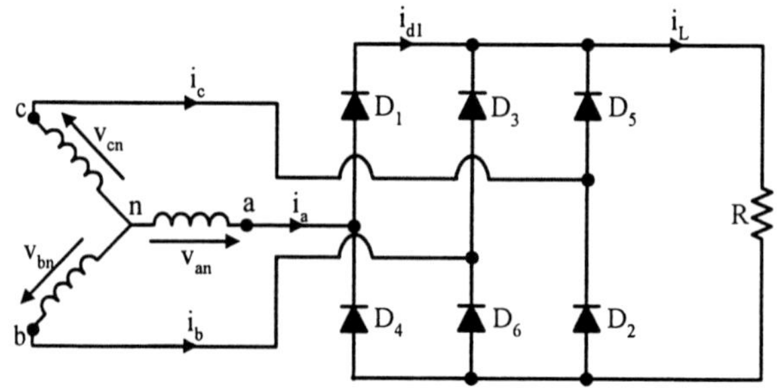

그림 3.19 삼상 전파 정류기 회로

3-4-2 방법

(1) 사용기기 및 재료

: 삼상전원, 오실로스코프, 전력용 다이오드, 저항부하, 인덕터부하

(2) 실습내용

① 그림 3.19의 회로를 이용하여 삼상 전파 정류기를 구성한다.

② 저항부하 및 인덕터부하를 직렬연결하고 각 상의 출력전압, 출력전류를 오실로스코프로 측정하여 파형을 관찰하고 기록한다.

③ 인덕터부하의 크기를 바꾸었을 때의 각 상의 출력전압, 출력전류의 파형을 관찰하고 파형이 달라지는 원인을 이론적으로 분석한다.

④ 삼상 전파 정류기의 동작원리 및 실습결과를 기록한다.

연 습 문 제

3.1 다이오드 정류기에 대하여 설명하시오.

3.2 그림 3.2의 회로에서 다음을 구하여라.

(1) 효율

(2) 파형률

(3) 맥동률

(4) 변압기 이용률

(5) 다이오드의 최대 역전압

3.3 다음의 용어를 설명하시오.

(1) RC회로의 시정수

(2) 환류 다이오드

(3) 정류기의 입력역률

(4) 고조파율

3.4 그림 3.4의 회로에서 R=50Ω, C=0.1μF이고 커패시터의 초기전압이 220V이고 스위치가 t=0에서 도통될 때 다음을 구하여라.

(1) 다이오드의 최대전류

(2) 저항에서 소비되는 에너지

(3) t=4μs에서 커패시터 전압

3.5 그림 3.6의 회로에서 C=10μF, L=10μH 일 때 커패시터의 초기전압 220V이고 스위치가 t=0에서 도통될 때 다음을 구하여라.

(1) 다이오드의 최대전류

(2) 다이오드의 도통시간

(3) 정상상태에서의 커패시터 전압

3.6 그림 3.7의 회로에서 전원전압이 220V이고, R=100Ω, L=10mH, C=0.01μF일 때 커패시터의 초기전압은 0V로 가정하고 스위치가 t=0에서 도통될 때 다음을 구하여라.

(1) 전류의 표현식

(2) 다이오드의 도통시간

(3) 전류가 변하는 개략적인 파형의 모양

3.7 그림 3.8의 회로에서 저항을 무시하고 전원전압 220V이고 인덕터 L=100μH일 때 다음을 구하여라.

(1) 스위치가 100μs동안 도통하고 그 시점에서 개방된다고 가정할 경우 부하전류의 변하는 모양

(2) 인덕터에 축적되는 에너지

3.8 그림 3.11의 회로에서 순저항부하에 대한 다음을 구하여라.

(1) 효율

(2) 파형률

(3) 맥동률

(4) 변압기 이용률

(5) 다이오드의 최대 역전압

3.9 그림 3.13의 회로에서 다음을 구하여라.

(1) 퓨리에 급수전개를 이용하여 출력전압과 전류의 표현식

(2) Vm=240V, f=60Hz, R=100Ω일 때 맥동률을 5%정도로 제한하는 인덕터 L의값

3.10 그림 3.14의 회로에서 순저항부하에 대한 다음을 구하여라. 이 때 정류기는 220V의 출력선압에서 출력선류 50A를 전달한다고 가정한다.

(1) 효율

(2) 파형률

(3) 맥동률

(4) 변압기 이용률

(5) 각 다이오드의 최대 역전압

(6) 다이오드에 흐르는 최대전류

제 4 장

사이리스터

4-1 사이리스터의 특성

4-2 사이리스터의 스위칭

4-3 사이리스터의 구동회로

4-4 사이리스터의 형태

4-5 GTO 사이리스터

4.1 사이리스터의 특성

사이리스터는 전력용 반도체 소자중에 가장 중요한 것 중의 하나로 전력전자회로에서 널리 사용되고 있다. 이것은 비도통 상태에서 도통 상태로 동작하는 쌍안정 스위치로 동작한다. 사이리스터는 3개의 pn 접합을 가진 4층구조의 pnpn 반도체 소자이다. 그림 4.1(a)는 사이리스터의 구조를 보여준다.

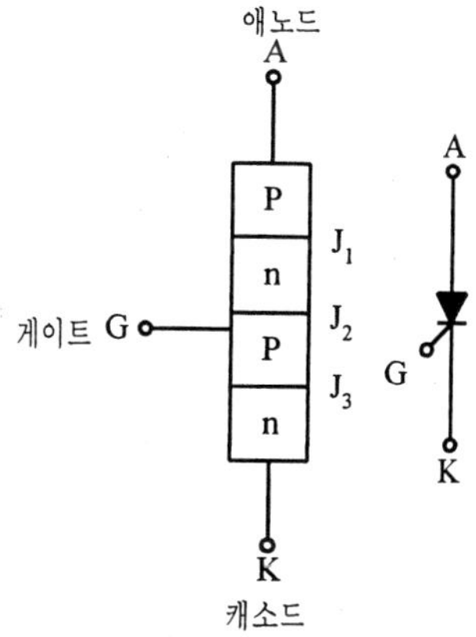

(a) 사이리스터의 구조

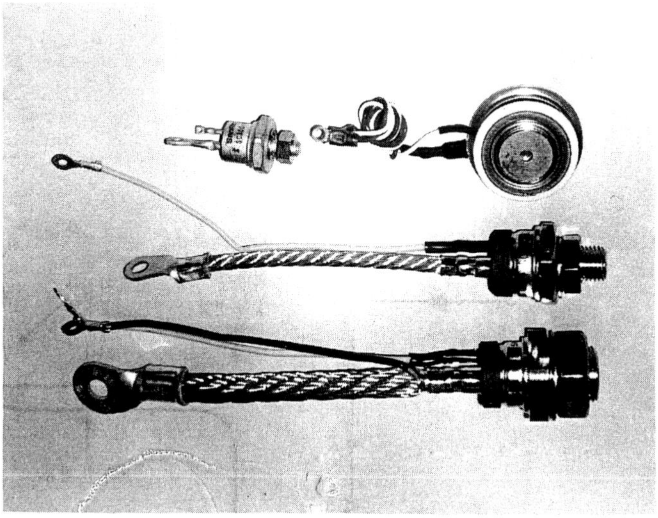

(b) 사이리스터의 형태

그림 4.1 사이리스터의 구조와 형태

애노드 전압이 캐소드 전압보다 크게 되면, 접합 J_1과 J_3는 순 바이어스된다. 접합 J_2는 역 바이어스되므로 미세한 누설전류만 애노드로부터 캐소드로 흐른다. 애노드와 캐소드간 전압이 충분히 큰값으로 증가하면, 역 바이어스된 J_2접합은 파괴될 수 있다. 이것을 순방향 항복전압에 의한 애벌란치(avalanche) 항복이라 한다.

접합 J_1과 J_3는 순 바이어스되고, 큰 정방향 애노드 전류에 의하여 세 접합사이에 캐리어의 자유이동이 이루어지면, 이 소자는 도통상태가 된다. 이 4층구조의 소자에서 내부저항에 기인한 전압강하는 일반적으로 1V정도이다. 도통상태에서 애노드 전류는 그림 4.2(a)에서 보는 바와같이 저항 R_L이나 외부 임피이던스에 따라 달라진다.

접합사이에 필요한 양의 캐리어 흐름을 유지하기 위하여 애노드 전류가 래칭(latching) 전류보다 커야 한다. 한편 애노드와 캐소드간의 전압이 줄어들면, 이 소자는 차단영역으로 전환될 것이다. 래칭전류는 사이리스터가 도통되어 게이트 전류가 제거된 후, 즉시 도통상태를 유지하는데 필요한 최소전류이다. 그림 4.2(b)는 사이리스터의 전압과 전류가 변화하는 모양을 나타낸 것이다.

사이리스터가 도통되면 다이오드처럼 동작한다. 이 소자는 캐리어의 이동에 기인하여 접합 J_2에 공핍층이 없으므로 도통을 계속하게 될 것이다. 만약 순방향 애노드 전류를 유지전류(holding current) 이하로 낮추면, 캐리어 수가 감소됨에 따라 접합 J_2주변에 공핍층이 생기고, 사이리스터는 차단상태로 된다. 유지전류는 수 mA정도이고, 래칭전류보다 적다. 유지전류는 사이리스터를 도통상태로 유지하기 위한 최소 애노드 전류를 의미한다.

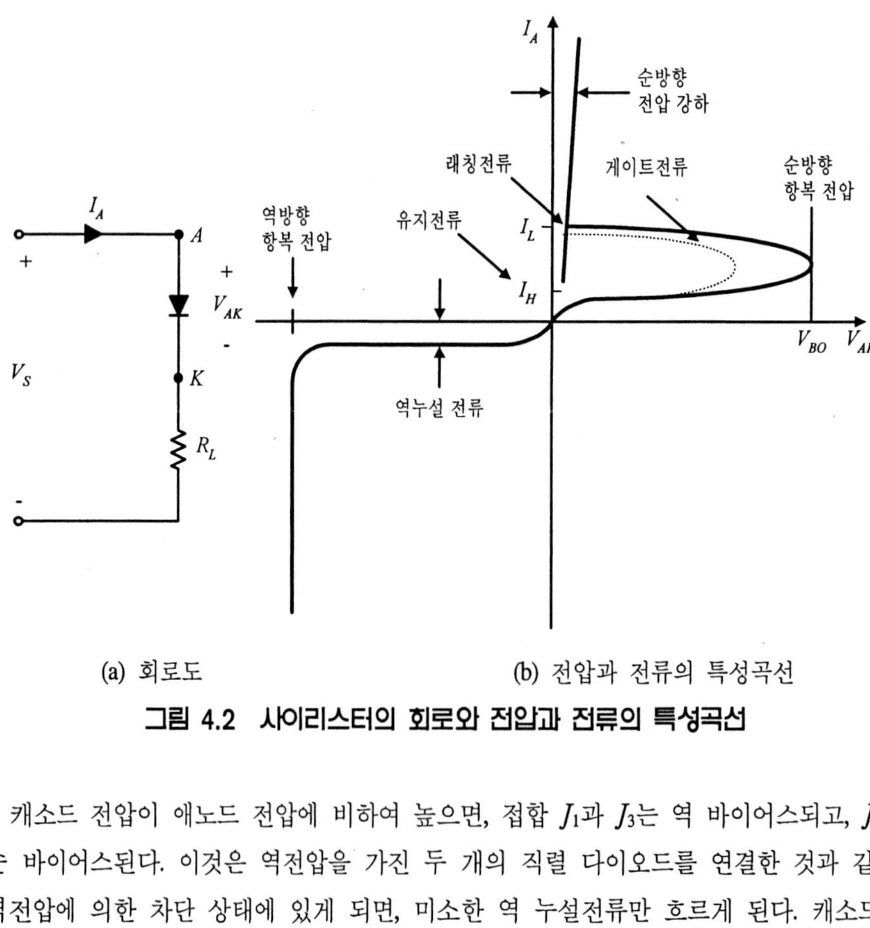

그림 4.2 사이리스터의 회로와 전압과 전류의 특성곡선

캐소드 전압이 애노드 전압에 비하여 높으면, 접합 J_1과 J_3는 역 바이어스되고, J_2는 순 바이어스된다. 이것은 역전압을 가진 두 개의 직렬 다이오드를 연결한 것과 같다. 역전압에 의한 차단 상태에 있게 되면, 미소한 역 누설전류만 흐르게 된다. 캐소드와 애노드사이에 순방향으로 전압을 계속 증가시키면, 사이리스터는 도통되어 버리는데 이러한 상태는 소자를 파괴할 수도 있다. 이러한 파괴전압을 순방향 항복전압이라고 한다. 캐소드와 애노드사이에 순방향 전압은 순방향 항복전압이하로 유지하여야 하며, 사이리스터는 게이트와 캐소드사이에 규격에 의한 신호전압을 인가하면 도통되게 된다. 사이리스터가 도통되어 애노드 전류가 유지전류보다 크면 게이트 전류를 제거하더라도 순방향으로 도통이 계속된다.

4.2 사이리스터의 스위칭

4.2.1 사이리스터의 턴 온

사이리스터를 턴 온(Turn On)하려면, 애노드 전류를 증가시켜야 한다. 턴 온 방법은 열, 빛, 고전압, dV/dt, 게이트 전류들을 이용하고 있다. 열에 의한 방법은 사이리스터의 온도를 높히면 전자와 홀 쌍의 수가 증가하여 누설전류 증가하게 된다. 이 방법은 열폭주에 의한 것으로 정상적인 경우, 이런 현상은 방지하여야 한다. 빛에 의한 방법은 사이리스터의 접합에 빛을 강력하게 인가시켜, 전자와 홀 쌍의 수를 증가시켜 턴 온시킨다. 정방향의 애노드 캐소드간의 전압을 정방향 항복전압보다 높히면 사이리스터를 턴 온할 수 있으나, 소자를 파괴할 수 있기 때문에 이 방법은 방지하여야 한다. dV/dt를 크게 하면 접합 커패시터의 충전전류가 충분하게 커져 사이리스터가 턴 온될 수 있다. 그러나 큰 충전전류는 사이리스터를 손상시킬 수 있기 때문에 바람직하지 않다. 따라서 사이리스터는 높은 dV/dt에 대하여 보호회로를 마련하여야 한다. 사이리스터를 순 바이어스로 하고, 게이트와 캐소드 단자 사이에 규격에 의한 순방향 게이트 전압을 인가하여 게이트 전류를 주입하면 사이리스터는 턴 온된다. 게이트 전류를 증가시킴에 따라 순방향 항복전압은 그림 4.3과 같이 변화한다.

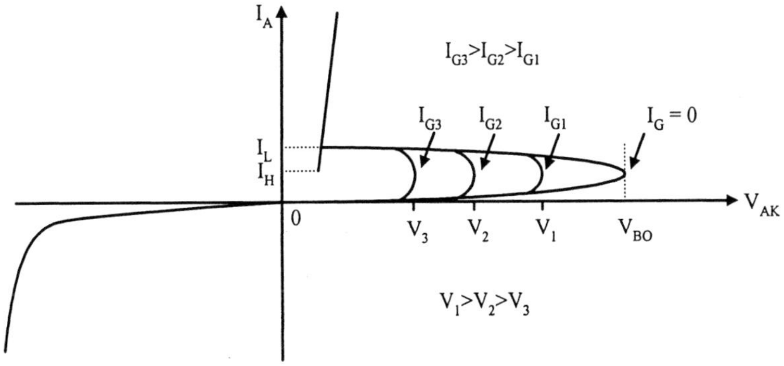

그림 4.3 순방향 항복전압과 게이트 전류의 변화

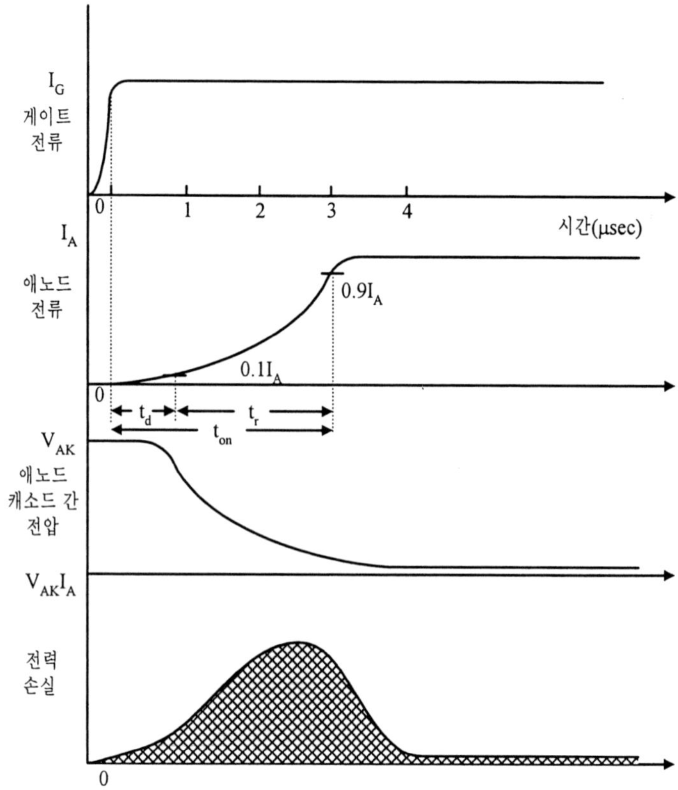

그림 4.4 사이리스터의 턴 온 특성

그림 4.4는 게이트 신호에 따른 애노드 전류의 변화를 보여주는 것이다. 게이트 신호를 인가하여 사이리스터가 도통할 때까지의 시간을 턴 온 시간이라 한다. 턴 온 시간은 정상상태에서 게이트 전류가 10%되는 시간에서부터 사이리스터의 애노드 전류가 90%되는 시간까지로 정의한다. 턴 온 시간은 지연시간(delay time)과 상승시간(rise time)의 합과 같다. 지연시간은 게이트 전류가 10%되는 시간에서 사이리스터의 애노드 전류가 10%되는 시간까지로 정한다. 상승시간은 사이리스터의 애노드 전류가 10%에서 90%로 되기까지의 시간이다.

게이트 제어 회로를 설계할 때는 다음의 점들을 주의하여야 한다.

(1) 사이리스터가 턴 온된 후에는 게이트 신호를 제거하여야 한다. 연속적인 게이트 신호는 게이트 접합에서 전력손실을 증대시킬 것이다.

(2) 사이리스터가 역 바이어스 되었을 때 게이트 신호는 없어야 한다. 증가되는 누설전류에 의하여 사이리스터가 파괴될 수도 있다.

(3) 게이트 펄스 폭은 애노드 전류가 유지전류로 상승되는 시간보다 더 길어야 한다. 실제로 펄스 폭은 사이리스터의 턴 온 시간보다 더 크게 한다.

4.2.1 사이리스터의 턴 오프

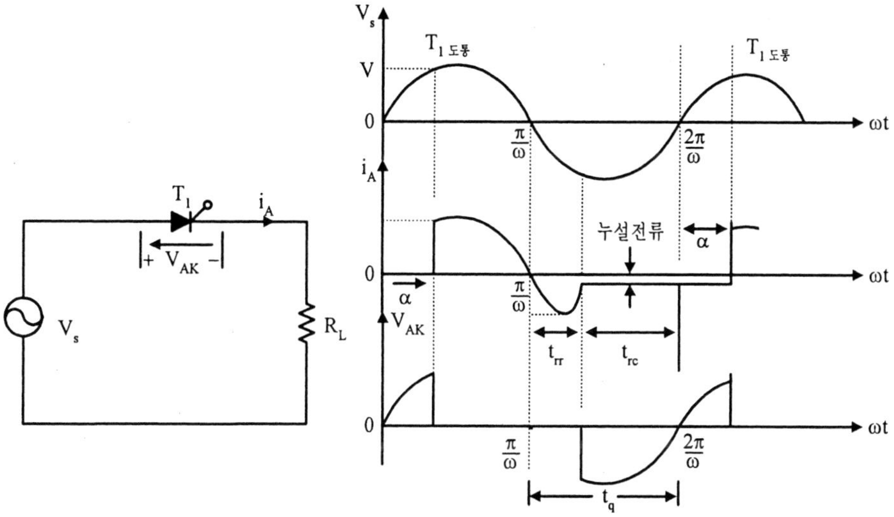

(a) 자연 전류 회로(타여식)

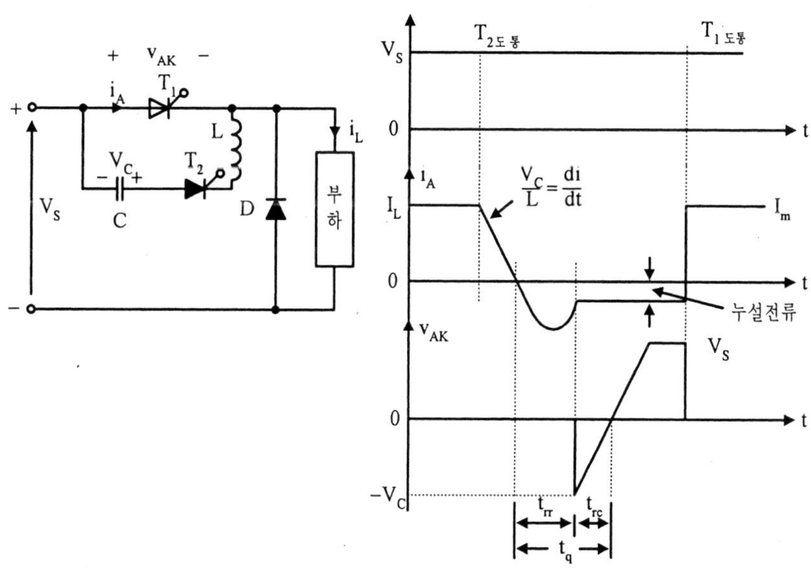

(b) 강제 전류 회로(자여식)

그림 4.5 사이리스터의 턴 오프 특성

온(On) 상태에 있는 사이리터의 순방향 애노드 전류를 유지전류이하로 낮추면, 사이리스터는 오프(Off)상태로 바꾸어진다. 이렇게 사이리스터를 오프상태로 하는 것을 커뮤테이션(commutation : 전류)이라고 부른다. 사이리스터에서 pn 접합 J_1, J_3에서 턴 오프 특성은 역회복 시간과 피크 역회복 전류를 나타내는 다이오드와 유사한 특성을 나타낸다.

그림 4.5(a)에서 입력전압이 교류인 경우 순방향 전류가 영으로 된 후에 사이리스터 사이에 역전압이 나타난다. 이 역전압은 pn 접합 J_1, J_3에서 과잉 캐리어를 방출시켜 턴 오프 과정을 더욱 가속화하게 될 것이다. pn 접합 J_2에서 과잉 캐리어가 재결합하기 위한 재결합 시간이 필요하게 된다. 부(−)의 역전압은 이 재결합 시간을 줄이게 되는데, 재결합 시간은 역전압의 크기에 따라 변한다. 그림 4.5는 사이리스터의 턴 오프 특성을 나타낸 것이다.

턴 오프 시간 t_q는 역회복 시간 t_{rr}과 재결합 시간 t_{rc}의 합이 된다. t_q는 도통상태의 전류와 도통순간의 전압에 따라 변화한다. 사이리스터의 턴 오프 시간은 일반적으로 10~100μsec 정도이다.

4.3 사이리스터의 구동회로

4.3.1 사이리스터의 보호회로

(1) di/dt 보호

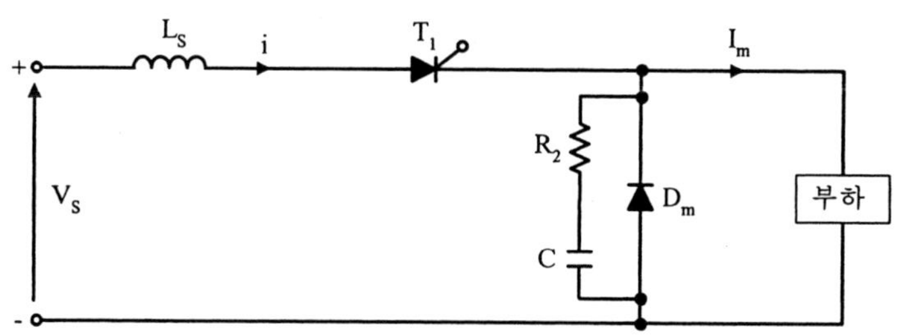

그림 4.6 di/dt **제한 인덕터를 가진 쵸퍼 회로**

사이리스터에서 애노드 전류의 상승률이 사이리스터 턴 온 과정의 캐리어의 확산속도보다 훨씬 더 빠르면, 높은 전류밀도에 의하여 소자내에 국부적인 과열이 일어나고 과도한 온도상승으로 소자가 파괴될 수 있다. 실제로 사이리스터는 높은 di/dt에 대한 보호가 필요하다. 그림 4.6과 같은 회로에서 정상상태인 경우 사이리스터 T_1이 턴 오프되면 다이오드 D_m은 도통된다. D_m이 도통될 때까지 T_1이 점호되었다면, di/dt는 매우 높을 수 있고, 이것은 회로의 인덕턴스에 의하여 제한되도록 하여야 한다. $di/dt = V_s/L_s$이고, 사이리스터의 경우 일반적인 di/dt의 크기는 20~500A/μsec정도이다.

(2) dV/dt 보호

그림 4.7(a)의 회로에서 t=0에서 스위치 S_1을 닫고, 사이리스터 T_1 사이에 구형파 전압을 인가하면 dV/dt는 사이리스터를 턴 온할 만큼 충분히 높아진다. dV/dt는 커패시터 C_s로 제한할 수 있다. 사이리스터 T_1이 턴 온될 때 커패시터의 충전전류는 R_s에 의하여 제한된다. 스너버 회로로 알려진 RC 회로에서 사이리스터에 걸리는 전압은 그림 4.7(c)와 같이 지수함수적으로 상승한다.

$$\frac{dV}{dt}=\frac{0.632V_S}{\tau}=\frac{0.632V_S}{R_SC_S} \tag{4.1}$$

스너버의 시정수 $\tau=R_sC_s$의 값은 식 (4.1)에 의하여 구할 수 있고, R_s의 값은 방전전류 I_{TD}로 구할 수 있다.

$$R_S=\frac{V_S}{I_{TD}} \tag{4.2}$$

그림 4.7(d)에서와 같이 dV/dt는 R_1, C_s에 의하여 제한되고, 방전전류는 R_1+R_2에 의하여 제한된다.

$$I_{TD}=\frac{V_S}{R_1+R_2} \tag{4.3}$$

댐핑비(damping ratio) δ는

$$\delta=\frac{\alpha}{\omega_o}=\frac{R_S+R}{2}\sqrt{\frac{C_S}{L_S+L}} \tag{4.4}$$

여기서 α는 댐핑 팩터, ω_o는 공진 주파수, L 및 R은 부하 인덕턴스와 저항이다. 사이리스터 사이에 인가되는 피크전압을 제한하기 위하여 댐핑비 δ=0.5~1.0를 사용한다. 부하 인덕턴스가 크면, 댐핑비를 적절하게 유지하기 위하여 R_s는 크고 C_s는 작게 한다. 큰 R_s는 방전전류를 줄일 수 있고, 낮은 C_s는 스너버 손실을 줄일 수 있다. RC 스너버는 dV/dt 보호는 물론이고, 역 회복 시간에서 과도전압을 억세하는데 사용한다.

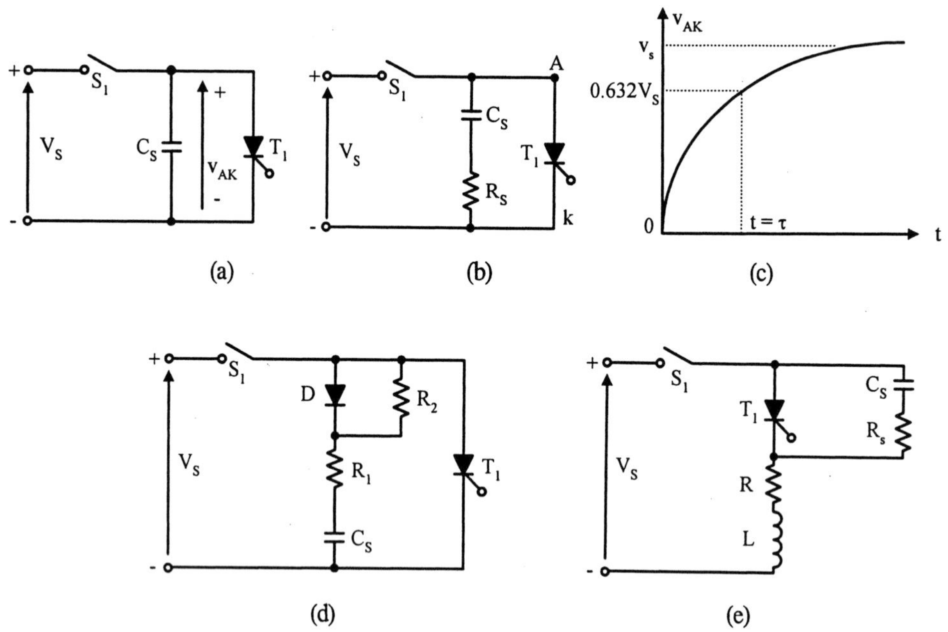

그림 4.7 dV/dt 보호 회로

4.3.2 사이리스터의 게이트 회로

사이리스터의 캐소드와 애노드 사이의 전력회로에서는 대개 전압이 100V보다 훨씬 큰 고전압이고, 게이트 회로에서는 12~30V의 낮은 전압이 걸리게 된다. 따라서 사이리스터의 전력회로부분과 게이트 회로 사이에는 절연회로가 필요하다. 절연회로는 펄스 트랜스나 포토 커플러에 의하여 구성할 수 있다. 그림 4.8의 게이트 회로에서는 절연회로로 펄스 트랜스를 사용한 경우를 나타낸 것이다.

그림 4.8에서 트랜지스터 Q_1의 베이스에 적절한 전압의 펄스를 인가하였을 때, 트랜지스터는 포화되어 직류전압 V_{cc}는 트랜스의 1차측에 인가되고, 트랜스의 2차측에 유기되는 펄스전압을 사이리스터의 게이트와 캐소드 단자 사이에 인가한다. 트랜지스터 Q_1의 베이스에서 펄스를 제거하였을 때, 트랜지스터는 턴 오프되며 반대극성의 전압이 1차측에 유기되고, 환류 다이오드 D_m은 도통된다. 트랜스의 자기 에너지로 인한 전류는 D_m을 통하여 0으로 줄어든다. 과도적인 이 기간 동안에 역전압이 2차측에 유기된다. 펄스 폭은 저항 R사이에 연결된 커패시터 C에 따라 달라진다. 이런 형태의 펄스 절연은 일반적으로 50~100μsec의 펄스에 적합하다.

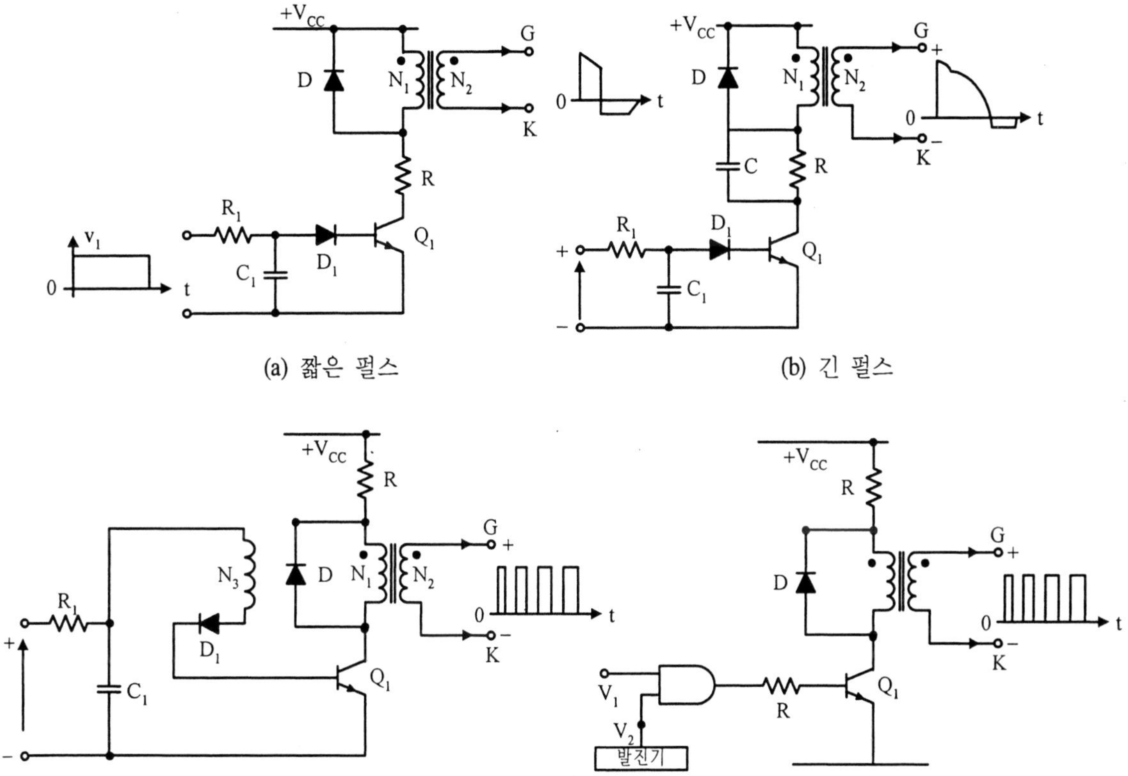

(a) 짧은 펄스 (b) 긴 펄스

(c) 펄스 열 발생기 (d) 타이머와 AND 로직의 구성

그림 4.8 사이리스터의 게이트 회로

유도성 부하를 가진 컨버터에서 사이리스터의 도통기간은 부하역률에 따라 변하고, 사이리스터의 도통시점이 잘 정해지지 않는다. 이런 경우 사이리스터는 연속적으로 트리거하여야 한다. 그러나 연속적인 게이트 신호는 사이리스터의 손실을 증대시키게 된다. 펄스 열은 그림 4.8(c)와 같은 보조권선으로 얻을 수 있다. 트랜지스터 Q_1이 턴 온될 때, 전압은 트랜지스터 Q_1의 베이스에서 보조권선 N_3에 유기된다. 다이오드 D_1은 역 바이어스되고 Q_1은 차단된다. 한편 커패시터 C_1은 R_1을 통하여 충전되고, Q_1은 다시 턴 온된다. 이런 턴 오프와 턴 온의 과정은 입력신호 V_1이 있는한 계속된다. 보조권선 대신에 그림 4.8(d)와 같이 AND 로직과 발진기로 대치할 수도 있다. 실제로 AND 로직은 트랜지스터 Q_1을 직접 구동할 수 없으므로 트랜지스터 앞에 버퍼를 설치한다. 이러한 펄스 절연 회로는 그림 4.9와 같은 게이트 보호회로를 함께 설치하여야 한다.

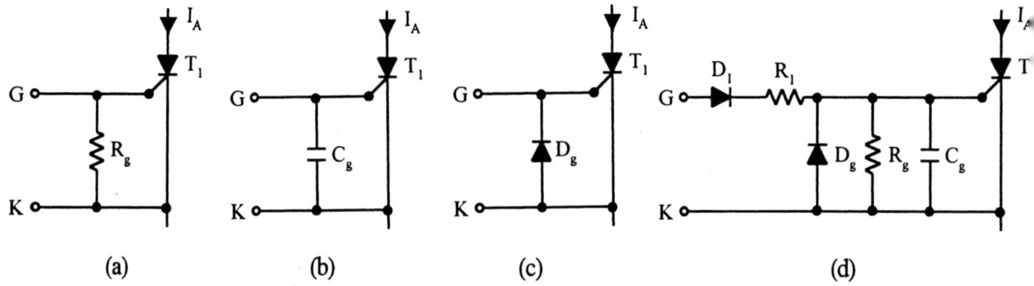

그림 4.9 사이리스터의 게이트 보호회로

그림 4.9(a)에서 R_g는 사이리스터의 dV/dt용량을 증대시키며, 턴 오프 시간을 축소시키고, 유지전류와 래칭전류를 증대시킨다. 그림 4.9(b)는 고주파수 노이즈 성분을 제거하고, dV/dt 용량과 게이트 지연시간을 증대시킨다. 4.9(c)의 다이오드 D_g는 부(−)전압으로부터 게이트를 보호한다. 그러나 RCT(Reverse Conducting Thyristor)의 경우 dV/dt 능력을 개선하고, 턴 오프 시간을 줄이기 위하여 어느정도 부(−) 게이트 전압이 필요한 경우도 있다. 이와 같은 모든 기능이 4.9(d)와 같은 회로로 종합되어 구성되는데 다이오드 D_1은 정(+)펄스를 유지하고, R_1은 과도적인 진동을 방지하며 게이트 전류를 제한한다.

4.4 사이리스터의 형태

(1) 위상제어용 사이리스터

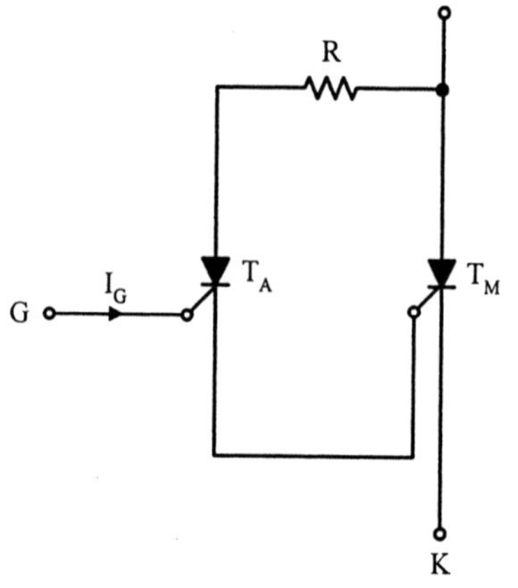

그림 4.10 게이트 전류 증폭 회로 구성

이 사이리스터는 상용 전류에서 동작하며, 자연 전류에 의하여 사이리스터를 턴 오프할 수 있다. 턴 오프 시간은 약 50~100μsec정도이다. 이것은 컨버터와 같이 저속 스위칭 응용분야에 적합하다. 도통상태의 전압은 600V용 소자에서 약 1.15V, 4,000V용 소자에서 약 2.5V이고, 5,500A, 1,200V용 사이리스터에서 약 1.25V정도이다. 최근의 사이리스터는 게이트 전류를 증폭시키기 위하여 그림 4.10과 같은 형태를 채택하고 있다.

이 경우 dV/dt는 1,000V/μsec이고, di/dt는 500A/μsec로 고려함이 좋다. di/dt 제한 인덕터나 dV/dt 보호회로를 최소화할 수 있다.

(2) 고속 스위칭용 사이리스터

이것은 쵸퍼나 인버터와 같이 고속 스위칭 분야에 이용된다. 턴 오프 시간은 5~50μsec정도이다. 이 사이리스터는 1,000V/μsec정도의 높은 dV/dt와 1,000A/μsec정도의 높은 di/dt를 나타낸다. 빠른 턴 오프 시간과 큰 di/dt는 커뮤테이션 및 보호회로의 크기와 무게를 줄이는 효과가 있다. 2,200A, 1,800V 사이리스터의 온 상태전압은 약 1.7V이다.

(3) TRIAC(Bidirectional Triod Thyristor)

TRIAC은 양방향으로 도통되며, 일반적으로 교류위상 제어에 사용된다. 이것은 두 개의 사이리스터를 그림 4.11과 같이 공통 게이트로 역병렬 접속한 것이다. TRIAC는 양방향 소자이므로 단자들을 애노드와 캐소드로 구분할 수 없다. 만약 단자 MT_2전압이 MT_1에 비하여 정(+)이라면, 게이트와 터미널 MT_1사이에 정 펄스 신호로 TRIAC이 턴 온된다. MT_2전압이 MT_1에 비하여 부(−)라면, 게이트와 MT_1사이에 (−)게이트 신호로 턴 온할 수 있다. TRIAC는 정상적인 경우 그림 4.11(d)와 같이 1상한과 3상한 영역에서 동작한다.

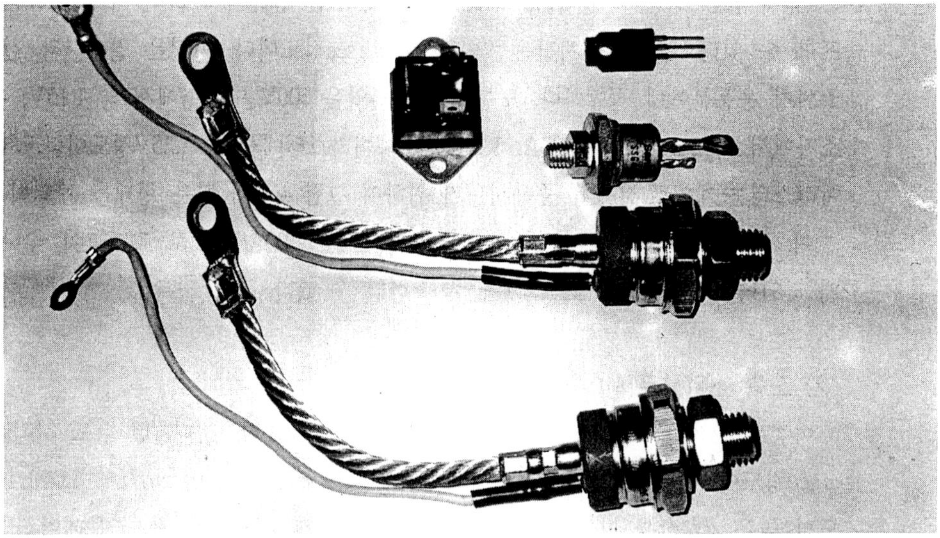

(a) 형태

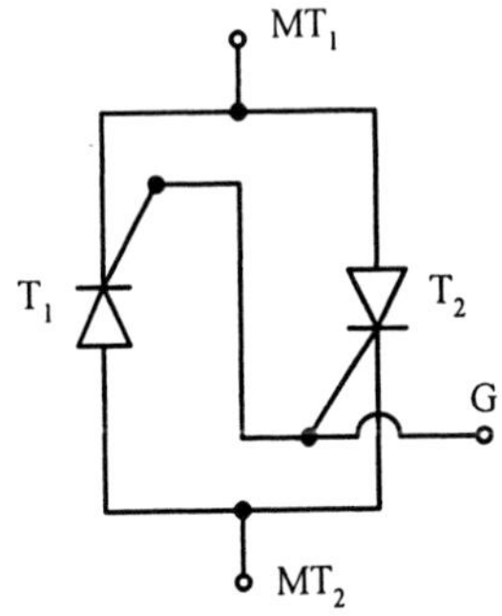

(b) 등가회로

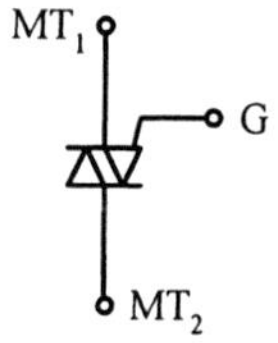

(c) TRIAC의 기호

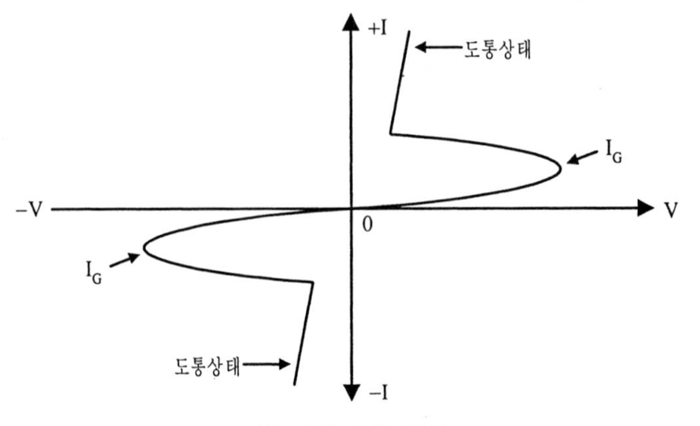

(d) 전압-전류 특성

그림 4.11 TRIAC의 특성

(4) RCT(Reverse Conducting Thyristor)

쵸퍼나 인버터 회로에서는 유도성 부하에서 역전류를 흐르게 하거나 커뮤테이션 회로의 턴 오프 조건을 개선하기 위하여 사이리스터 사이에 역병렬 다이오드를 연결한다. 다이오드는 정상상태하에서 사이리스터의 역항복 전압을 1~2V로 되게 한다. 과도조건에서 역전압은 소자사이에 회로 인덕턴스에서 유기되는 전압을 30V까지 상승시킬 수도 있다. RCT는 그림 4.12에 보는 바와 같이 역병렬 다이오드를 내장한 사이리스터로 볼 수 있다. RCT를 ASCR(Asymmetrical thyristor)라고도 부른다. RCT의 순방향 항복전압은 400~2,000V까지 변화하고, 전류정격은 500A정도이며, 역 항복전압은 일반적으로 30~40V정도이다.

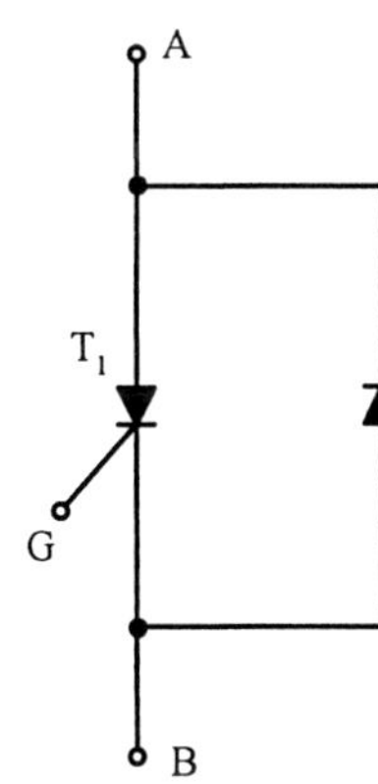

그림 4.12 RCT의 구조

(5) SITH(Static Induction Thyristor)

SITH의 특성은 MOSFET와 유사하며, 게이트에 정(+) 펄스를 인가하면 턴 온 되며, 부(−) 펄스를 인가하면 턴 오프된다. SITH는 빠른 스위칭 속도와 높은 dV/dt, di/dt 능력을 가지고 있다. 스위칭 속도는 1~6μsec이며, 전압정격은 2,500V정도이고 전류정격은 500A정도이다.

(6) LASCR(Light Activated SCR)

이 소자는 빛으로 실리콘 웨이퍼에 직접 쪼이게 되면 턴 온되게 된다. 방사에 의하여 생성되는 전자, 홀의 쌍은 전계의 영향에 의하여 트리거 전류를 발생시킨다. LASCR은 고전압, 고전류 응용분야인 HVDC(High Voltage Direct Current)송전, 정지형 무효전력 보상기 등에 이용된다. LASCR의 4,000V, 1,500A정도의 용량에서 트리거용 전력은 100mW정도이다. 전형적인 di/dt는 250A/μsec, dV/dt는 2,000V/μsec정도이다.

4.5 GTO(Gate Turn Off) 사이리스터

GTO 사이리스터는 게이트와 캐노드 사이에 정(+) 펄스를 인가하면 턴 온되고, 부(−) 펄스를 인가하면 턴 오프할 수 있다.

그림 4.13은 100A급 GTO 사이리스터의 턴 온 게이트 전류와 턴 온 시간과의 관계를 나타낸 것이다. 턴 온 게이트 전류가 작으면 작을수록 턴 온 시간이 길어지며 스위칭 손실이 증가한다. 어떤 규격의 GTO 사이리스터의 경우 3.5A이상의 게이트 전류를 흘리면 턴 온 시간은 일정하게 되면서 스위칭 손실을 줄일 수 있다. GTO 사이리스터는 턴 온 과정은 일반 사이리스터와 동일한 특성을 가지기 때문에 펄스 상태의 게이트 전류로 턴 온하기 좋다.

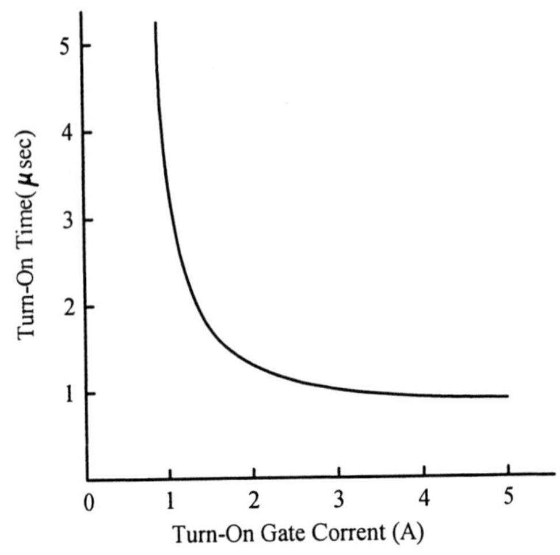

그림 4.13 GTO 사이리스터의 턴 온 특성

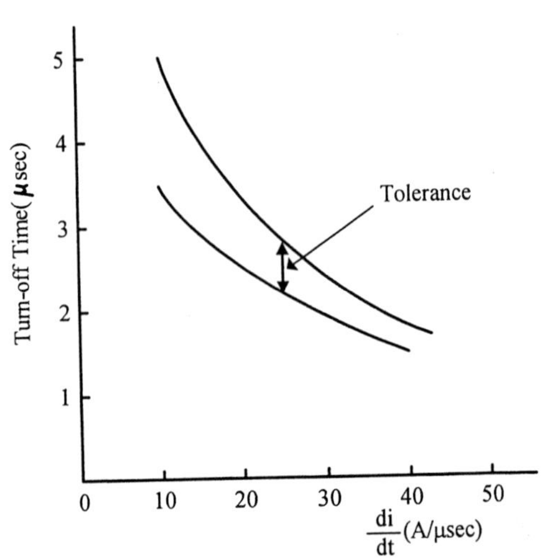

그림 4.14 GTO 사이리스터의 턴 오프 특성

대용량 GTO 사이리스터는 등가적으로 다수의 GTO 사이리스터가 병렬로 접속된 것과 유사하다. 따라서 턴 오프과정에서는 GTO 사이리스터의 내부가 균일하게 턴 오프되도록 하여야 한다. 그림 4.14는 대용량 GTO 사이리스터의 턴 오프 특성을 나타낸 것이다. 일반적으로 di/dt가 클수록 턴 오프 시간이 짧아진다.

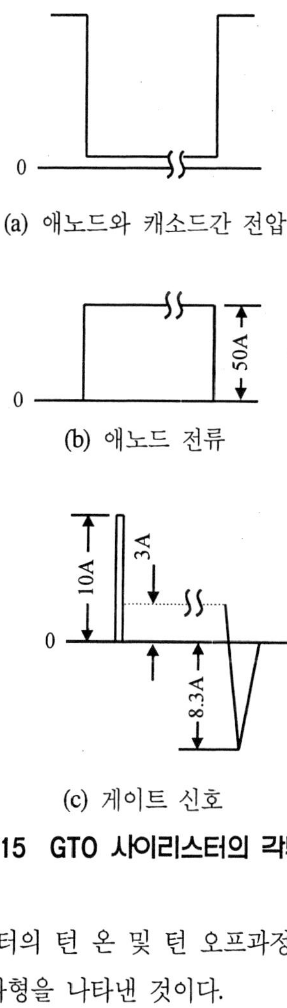

(a) 애노드와 캐소드간 전압

(b) 애노드 전류

(c) 게이트 신호

그림 4.15 GTO 사이리스터의 각부 파형

그림 4.15는 GTO 사이리스터의 턴 온 및 턴 오프과정에서의 게이트 신호와 애노드와 캐소드간의 전압과 전류 파형을 나타낸 것이다.

GTO 사이리스터는 일반 사이리스터에서의 전류회로가 필요없기 때문에 어떤 형태의 전력변환기에도 쉽게 적용할 수 있는 장점이 있다. 일반적으로 인버터의 경우 GTO 사이리스터의 게이트 회로의 용량이 일반 사이리스터의 게이트 회로 용량에 비하여 2~2.5배로 증가하는 단점이 있으나, 전류회로가 불필요하기 때문에 일반적인 인버터의 경우 사이리스터를 사용한 것에 비하여 체적과 중량이 각각 60%, 70% 정도면 되는 것으로 평가되고 있다. 또한 전류 리액터에 의한 소음도 없기 때문에 응용면에서 유리한 점도 많다.

일반 사이리스터에 비하면 GTO 사이리스터는 다음과 같은 장점이 있다.

① 전류 회로를 없앨 수 있기 때문에 가격, 무게, 부피를 줄일 수 있다.
② 전류 초크 코일이 없기 때문에 전자적인 노이즈를 줄일 수 있다.
③ 빠른 턴 오프 시간으로 고주파수 응용이 가능하다.
④ 컨버터의 효율을 개선할 수 있다.

저전력 응용분야에서는 바이폴라 트랜지스터에 비하여 다음과 같은 장점이 있다.

① 높은 항복전압 능력이 있다.
② 평균전류에 대한 피크 제어가능 전류가 높다.
③ 평균전류에 대한 피크 서어지 전류 비율이 높다.(10 : 1정도)
④ 높은 도통상태 이득(애노드 전류/게이트전류=600정도)이 있다.
⑤ 펄스 게이트 신호 폭이 작다.

GTO 사이리스터의 게이트 회로는 턴 온 게이트 전류와 턴 오프 게이트 전류를 흘릴 수 있도록 구성하여야 한다. 게이트 회로는 컨덴서의 충방전 특성을 이용한 것과 리액터에 축적되는 에너지를 이용한 것이 있다. 그림 4.16은 여러 가지 게이트 회로를 나타낸 것이다. 그림 4.16(a)의 경우 대용량 GTO 사이리스터를 고주파수로 구동할 경우 턴 오프 용량이 적을 수가 있다. 그림 4.16(b)의 경우 회로구성이 간단하고 고주파수 운전이 가능하나 게이트 전류가 펄스형태로 발생되므로 유도성 부하나 부하전류가 유지전류 이하인 경우에는 적당하지 않다. 일반적으로 그림 4.16(c)가 대용량 GTO 사이리스터의 기본적인 게이트 회로이다.

그림 4.16의(d)는 하나의 입력신호만 있으면 된다. 턴 온시에는 컨덴서의 충전전류로 턴 온 과정을 빠르게 하고, 턴 오프시에는 컨덴서의 방전전류를 이용한다. 턴 오프 과정을 빠르게 하기 위하여 게이트 전류 상승률을 높이는 것보다는 턴 오프 전압을 높이는 것이 좋다. 일반적으로 GTO 사이리스터의 캐소드와 애노드사이의 역 내전압은 20V정도이므로 턴 오프 게이트 전압도 이 값이하로 하여야 한다. GTO 사이리스터는 일반적으로 낮은 턴 오프 이득(6정도)을 가지며, 상대적으로 큰 부(−) 펄스가 필요하다. 온 상태전압도 사이리스터 보다 커서, 550A, 1200V GTO는 일반적으로 3.4V정도이다.

(a)	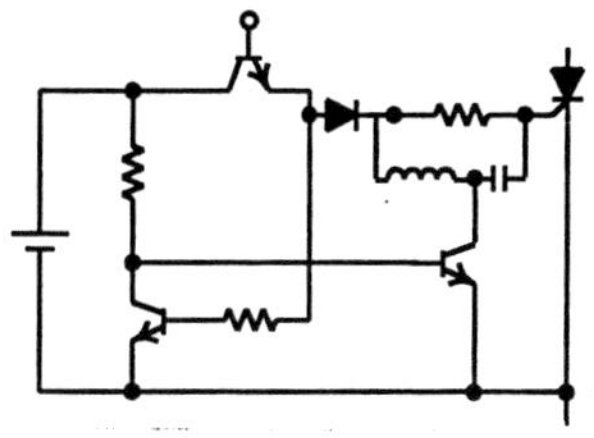	· 컨덴서 방전 에너지 이용 턴 오프 · 고전력, 고주파수 컨버터에는 부적합
(b)	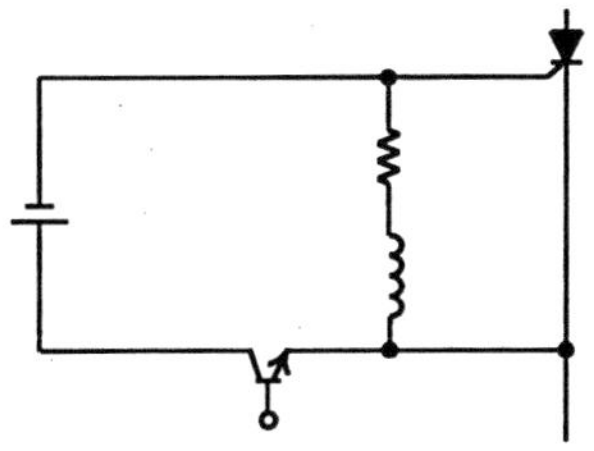	· 리액터 충전 에너지 이용 턴 온 · 저주파수에서 전력손실이 큼 · 늦은 역률부하에 부적합
(c)	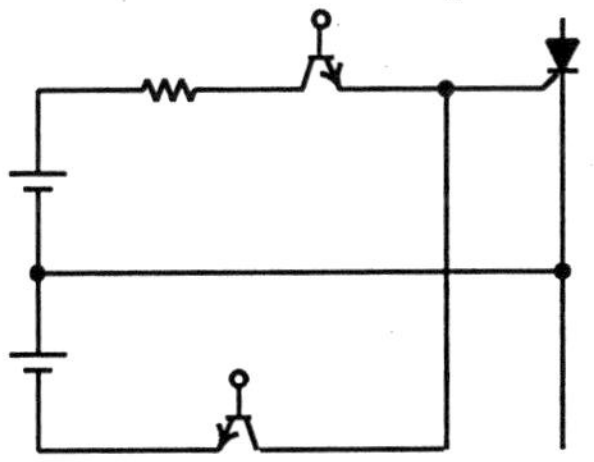	· 고전력 컨버터에 채용 · 고주파수 컨버터에 적합
(d)	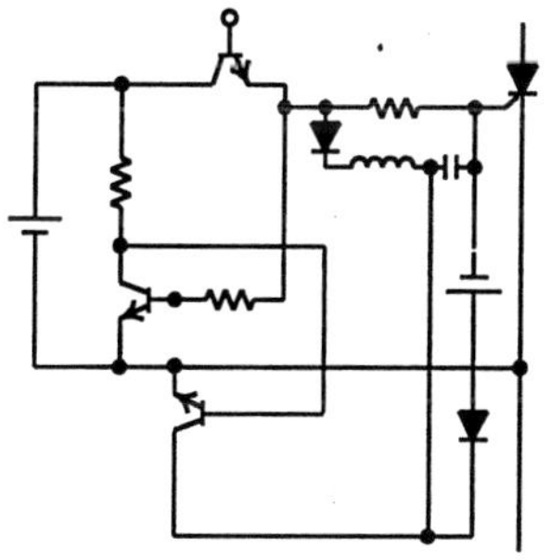	· di/dt가 큼 · 고전력, 고주파수 컨버터에 적합

그림 4.16 GTO 사이리스터의 게이트 회로

실 습 과 제

4-1 사이리스터의 게이트 구동회로 설계 및 제작 실습

4-1-1 목적

사이리스터를 사용하여 그림 4.17의 회로를 제작하고, 저항부하를 연결하여 사이리스터의 턴 온 및 턴 오프 동작원리와 운전특성을 이해한다.

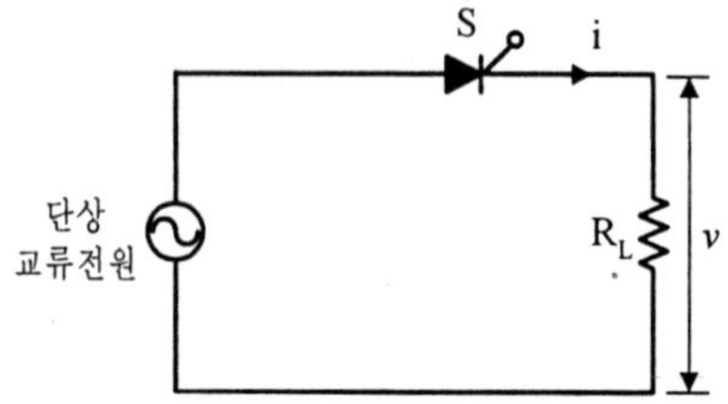

그림 4.17 사이리스터 이용 전력 변환 회로

4-1-2 방법

(1) 사용기기 및 재료

: 단상전원, 오실로스코프, 사이리스터, 저항부하, 사이리스터 게이트 구동회로 제작, 제어용 직류전원장치

(2) 실습내용

① 그림 4.17의 회로에서 사이리스터의 게이트 구동회로를 구성한다.

② 저항부하를 연결하고 사이리스터가 턴 온시의 출력전압, 출력전류를 오실로스코프로 측정하여 파형을 관찰하고 기록한다.

③ 저항부하를 연결하고 사이리스터가 턴 오프시의 출력전압, 출력전류의 파형을 관찰하고 기록한다.

④ 사이리스터의 동작원리 및 실습결과를 기록한다.

연 습 문 제

4.1 사이리스터의 특성을 설명하시오.

4.2 사이리스터에서 다음의 용어를 설명하시오.
(1) 유지전류

(2) 래칭전류

4.3 사이리스터의 턴 온 방법을 설명하시오.

4.4 사이리스터의 di/dt보호에 대하여 설명하시오.

4.5 사이리스터의 dv/dt보호에 대하여 설명하시오.

4.6 사이리스터의 턴 오프에 대하여 다음을 설명하시오.
(1) 자연전류에 의한 방법

(2) 강제전류에 의한 방법

4.7 사이리스터의 스너버 회로에 대하여 설명하시오.

4.8 사이리스터의 게이트 보호회로에 대하여 설명하시오.

4.9 다음의 사이리스터의 특징을 설명하시오.

(1) 위상 제어용 사이리스터

(2) 고속 스위칭용 사이리스터

4.10 다음의 사이리스터를 설명하시오.

(1) TRIAC

(2) RCT

(3) SITH

(4) LASCR

4.11 GTO의 장단점을 들어 설명하시오.

4.12 GTO 의 턴 온, 턴 오프 방법에 대하여 설명하시오.

제 5 장

제어 정류기

5-1 제어 정류기의 특성

5-2 단상 제어 정류기

5-3 삼상 제어 정류기

5-4 제어 정류기의 역률 개선

5.1 제어 정류기의 특성

5.1.1 제어 정류기의 정의

다이오드 정류기는 일정한 직류 출력전압만을 얻을 수 있지만, 다이오드 대신에 사이리스터와 같은 스위칭 기능을 가진 전력용 반도체 소자를 이용하면 정류기의 직류 출력전압을 제어할 수 있다. 사이리스터 정류기의 출력전압은 사이리스터의 점호각에 따라 변화한다. 위상 제어용 사이리스터는 게이트에 펄스 신호를 인가하면 턴 온되고 자연 전류에 의하여 턴 오프되는데, 큰 유도성 부하의 경우 입력 전압의 부(−)의 반주기 동안 다른 보조 사이리스터를 이용하여 정류기의 주 사이리스터를 턴 오프한다.

이러한 위상 제어 정류기들은 간단하고 값이 싸며, 효율은 일반적으로 95%이상이다. 이런 제어 정류기는 교류를 직류로 바꾸기 때문에 AC-DC 컨버터라고 부르며, 이들은 산업 분야에 널리 이용되고 있다. 특히 직류 전동기 속도제어 분야의 경우 분수 마력에서 메가 와트급까지 이용되고 있다.

위상 제어 정류기는 단상 제어 정류기와 삼상 제어 정류기로 나누어진다. 이들은 각각 세미 컨버터(Semiconverter), 전파 컨버터(Full Converter), 듀얼 컨버터(Dual Converter)로 나누어진다. 세미컨버터는 1상한에서 동작하므로 출력전압과 전류는 같은 정(+) 극성을 나타낸다. 전파 컨버터는 1상한 또는 4상한에서 동작하나 출력전류는 정극성을 출력전압은 정 또는 부(−) 극성이 된다. 듀얼 컨버터는 4상한 전영역에서 동작하며, 출력전압과 전류 모두 정 또는 부 극성으로 동작할 수 있다. 응용분야에 따라서 전압이 높으면 컨버터를 직렬 연결하여 운전하며, 이 경우 입력역률은 개선된다.

5.1.2 제어 정류기의 동작원리

그림 5.1과 같이 저항부하를 가진 회로에서 입력전압의 정(+)의 반주기에서 사이리스터의 애노드전압이 캐소드에 비하여 높으면, 사이리스터는 순 바이어스되었다고 말한다. 사이리스터 T_1이 $\omega t = \alpha$에서 점호되면 입력전압은 부하 양단에 걸리게 된다. $\omega t = \pi$에서 입력전압은 부(−)가 되므로 사이리스터 애노드 전압이 캐소드에 비하여 낮아지고, 사이리스터는 역 바이어스되어 턴 오프된다. 사이리스터가 $\omega t = \alpha$에서 점호될 때까지 시간을 점호각 α라고 부른다.

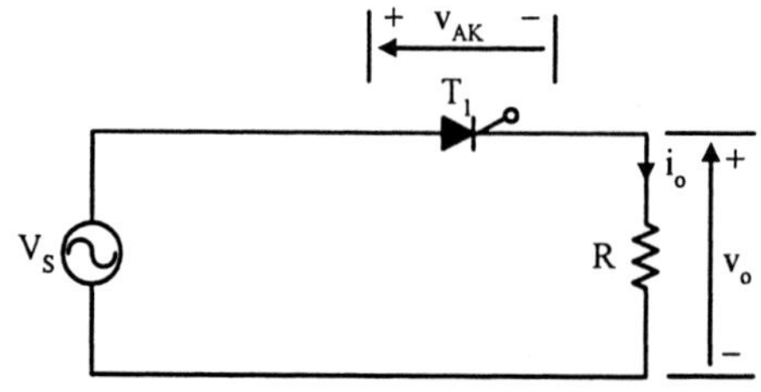

(a) 회로도

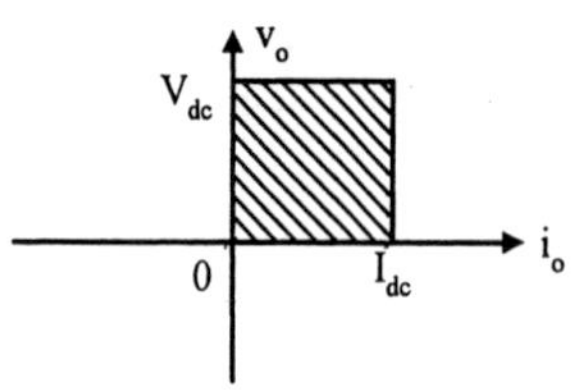

(b) 동작 영역

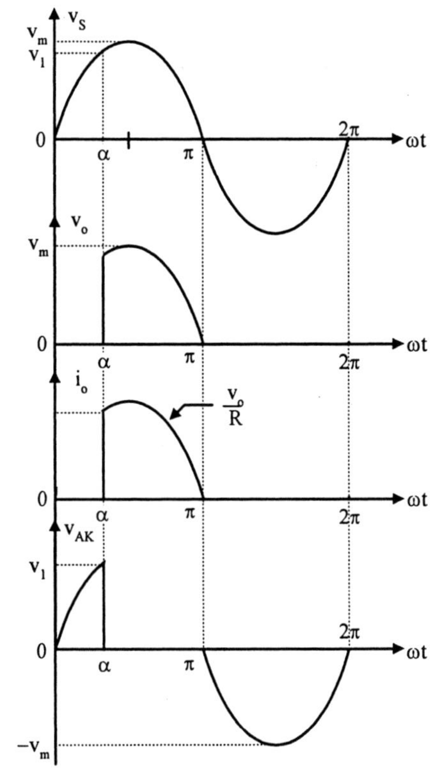

(c) 파형

그림 5.1 단상 제어 정류기

그림 5.1(b)는 출력전압과 출력전류가 동일 극성을 나타내는 제어 정류기의 운전영역을 나타낸 것이다. 그림 5.1(c)는 입력전압, 출력전압, 부하전류, 사이리스터 양단간의 전압 파형들을 나타낸 것이다. 이 제어 정류기는 출력에 많은 리플성분이 포함되므로 산업분야의 현장에서는 이용되지 않는다.

만약 V_m이 피크 입력전압이라면, 이 제어 정류기의 평균 출력전압 V_{dc}는

$$
\begin{aligned}
V_{dc} &= \frac{1}{2\pi}\int_{\alpha}^{\pi} V_m \sin \omega t \, d(\omega t) \\
&= \frac{V_m}{2\pi}(1+\cos\alpha) \qquad (5.1)
\end{aligned}
$$

이 된다. 점호각 α가 0에서 π까지 변할 때, V_{dc}는 V_m / π 에서 0까지 변한다. 평균 출력전압은 $\alpha=0$일 때 최대값이 되고, 그 값은 다음과 같이 된다.

$$V_{dm} = \frac{V_m}{\pi} \tag{5.2}$$

제어 정류기의 출력전압의 실효값 V_{rs}는

$$V_{rs} = \left[\frac{1}{2\pi}\int_{\alpha}^{\pi} V_m^{\,2}\sin^2\omega t\, d(\omega t)\right]^{\frac{1}{2}}$$

$$= \frac{V_m}{2}\left[\frac{1}{\pi}\left(\pi - \alpha + \frac{\sin 2\alpha}{2}\right)\right]^{\frac{1}{2}} \tag{5.3}$$

이 된다.

5.2 단상 제어 정류기

5.2.1 단상 세미컨버터

그림 5.2(a)와 같이 유도성 부하를 가진 단상 세미컨버터에서 부하전류는 연속이고, 리플이 없다고 가정하자. 입력전압의 정(+)의 반주기 동안 사이리스터 T_1은 정 바이어스된다. 사이리스터 T_1이 $\omega t = \alpha$에서 점호되면, $\alpha \leqq \omega t \leqq \pi$에서 입력은 사이리스터 T_1과 다이오드 D_2를 통하여 공급된다. $\pi \leqq \omega t \leqq (\pi + \alpha)$에서 입력전압은 부(−)가 되고, 환류 다이오드 D_m은 순 바이어스로 된다. D_m은 유도성 부하에서 전류를 연속 흐르게 한다. 부하전류는 T_1과 D_2로 부터 D_m으로 전환되고, 사이리스터 T_1은 턴 오프된다.

입력전압의 부(−)의 반주기 동안은 사이리스터 T_2가 순 바이어스 되고, $\omega t = \pi + \alpha$에서 사이리스터 T_2의 점호는 환류 다이오드 D_m을 역 바이어스시킬 것이다. 환류 다이오드 D_m이 턴 오프되고, 부하는 T_2, D_1을 통하여 전원에 연결된다. 그림 5.2(b)는 출력전압 및 전류가 정극성을 나타낼 때의 컨버터의 동작영역을 보여준다. 그림 5.2(c)는 입력전압, 출력전압, 입력전류, 각 사이리스터와 각 다이오드의 각부 파형을 나타낸 것이다. 이 컨버터는 환류 다이오드가 있으므로 역율이 개선되며, 일반적으로 15kW급 이상의 응용분야에 사용된다.

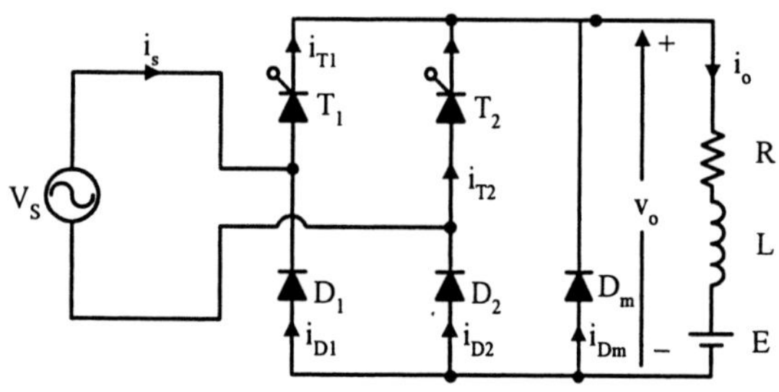

(a) 회로도

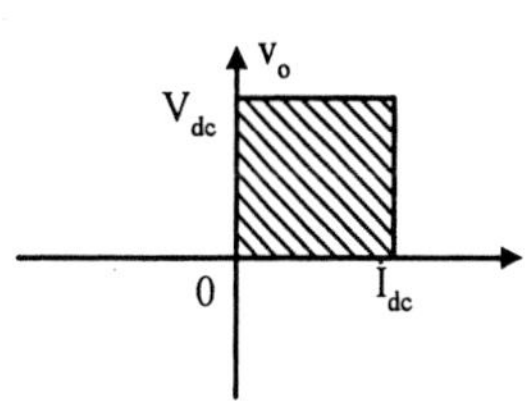

(b) 동작 영역

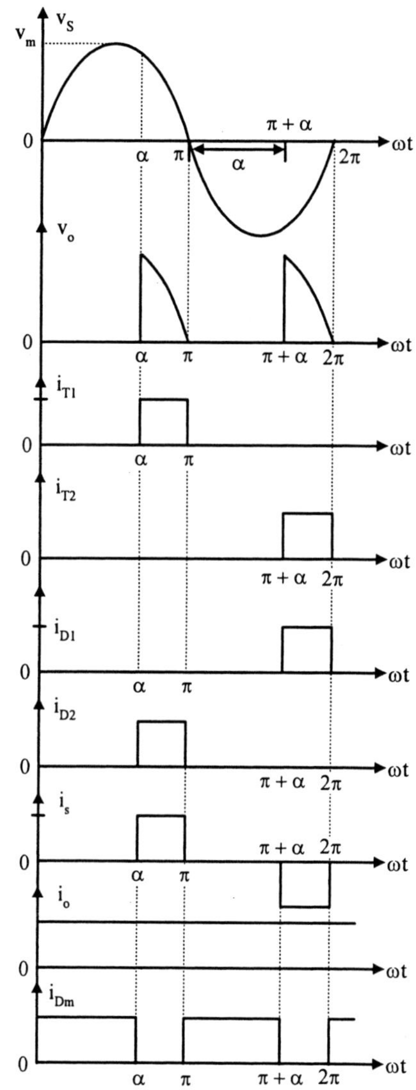

(c) 파형

그림 5.2 단상 세미컨버터

출력전압의 평균값 V_{dc}는

$$V_{dc} = \frac{2}{2\pi}\int_{\alpha}^{\pi} V_m \sin\omega t \, d(\omega t)$$

$$= \frac{V_m}{\pi}(1 + \cos\alpha) \tag{5.4}$$

점호각α가 0에서 π까지 변할 때, V_{dc}는 $\frac{2V_m}{\pi}$에서 0까지 변한다. 출력전압의 평균값의 최대치는 $V_{dm}=\frac{2V_m}{\pi}$ 이 된다.

출력전압의 실효값 V_{rs}는

$$V_{rs} =\left[\frac{2}{2\pi}\int_{\alpha}^{\pi} V_m{}^2 \sin^2 \omega t\ d(\omega t)\right]^{\frac{1}{2}}$$

$$=\frac{V_m}{\sqrt{2}}\left[\frac{1}{\pi}\left(\pi-\alpha+\frac{\sin 2\alpha}{2}\right)\right]^{\frac{1}{2}} \tag{5.5}$$

이 된다.

5.2.1 단상 전파 컨버터

그림 5.3(a)의 회로에서 부하전류가 연속이고 리플이 없도록 하기 위하여 큰 유도성 부하를 연결하였다고 하자. 정(+)의 반주기 동안 사이리스터 T_1, T_2는 순 바이어스 되어 있고, ωt$=\alpha$에서 두 사이리스터가 동시에 점호되면 부하는 두 사이리스터를 통하여 전원에 연결된다. 유도성 부하로 인하여 입력전압이 부(−)가 되더라도 두 사이리스터는 ωt$=\pi$를 넘어 계속 도통된다.

입력전압의 부(−)의 반주기동안 사이리스터 T_3, T_4가 순 바이어스되고, 이 두 사이리스터의 점호는 사이리스터 T_1, T_2 사이에 역 차단 전압으로 작용한다. 사이리스터 T_1, T_2는 자연 전류에 의하여 턴 오프되고, 부하전류는 T_1, T_2에서 T_3, T_4로 전환된다. 그림 5.3(b)는 컨버터의 동작영역을 나타내고, 그림 5.3(c)는 입력전압, 출력전압, 입력 및 출력전류를 나타낸 것이다.

α에서 π까지는 입력전압과 입력전류는 정(+)의 값이고, 전력은 전원으로부터 부하로 흐른다. 이 때는 정류작용을 한다. π에서 $\pi+\alpha$까지는 입력전압은 부(−)이고, 입력전류는 정(+)이 되어 부하에서 전원으로 전력이 회생된다. 이 컨버터도 15kW급 이상의 산업분야에 널리 이용되고 있다.

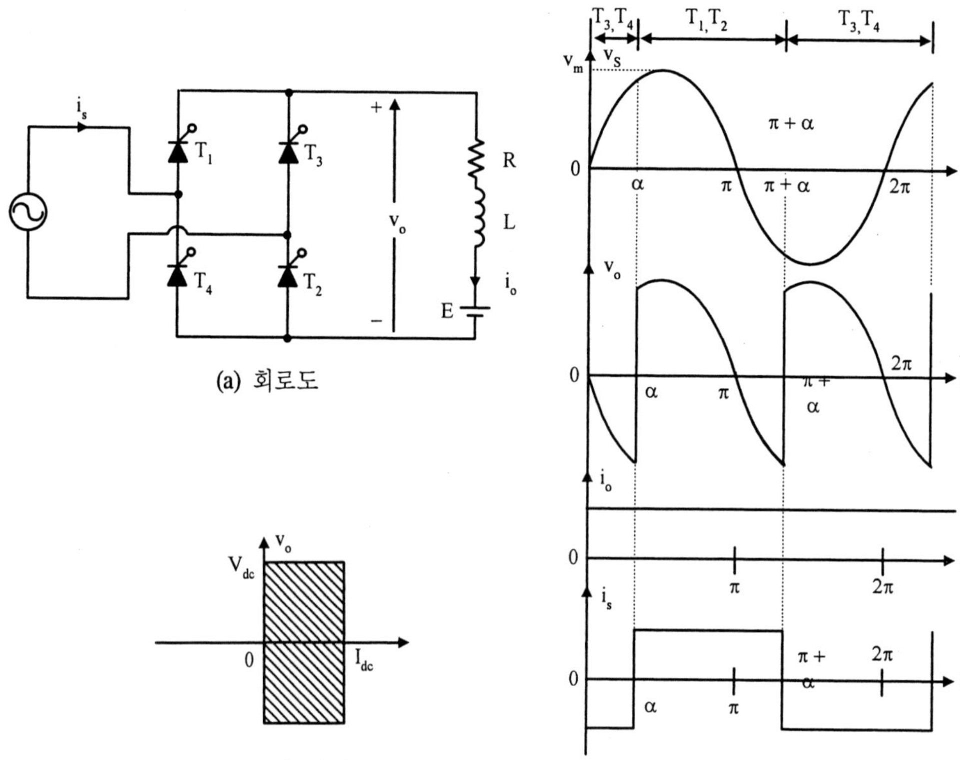

그림 5.3 단상 전파 컨버터

출력전압의 평균값 V_{dc}는

$$V_{dc} = \frac{2}{2\pi} \int_{\alpha}^{\pi+\alpha} V_m \sin \omega t \, d(\omega t)$$

$$= \frac{2V_m}{\pi} \cos \alpha \tag{5.6}$$

이 되고, 출력전압의 실효값 V_{rs}는

$$V_{rs} = \left[\frac{2}{2\pi} \int_{\alpha}^{\pi+\alpha} V_m^{\,2} \sin^2 \omega t \, d(\omega t) \right]^{\frac{1}{2}}$$

$$= \frac{V_m}{\sqrt{2}} \tag{5.7}$$

이 된다.

5.3. 삼상 제어 정류기

5.3.1 삼상 반파 제어 정류기

삼상 컨버터는 단상 컨버터에 비하여 더 높은 출력전압을 제공하며, 출력전압의 리플 주파수도 단상에 비하여 높아진다. 따라서 부하전류와 전압을 평활화하기 위한 필터는 간단해진다. 이런 이유로 삼상 컨버터는 고전력 가변속 제어에 널리 응용되고 있다.

그림 5.4(a)는 삼상 반파 컨버터의 회로 구성을 나타낸 것이다.

$\omega t=\frac{\pi}{6}+\alpha$에서 사이리스터 T_1이 점호되면, $\omega t=\frac{5\pi}{6}+\alpha$에서 사이리스터 T_2가 점호될 때까지 부하에는 상전압 v_{an}이 걸리게 된다. 사이리스터 T_2가 점호되고, 사이리스터 T_1이 역 바이어스되면, 선간전압 $v_{ab}(=v_{an}-v_{bn})$가 부(–)이므로 사이리스터 T_1이 턴 오프된다.

$\omega t=\frac{3\pi}{2}+\alpha$에서 사이리스터 T_3가 점호될 때까지 상전압 v_{bn}이 부하에 걸리게 된다. 사이리스터 T_3가 점호되고 사이리스터 T_2가 턴 오프되면, 사이리스터 T_1이 다음 주기에 다시 점호될 때 까지 상전압 v_{cn}이 부하에 걸리게 된다.

그림 5.4(b)부하의 전압-전류 특성을 나타낸 것이며, 그림 5.4(c)는 입력전압, 출력전압, 사이리스터에 흐르는 전류파형을 나타낸 것이다. 이 컨버터는 공급전류에 직류 성분을 함유하고 있기 때문에 실제적인 응용 시스템에서는 이용되지 않는다.

만약 상전압이 $v_{an}=V_m\sin\omega t$라면, 연속 부하전류에 대한 출력전압의 평균값 V_{dc}는

$$V_{dc}=\frac{3}{2\pi}\int_{\frac{\pi}{6}+\alpha}^{\frac{5\pi}{6}+\alpha}V_m\sin\omega t\,d(\omega t)$$

$$=\frac{3\sqrt{3}\,V_m}{2\pi}\cos\alpha \tag{5.8}$$

이 되고, V_m은 피크 상전압이고, $\alpha=0$에서 평균 출력전압의 최대값 V_{dm}은

$$V_{dm}=\frac{3\sqrt{3}\,V_m}{2\pi} \tag{5.9}$$

이 된다.

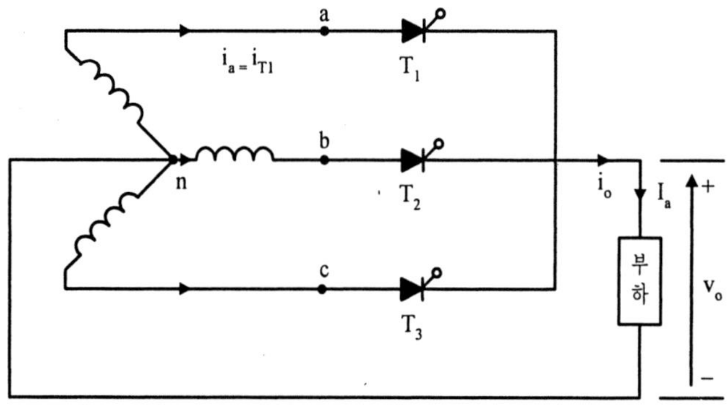

(a) 회로도

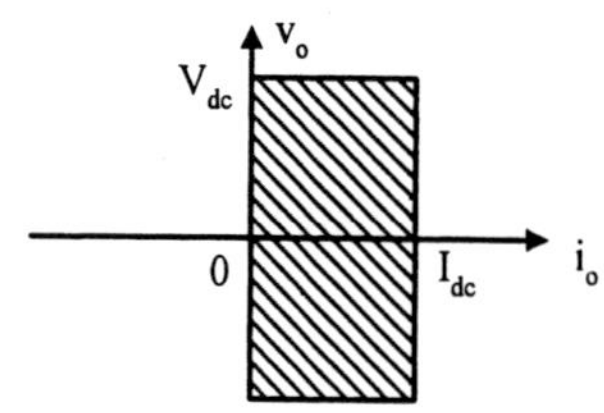

(b) 동작 영역

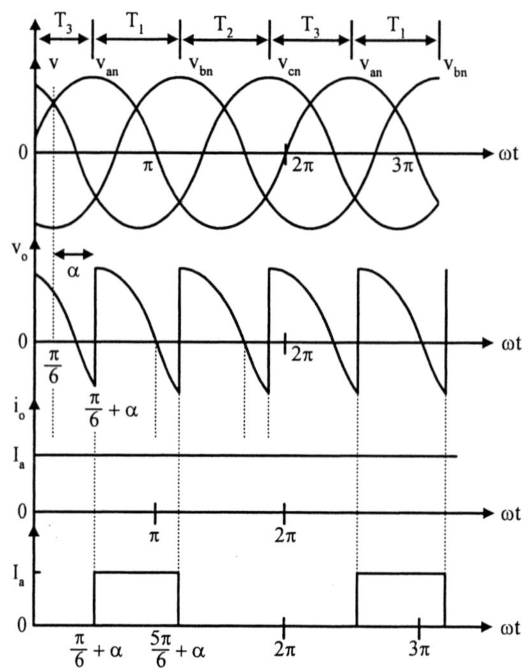

(c) 각 파형

5.4 삼상 반파 컨버터

5.3.2 삼상 세미컨버터

삼상 세미컨버터는 1상한 동작이 요구되는 120kW급 이상의 응용분야에 이용된다. 이 컨버터의 역률은 점호각이 증가함에 따라 감소하며 삼상 반파 컨버터에 비하여 우수하다. 그림 5.5(b)에서 입력전압, 출력전압, 입력전류 및 사이리스터와 다이오드를 통한 전류 파형을 보여준다.

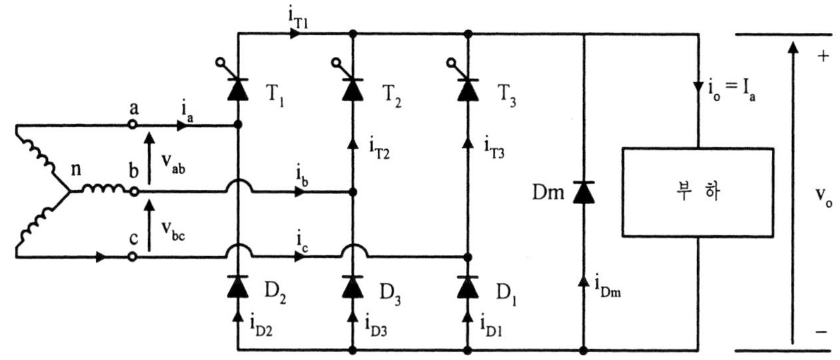

(a) 회로도

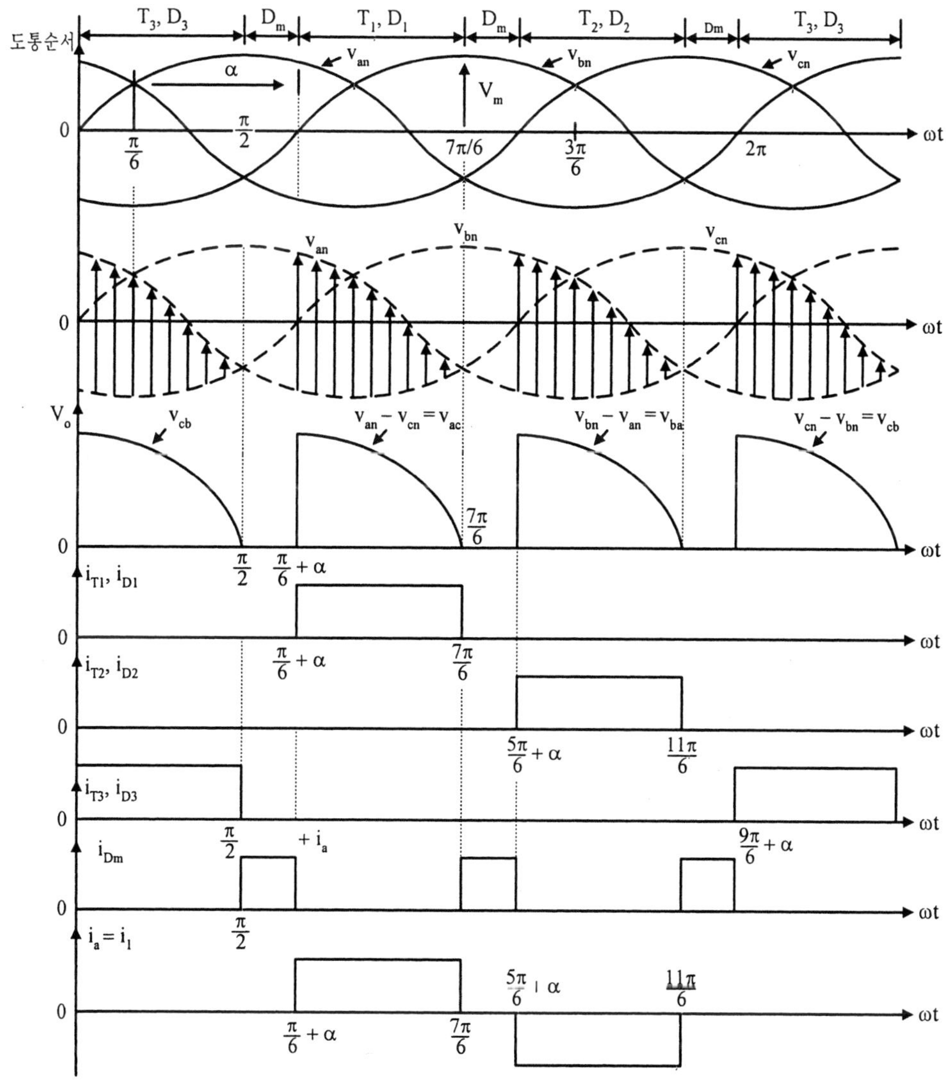

(b) 파형 (α=90°)

그림 5.5 삼상 세미컨버터의 회로와 파형

점호각 α는 0에서 π까지 변화한다.

$\frac{\pi}{6} \leqq \omega t < \frac{7\pi}{6}$ 에서 사이리스터 T_1은 순 바이어스 된다. T_1이 $\omega t = \frac{\pi}{6} + \alpha$ 에서 점호되면, T_1, D_1은 도통되고 선간전압 v_{ac}가 부하에 걸리게 된다.

$\omega t = \frac{7\pi}{6}$ 에서, v_{ac}는 부(−)로 되고 환류 다이오드 D_m은 도통된다. 부하전류가 환류 다이오드를 통하여 흐르면, T_1, D_1은 턴 오프된다. 환류 다이오드가 없으면, T_1은 T_2가 $\omega t = \frac{5\pi}{6} + \alpha$ 에서 점호될 때까지 계속 도통된다. 이때 환류작용은 T_1, D_2에 의하여 이루어진다. 만약 $\alpha \leq \frac{\pi}{3}$ 이면, 각 사이리스터는 $2\pi/3$동안 도통되고 환류 다이오드 D_m은 도통되지 않는다. 그림 5.6은 $\alpha \leqq \frac{\pi}{3}$ 인 경우의 삼상 세미컨버터의 파형들을 나타낸 것이다.

$\alpha \geqq \frac{\pi}{3}$ 에서 불연속 출력전압이 되며, 출력전압의 평균값 V_{dc}는

$$
\begin{aligned}
V_{dc} &= \frac{3}{2\pi} \int_{\frac{\pi}{6}+\alpha}^{\frac{7\pi}{6}} v_{ac}\ d(\omega t) \\
&= \frac{3}{2\pi} \int_{\frac{\pi}{6}+\alpha}^{\frac{7\pi}{6}} \sqrt{3}\, V_m \sin\left(\omega t - \frac{\pi}{6}\right) d(\omega t) \\
&= \frac{3\sqrt{3}\, V_m}{2\pi} (1 + \cos\alpha) \qquad (5.10)
\end{aligned}
$$

이 되고, $\alpha \leq \frac{\pi}{3}$ 에서 연속 출력전압이 되며 출력전압의 평균값 V_{dc}는

$$
\begin{aligned}
V_{dc} &= \frac{3}{2\pi} \left[\int_{\frac{\pi}{6}+\alpha}^{\frac{\pi}{2}} v_{ab}\ d(\omega t) + \int_{\frac{\pi}{2}}^{\frac{5\pi}{6}+\alpha} v_{ac} d(\omega t) \right] \\
&= \frac{3\sqrt{3}\, V_m}{2\pi} (1 + \cos\alpha) \qquad (5.11)
\end{aligned}
$$

이 된다.

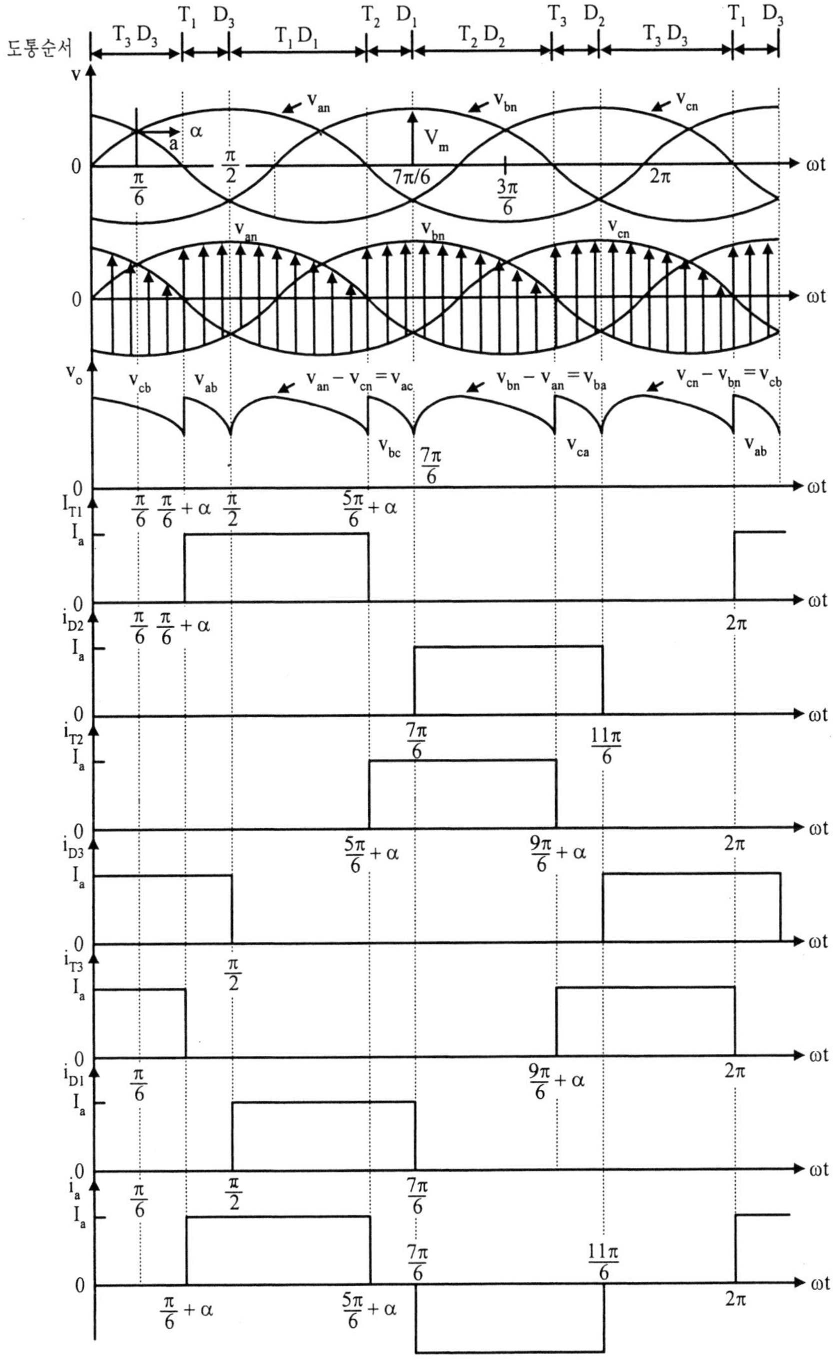

그림 5.6 삼상 세미컨버터의 각부 파형($\alpha \leq \frac{\pi}{3}$)

5.3.3 삼상 전파 컨버터

삼상 컨버터는 2상한동작이 요구되는 경우 120kW급 이상의 산업응용분야에서 널리 이용되고 있다. 그림 5.7(a)는 높은 유도성 부하를 가진 삼상 전파 컨버터 회로를 나타낸다. 이것은 3상 브리지 회로로 알려져 있다. 사이리스터는 $\pi/3$간격으로 점호된다. 이 컨버터는 단상 반파 컨버터나 세미컨버터에 비하여 필터 용량을 줄일 수 있다.

$\omega t=\frac{\pi}{6}+\alpha$에서, 사이리스터 T_6는 이미 도통되어 있고, 사이리스터 T_1은 턴온된다.

$\left(\frac{\pi}{6}+\alpha\right)\le \omega t\le\left(\frac{\pi}{2}+\alpha\right)$에서 사이리스터 T_1, T_6가 도통되고, 선간전압 $v_{ab}(=v_{an}-v_{bn})$가 부하에 걸리게 된다.

$\omega t=\frac{\pi}{2}+\alpha$에서 사이리스터 T_2가 점호되고, 사이리스터 T_6는 즉시 역 바이어스된다. T_6는 자연 전류에 의하여 턴 오프된다.

$\left(\frac{\pi}{2}+\alpha\right)\le \omega t\le\left(\frac{5\pi}{6}+\alpha\right)$에서 사이리스터 T_1, T_2가 도통되고, 선간전압 v_{ac}가 부하에 걸리게 된다. 그림 5.7(a)의 회로에서 점호 순서는 12, 32, 34, 54, 56, 16으로 된다. 그림 5.7(b)는 입력전압, 출력전압, 입력전류 사이리스터를 통하여 흐르는 전류의 파형들을 나타낸 것이다.

출력전압의 평균값은

$$V_{dc}=\frac{3}{\pi}\int_{\frac{\pi}{6}+\alpha}^{\frac{\pi}{2}+\alpha} v_{ab}d(\omega t)$$

$$=\frac{3}{\pi}\int_{\frac{\pi}{6}+\alpha}^{\frac{\pi}{2}+\alpha} \sqrt{3}V_m\sin\left(\omega t+\frac{\pi}{6}\right)d(\omega t)$$

$$=\frac{3\sqrt{3}V_m}{\pi}\cos\alpha \tag{5.12}$$

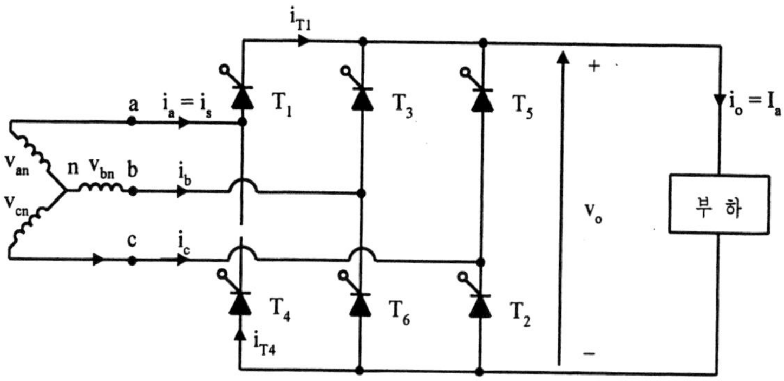

(a) 회로도

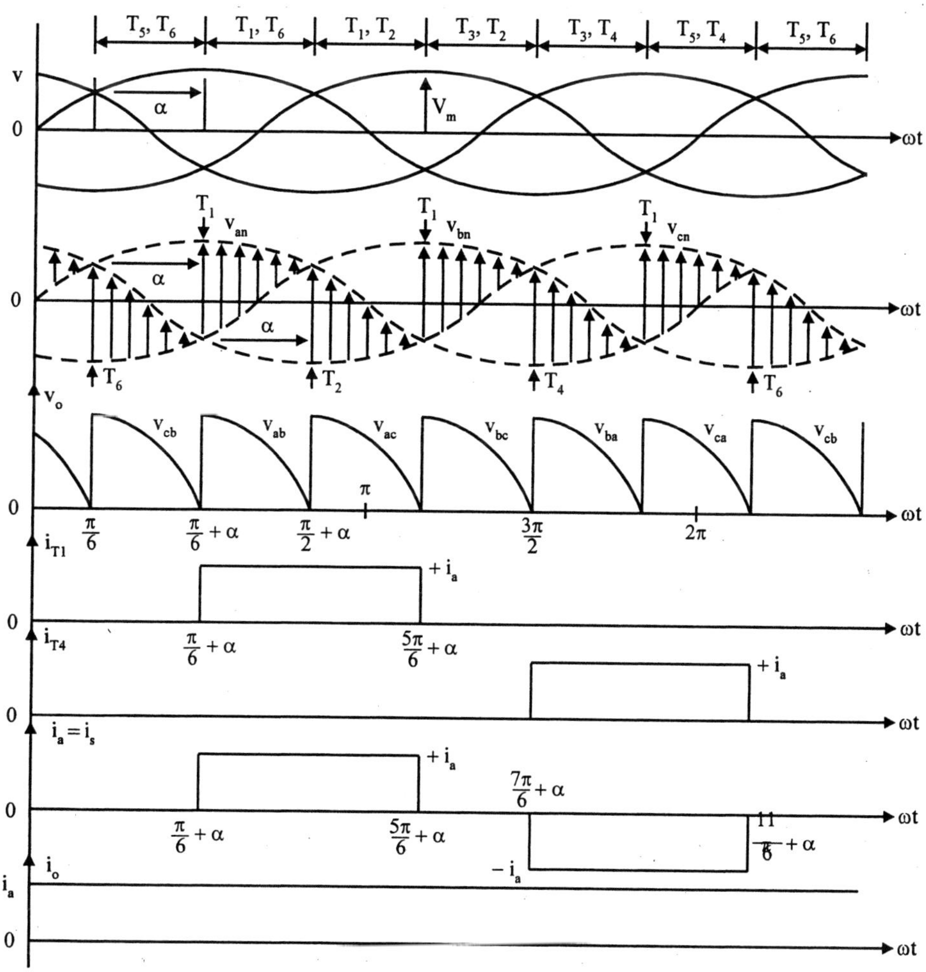

(b) 파형

그림 5.7 삼상 전파 컨버터

그림 5.7(b)는 $\alpha=\frac{\pi}{3}$에 대한 파형을 보여주는 것이다. $\alpha>\frac{\pi}{3}$인 경우 출력전압의 크기는 부(−)가 된다. 사이리스터를 통한 전류가 부(−)의 값이 될 수 없으므로 부하전류는 항상 정(+)의 값이 되어야 한다. 저항부하인 경우 순시부하전압이 부(−)가 될 수 없으므로 전파 컨버터는 세미컨버터로 동작한다.

삼상 브리지 컨버터는 6펄스 출력전압을 나타내는데, 2개의 6펄스 브리지를 직렬 또는 병렬로 연결하여 12펄스 출력을 얻을 수 있다. 고전압 직류송전, 직류 전동기 운전과 같은 응용분야에 12펄스 브리지 컨버터가 널리 이용되고 있다.

5.4 제어 정류기의 역률 개선

5.4.1 역률 개선 방법

제어 정류기의 입력측 역률은 전력용 반도체 소자에 의한 제어각에 따라 크게 변하며, 일반적으로 역률이 낮은 값을 나타낸다. 이것은 입력인 전원측으로 고조파를 발생시키는 원인이 되어 여러 가지 악영향을 일으키게 된다. 일반적으로 제어 정류기의 역률 개선 방법은 다음과 같다.

(1) 소호각 제어 기법
(2) 대칭각 제어 기법
(3) 펄스 폭 변조 기법
(4) 정현파 펄스 폭 변조 기법

5.4.2 소호각 제어 기법

그림 5.8(a)의 단상 제어 정류기 회로에서 스위치 S_1의 도통기간이 $0\leq\omega t\leq\pi-\beta$이고, 스위치 S_2의 도통기간이 $\pi\leq\omega t\leq 2\pi-\beta$일 때, 전원전압, 출력전압, 각 스위치에 흐르는 전류, 환류 다이오드에 흐르는 전류, 입력전류, 출력전류의 파형들은 그림 5.8(b)와 같이 된다.

출력전압은 소호각 β를 가변하면 제어할 수 있다. 일반적으로 입력전류의 기본파 성분의 위상이 입력전압의 위상보다 앞서게 된다. 이와 같은 특성은 용량성 부하를 연결하면 유용한 운전을 할 수 있게 된다.

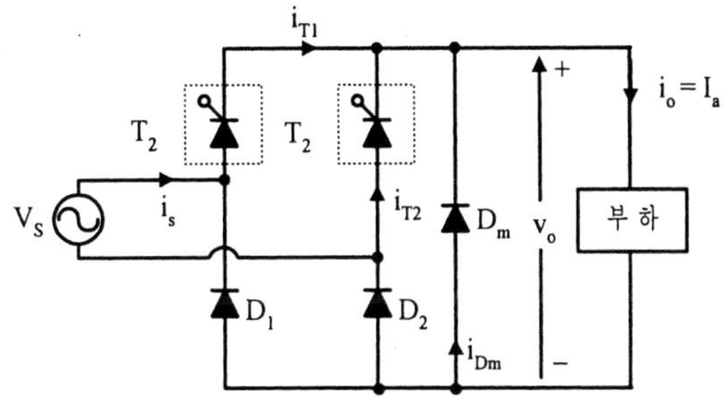

(a) 단상 제어 정류기 회로

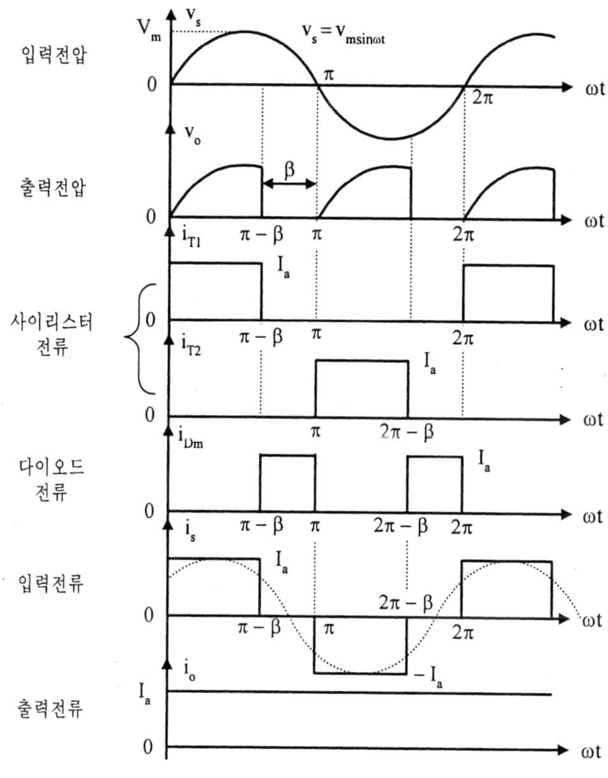

(b) 입력전압, 출력전압, 각 스위치의 전류, 입력전류, 출력전류의 파형

그림 5.8 소호각 제어의 개념도

단상 제어 정류기의 소호각 제어기법을 이용하였을 경우에 출력전압의 평균값 V_{dc}은

$$V_{dc} = \frac{2}{2\pi}\int_0^{\pi-\beta} V_m \sin\omega t d(\omega t)$$

$$= \frac{V_m}{\pi}(1+\cos\beta) \tag{5.13}$$

이 된다. 출력전압의 실효값 V_{rs}은

$$V_{rs} = \left[\frac{2}{2\pi}\int_0^{\pi-\beta} V_m^2 \ \sin^2\omega t d(\omega t)\right]^{\frac{1}{2}}$$

$$= \frac{V_m}{\sqrt{2}}\left[\frac{1}{\pi}(\pi-\beta+\frac{\sin 2\beta}{2})\right]^{\frac{1}{2}} \tag{5.14}$$

이 된다.

5.4.3 대칭각 제어 기법

그림 5.8(a)의 제어 정류기에서 스위치 S_1의 도통기간이 $(\pi-\beta)/2 \le \omega t \le (\pi+\beta)/2$이고, 스위치 S_2의 도통기간이 $(3\pi-\beta)/2 \le \omega t \le (3\pi+\beta)/2$이 되도록 β를 제어하면 출력전압을 제어할 수 있다. 스위치에 대한 제어신호는 삼각파와 기준전압을 비교하여 얻을 수 있다. 이때 삼각파의 위상은 입력전압의 위상과 동일하도록 제어한다. 따라서 입력전압과 입력전류는 동일한 위상이 되므로 높은 역률을 얻을 수 있게 된다. 이와 같은 방법을 대칭각 제어 기법이라고 한다.

출력전압의 평균값 V_{dc}는

$$V_{dc} = \frac{2}{2\pi}\int_{(\pi-\beta)/2}^{(\pi+\beta)/2} V_m \sin\omega t d(\omega t)$$

$$= \frac{2V_m}{\pi}\sin\frac{\beta}{2} \tag{5.15}$$

이 되고, 출력전압의 실효값 V_{rs}는

$$V_{rs} = \frac{2}{2\pi}\int_{(\pi-\beta)/2}^{(\pi+\beta)/2} V_m^2 \ \sin^2\omega t d(\omega t)$$

$$= \frac{V_m}{\sqrt{2}}\left[\frac{1}{\pi}(\beta+\sin\beta)\right]^{\frac{1}{2}} \tag{5.16}$$

이 된다.

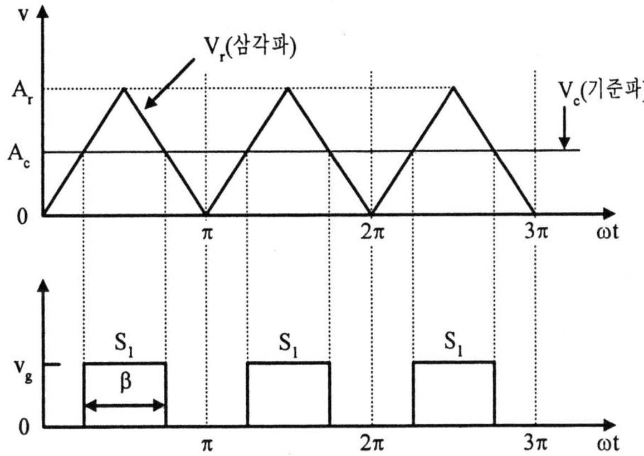

(a) 제어신호

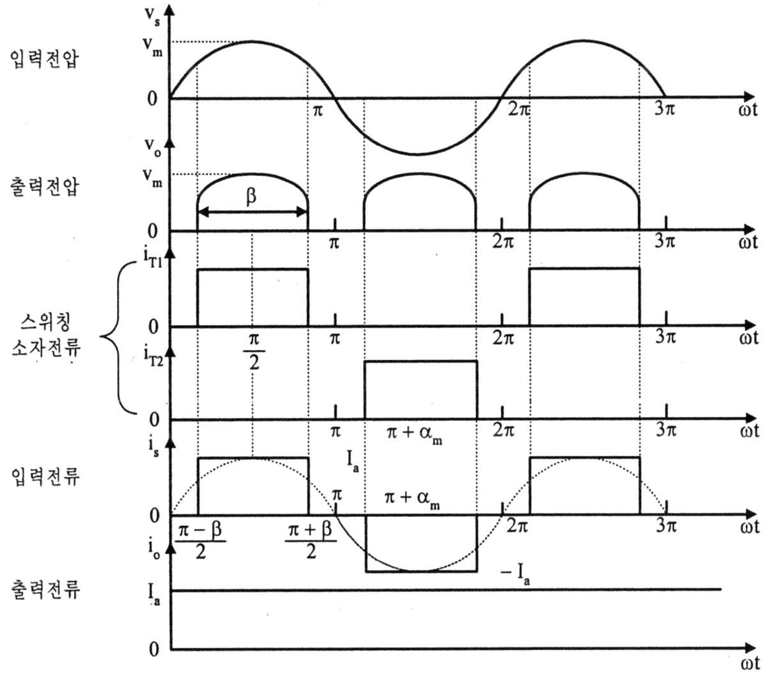

(b) 입력전압, 출력전압, 각 스위치의 전류, 입력전류, 출력전류의 파형

그림 5.9 대칭각 제어의 개념도

5.4.4 펄스 폭 변조 기법

소호각 제어 기법이나 대칭각 제어 기법은 입력 주파수의 반주기동안 하나의 제어 펄스만을 사용하므로 출력측이나 입력측에 저차 고조파 성분이 많이 포함된다. 이러한 저차 고조파 성분을 제거하려면 필터의 용량이 커지고 고조파를 쉽게 제거할 수

없게 된다. 이를 개선하기 위하여 입력 주파수의 반주기동안 여러 개의 펄스를 사용하여 각 펄스의 폭을 변화시켜 출력전압을 제어할 수 있다. 저차 고조파 성분은 펄스 수를 증가시킴으로써 제거할 수 있으나 고차 고조파 성분이 포함되므로 필터를 사용하여 제거하여야 한다.

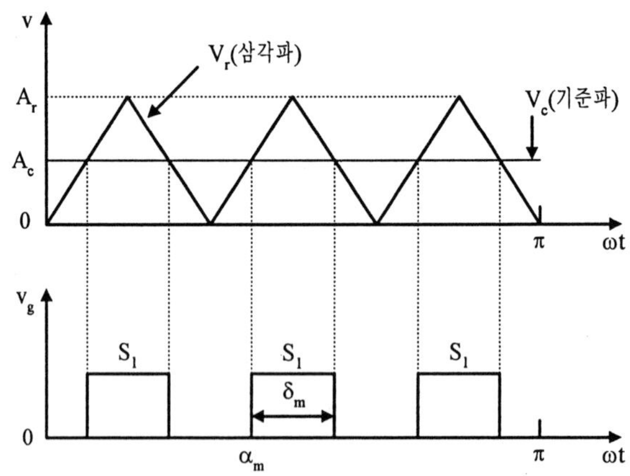

(a) 제어신호

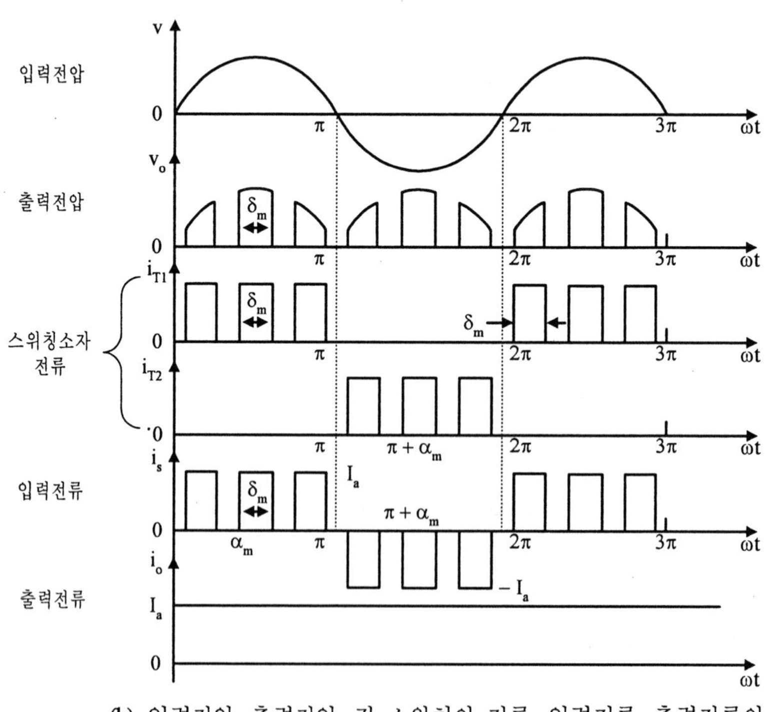

(b) 입력전압, 출력전압, 각 스위치의 전류, 입력전류, 출력전류의 파형

그림 5.10 펄스 폭 변조의 개념도

그림 5.10(a)에서와 같이 m차 펄스가 $\omega t = \alpha_m$에서 시작되고 펄스 폭이 δ_m이고 펄스 수가 p라 하면, 출력전압의 평균값 V_{dc}는

$$V_{dc} = \sum_{m=1}^{p} \left[\frac{2}{2\pi} \int_{\alpha_m}^{\alpha_m + \delta_m} V_m \sin \omega t d(\omega t) \right]$$

$$= \frac{V_m}{\pi} \sum_{m=1}^{p} [\cos \alpha_m - \cos(\alpha_m + \delta_m)] \qquad (5.17)$$

이 된다.

5.4.5 정현파 펄스 폭 변조 제어 기법

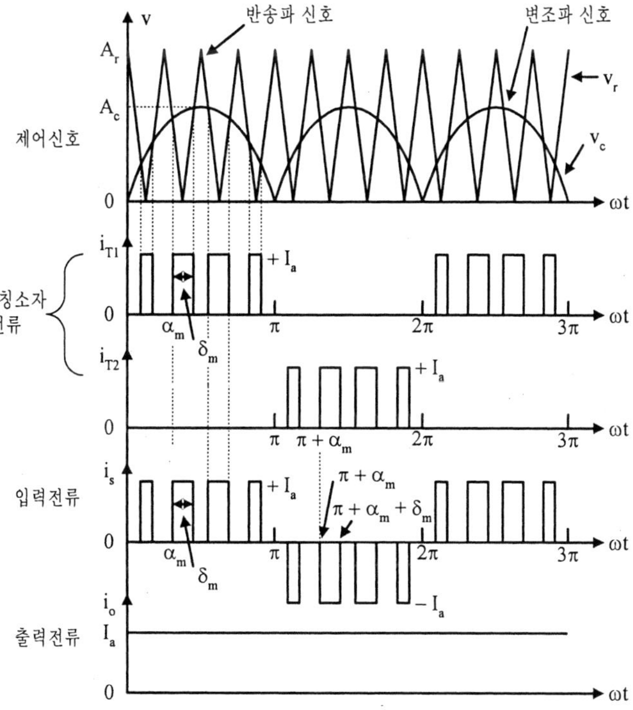

그림 5.11 정현파 펄스 폭 변조의 개념도

펄스 폭을 바꾸게 되면 출력전압을 제어할 수 있다. 만약 반주기동안 p개의 펄스가 있다면 최대 펄스 폭은 π/p가 된다. 만약 반주기내의 각 펄스 폭을 바꾸어 주면 특정한 주파수의 고조파를 제거할 수가 있다. 이러한 펄스 폭 변조 신호는 그림 5.11(a)와 같이 삼각파와 정현파를 서로 비교하여 제어신호를 얻을 수 있다. 이러한 방법을 정현파 펄스 폭 변조 기법이라 한다. 제어신호로써 삼각파의 최대값은 A_r, 주파수는 f_r, 정현파의 최대값은 A_c이고 정현파의 주파수는 입력전압과 위상이 동상이고 주파

수는 2배이다. 펄스 폭이 정현파의 진폭에 따라 변화하므로 정현파의 최대값을 변화시키면 출력전압을 변화시킬 수 있다. 펄스 폭 변화에 따라 특정 고조파를 제거할 수 있게 되며, 입력전류와 전압이 동상이므로 높은 역률을 얻을 수가 있다.

실 습 과 제

5-1 단상 반파 제어 정류기의 구동 및 특성실습

5-1-1 목적

그림 5.12의 단상 반파 제어 정류기를 제작하고, 저항부하에 대한 단상 반파 제어 정류기의 동작원리와 운전특성을 이해한다.

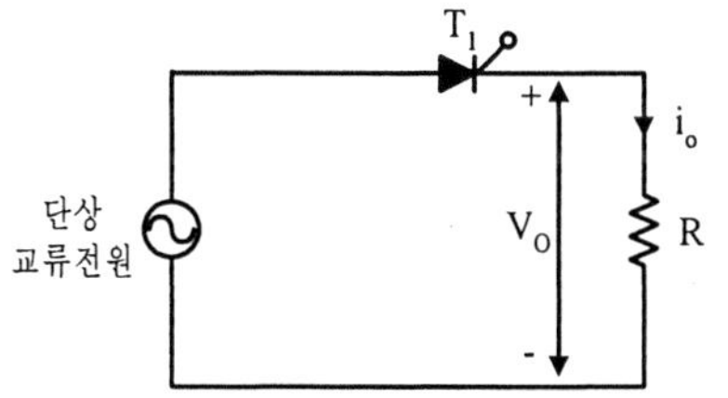

그림 5.12 단상 반파 제어 정류기 회로

5-1-2 방법

(1) 사용기기 및 재료

: 단상전원, 오실로스코프, 사이리스터 또는 전력용 트랜지스터, 저항부하

(2) 실습내용

① 그림 5.12의 회로를 이용하여 단상 반파 제어 정류기를 구성한다.

② 스위칭 소자의 제어각을 변화시키면서 저항부하에서 출력전압, 출력전류를 측정하여 파형을 관찰하고 기록한다.

③ 단상 반파 제어 정류기의 동작원리 및 실습결과사항을 기록한다.

5-2 단상 전파 제어 정류기의 구동 및 특성실습

5-2-1 목적

그림 5.13의 단상 전파 제어 정류기를 제작하고, 저항부하를 연결하여 단상 전파 정류기의 동작원리와 운전특성을 이해한다.

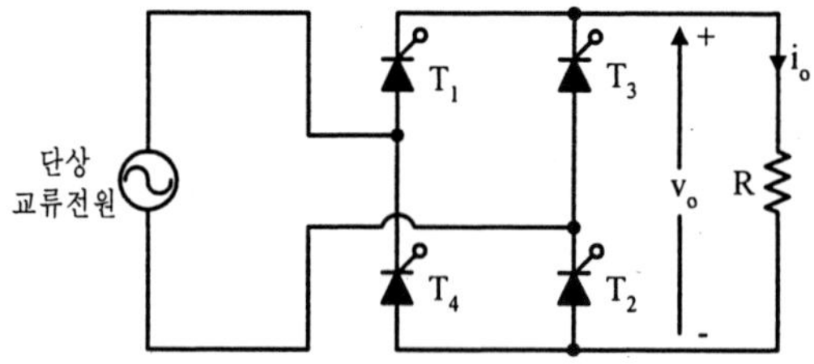

그림 5.13 단상 전파 제어 정류기 회로

5-2-2 방법

(1) 사용기기 및 재료

: 단상전원, 오실로스코프, 사이리스터 또는 전력용 트랜지스터, 저항부하

(2) 실습내용

① 그림 5.13의 회로를 이용하여 단상 전파 제어 정류기를 구성한다.

② 스위칭 소자의 제어각을 변화시키면서 저항부하를 연결하고 출력전압, 출력전류를 측정하여 파형을 관찰하고 기록한다.

③ 단상 전파 제어 정류기의 동작원리 및 실습결과를 기록한다.

연 습 문 제

5.1 제어 정류기에 대하여 설명하시오.

5.2 그림 5.1의 단상 제어 정류기 회로에서 사이리스터의 제어각 $\alpha = \pi/2$일 때 다음을 구하시오.

(1) 정류기 효율

(2) 파형률

(3) 맥동률

(4) 변압기 이용률

(5) 최대 역전압

5.3 그림 5.2의 세미컨버터는 220V, 60Hz전원에 연결되어 있다. 부하전류는 연속으로 가정하고 맥동률은 무시한다. 사이리스터의 제어각 $\alpha = \pi/2$일 때 다음을 구하여라.

(1) 직류 출력전압

(2) 직류 출력전압의 실효값

(3) HF

(4) DF

(5) PF

5.4 제어 정류기의 역률 개선방법중 정현파 펄스 폭 변조기법에 대하여 설명하시오.

제 6 장

전력용 트랜지스터

6-1 전력용 트랜지스터의 종류

6-2 바이폴라 트랜지스터

6-3 전력용 MOSFET

6-4 IGBT

6.1 전력용 트랜지스터의 종류

전력용 트랜지스터는 전력용 반도체 소자의 일종으로 턴 온 및 턴 오프기능을 제어할 수 있다. 전력변환회로에서 스위칭 소자로 사용되는 전력용 트랜지스터는 낮은 도통상태의 전압강하를 가지며 포화영역에서 동작한다. 전력용 트랜지스터의 스위칭 속도는 사이리스터보다 빠르며, 직류-직류 및 직류-교류 변환에 널리 사용된다. 그러나 전압 및 전류정격이 사이리스터보다 낮아 중소용량의 응용분야에 주로 이용된다.

전력용 트랜지스터는 다음의 4가지로 분류된다.

(1) BJT : Bipolar Junction Transistor
(2) MOSFET : Metal Oxide Semiconductor Field Effect Transistor
(3) SIT : Static Induction Transistor
(4) IGBT : Insulated Gate Bipolar Transistor

여기에서는 BJT, MOSFET, IGBT 등은 이상적인 조건으로 가정하고 있다. 전력용 트랜지스터를 스위치 기능으로 이용하는 경우 강제 전류형 사이리스터에 비하여 구동회로는 훨씬 간단하다. 컨버터에 BJT나 MOSFET 중 어느 것을 선택할 것인가하는 문제는 컨버터의 요구조건에 따르는데, 전압 및 전류용량에 큰 응용분야에서는 사이리스터를 채택할 수도 있다.

6.2 바이폴라 트랜지스터

6.2.1 바이폴라 트랜지스터의 특성

바이폴라 트랜지스터는 PN 접합 다이오드에 P또는 N영역을 부가한 형태이다. NPN 트랜지스터는 두개의 N 영역과 한개의 P 영역 및 두 개의 접합으로 구성되는데, 그 구조는 그림 6.1(a)와 같다. PNP 트랜지스터는 두 개의 P 영역과 한 개의 N 영역 및 두 개의 접합으로 구성되며, 그 구조는 그림 6.1(b)와 같다. 트랜지스터의 세 단자를 콜렉터, 베이스, 에미터라고 부른다. 바이폴라 트랜지스터에는 콜렉터-베이스(CB) 접합, 베이스-에미터(BE) 접합이 있다.

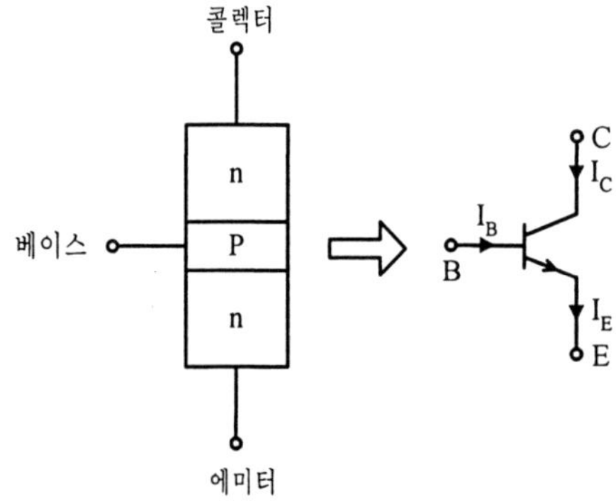

(a) NPN 트랜지스터

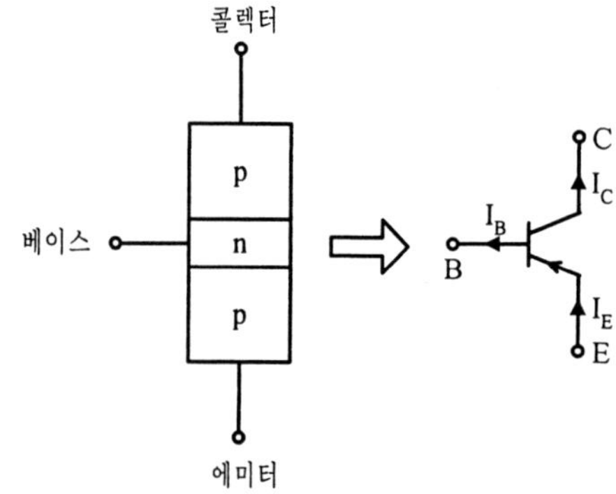

(b) PNP 트랜지스터

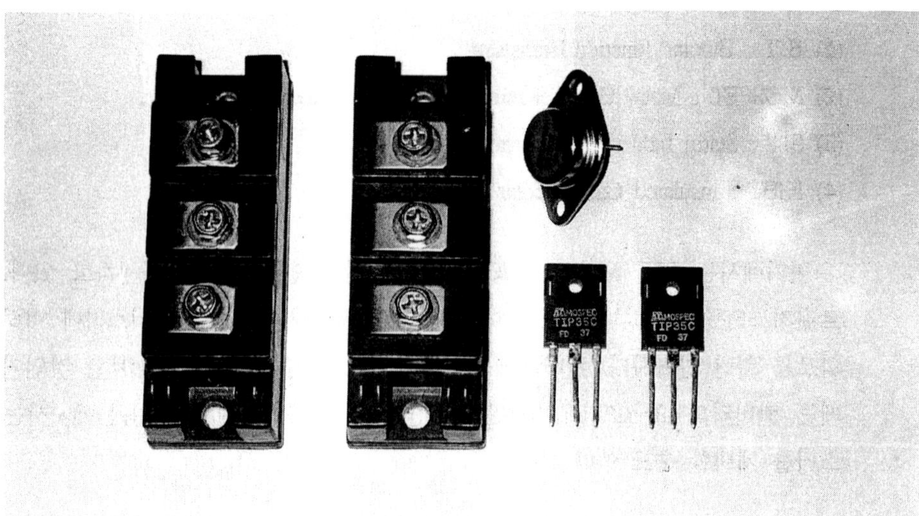

(c) NPN 트랜지스터의 실제 형태

그림 6.1 바이폴라 트랜지스터

공통 콜렉터, 공통 베이스, 공통 에미터의 세 가지 회로 구성이 가능하나, 스위칭 응용분야에서 NPN 트랜지스터의 경우 그림 6.2에서 보는 바와 같이 공통 에미터 구성이 일반적이다. 베이스 에미터간의 전압 V_{BE}에 대한 베이스 전류 I_B의 입력특성은 그림 6.2(b)와 같다. 콜렉터 에미터간 전압 V_{CE}에 대한 콜렉터 전류 I_C의 출력특성은 그림 6.2(c)와 같다. PNP 트랜지스터의 경우는 모든 전류와 전압은 역방향이 된다.

트랜지스터에는 세 가지 동작영역이 있는데, 차단영역, 활성영역, 포화영역이 그것이다. 차단영역에서 트랜지스터는 턴 오프되어 있고, 베이스 전류는 트랜지스터를 턴 온시킬 만큼 충분하지 않다. 이때 양 접합은 역 바이어스되어 있다. 활성영역에서 트랜지스터는 증폭기로 동작하는데 콜렉터 전류는 이득만큼 증폭되며, 콜렉터 에미터간 전압은 낮아지게 된다. 이때 CB 접합은 역 바이어스되고, BE 접합은 정 바이어스된다. 포화영역에서 콜렉터 에미터 전압이 낮아지도록 베이스 전류는 충분히 커지며, 트랜지스터는 스위치로 동작한다. 이때 CB 및 BE 접합은 정 바이어스된다. V_{CE}, I_B의 특성은 그림 6.3과 같다.

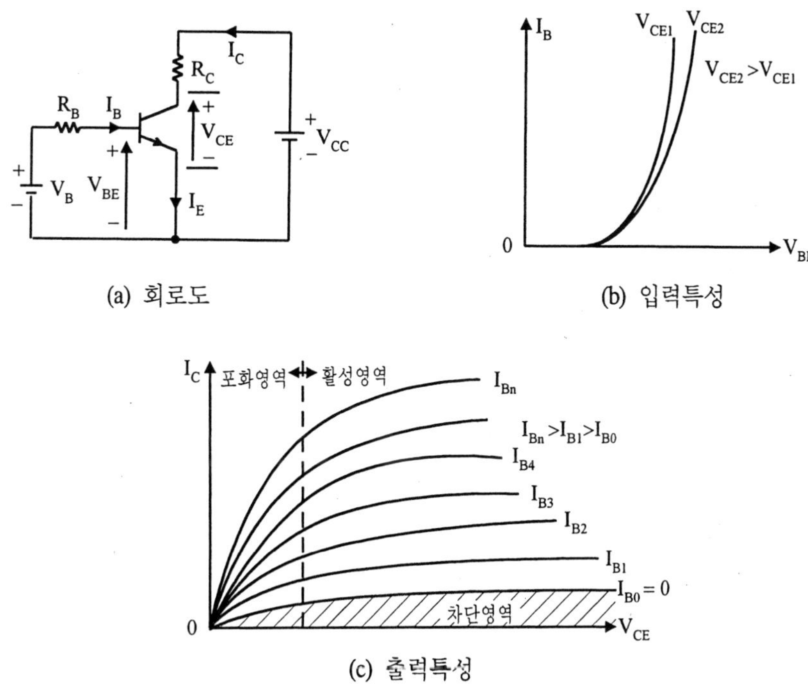

그림 6.2 NPN 트랜지스터의 특성

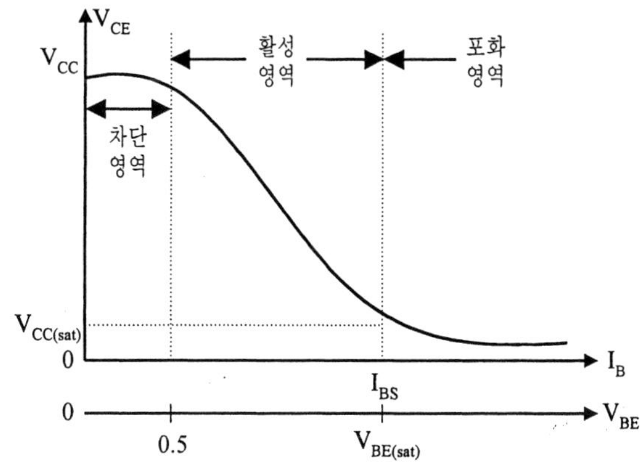

그림 6.3 전환 특성

NPN 트랜지스터의 대신호 직류 동작 모델은 그림 6.4와 같다.

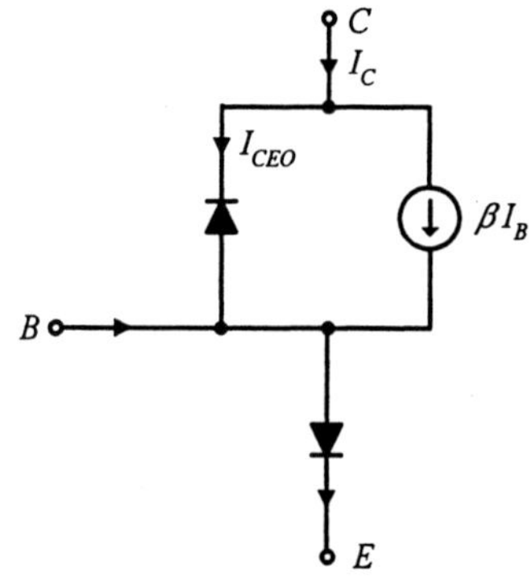

그림 6.4 NPN 트랜지스터 모델

전류의 관계를 나타내면

$$I_E = I_C + I_B \tag{6.1}$$

베이스 전류는 입력전류이고, 콜렉터 전류는 출력전류이다. 콜렉터 전류와 베이스 전류의 비를 전류 이득 또는 전류 증폭율이라 한다. 전류이득 β는

$$\beta = h_{FE} = \frac{I_c}{I_B} \tag{6.2}$$

이다. 콜렉터 전류는 베이스 전류와 CB 접합의 누설전류로 이루어지므로

$$I_C = \beta I_B + I_{CEO} \tag{6.3}$$

이다. I_{CEO}는 베이스 개방시 콜레터 에미터간 누설전류이고, 이것은 βI_B에 비하여 무시할 수 있으므로 식 (6.1)과 식 (6.3)으로부터

$$\begin{aligned} I_E &= I_B(1+\beta) + I_{CEO} \\ &\approx I_B(1+\beta) \end{aligned} \tag{6.4}$$

$$\begin{aligned} I_E &\approx I_C\left(1+\frac{1}{\beta}\right) \\ &= I_C\frac{\beta+1}{\beta} \end{aligned} \tag{6.5}$$

콜렉터 전류는

$$I_C \approx \alpha I_E \tag{6.6}$$

α, β 의 관계는

$$\alpha = \frac{\beta}{\beta+1} \quad , \beta = \frac{\alpha}{1-\alpha} \tag{6.7}$$

6.2.2 스위칭 특성

트랜지스터는 베이스 전류만 흘려주면 턴 온되고, 베이스 전류를 차단하면 턴 오프되어 사이리스터와 같은 전류회로가 필요없다. 수 십 mA의 베이스 전류로 수 백 A의 전류를 온 오프할 수 있는데 베이스 전류를 항상 흘려주어야 하므로 전력손실이 큰 단점이 있다. 트랜지스터를 다알링톤(Darlington) 접속하면 높은 전류이득을 얻을 수 있어 베이스 전류를 줄일 수 있는 장점이 있다. 전력용 트랜지스터는 소용량이면서 고속 스위칭이 필요한 PWM(Pulse Width Modulation) 인버터에 많이 이용된다. 그림 6.5는 바이폴라 트랜지스터의 스위칭 시간을 나타낸 것이다.

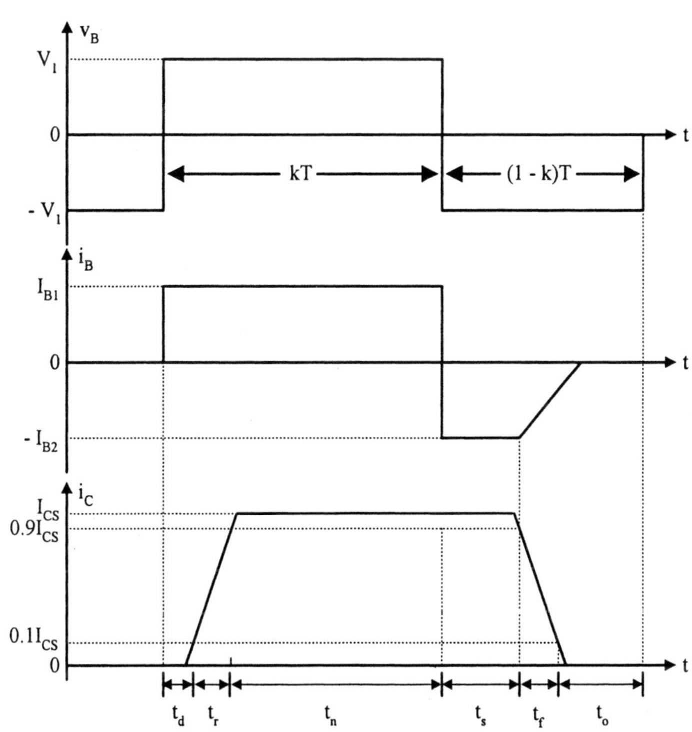

그림 6.5 바이폴라 트랜지스터의 스위칭시 시간

트랜지스터는 내부 커패시턴스가 있기 때문에 순간적으로 턴 온할 수 없다. 입력전압이 0에서 V_1까지 상승하고, 베이스 전류도 I_{B1}으로 상승하여도 콜렉터 전류는 즉시 상승하지 않는다. 이것은 순 바이어스 전압 V_{BE}에서 (약 0.7V) BE 접합의 커패시턴스에 충전되는데 필요한 지연시간이 있기 때문이다. 이것을 지연시간 t_d라고 한다. 이 지연시간이 지나서 콜렉터 전류는 정상상태의 값 I_{CS}에 도달한다. 이때 상승시간 t_r은 BE 접합에 의하여 결정되는 시정수에 의하여 달라진다.

입력전압이 V_1에서 $-V_1$로 변하면, 베이스 전류도 $-I_{B2}$로 변하는데 콜렉터 전류는 축적시간 t_s동안은 변하지 않는다. 이 축적시간은 베이스로부터 포화된 전하를 제거하는데 필요한 시간이다. 역전류 $-I_{B2}$는 베이스로부터 과잉 전하를 제거하여 방전을 촉진한다. $-I_{B2}$가 없으면, 포화된 전하가 재결합을 방지하여야 하고 축적시간은 더 길어진다. 입력전압 $-V_1$도 BE 접합 커패시터를 충전시켜 과잉전하를 제거하고, 베이스 전류를 0으로 떨어 뜨린다. 이것을 하강시간 t_f라 하는데, 이 시간은 역 바이어스된 BE 접합의 커패시터에 의하여 결정되는 시정수에 따라 변한다.

따라서 바이폴라 트랜지스터의 턴 온 및 턴 오프 시간 t_{on}, t_{off}는 다음과 같다.

$$t_{on} = t_d + t_r \ , \qquad t_{off} = t_s + t_f \tag{6.8}$$

6.2.3 스위칭의 제한 요소

(1) 2차 항복

2차 항복은 베이스의 작은 영역에 전류가 흘러 국부적인 뜨거운 반점이 생겨 파괴에 이르게 되는 현상이다. 이 뜨거운 반점에서 에너지가 충분히 크다면 과도한 국부과열로 트랜지스터는 파괴될 수도 있다. 2차 항복은 높은 전류 집중의 결과로 국부적인 열 폭주에 기인한 것이다. 전류의 집중은 트랜지스터의 구조적 결함에 기인한 것이다. 2차 항복은 전압, 전류 시간의 어떤 조합으로 발생하며, 시간이 관련되므로 에너지에 의존한 현상이라 할 수 있다.

(2) 순 바이어스 안전 동작 영역

턴 온 및 도통상태에서 평균 접합온도와 2차 항복은 트랜지스터의 전력 취급 능력을 제한한다. 카다로그에는 일반적으로 안전 동작 영역이 제시되어 있는데, 이 안전 동작 영역은 트랜지스터의 i_c, V_{CE}의 허용한계를 나타낸 것이다.

(3) 역 바이어스 안전 동작 영역

턴 오프 기간 동안 베이스 에미터 접합은 역 바이어스되어 있고, 트랜지스터는 높은 전류와 전압에 견뎌야 한다. 콜렉터-에미터 전압은 콜렉터 전류의 특정한 값 이하에서 안전한 수준을 취해야 한다. 카다로그에는 역 바이어스 턴 오프 기간동안 I_C, V_{CE}한계를 나타내는 안전 동작 영역이 제시된다.

(4) 방열 특성

그림 6.6은 트랜지스터의 열 등가회로를 보여준다. 평균 전력손실을 P_T라 하면, 케이스의 온도 $T_C=T_J-P_TR_{JC}$, 히트 싱크의 온도 $T_S=T_C-P_TR_{CS}$, 주위온도 $T_A=T_S-P_TR_{SA}$이므로,

$$T_J-T_A=P_T(R_{JC}+R_{CS}+R_{SA}) \tag{6.9}$$

R_{JC} : 접합과 케이스 사이의 열저항[℃/W]
R_{CS} : 케이스와 싱크사이의 열저항
R_{SA} : 싱크와 주위온도 사이의 열저항

최대 방출전력 P_T는 케이스 온도 25℃에서 정해진다. 반면, T_C=0℃에서 최대전력을 방출하나 실용적이 아니다. 주위온도와 열저항은 소자의 정격을 해석하는데 고려하여야 한다.

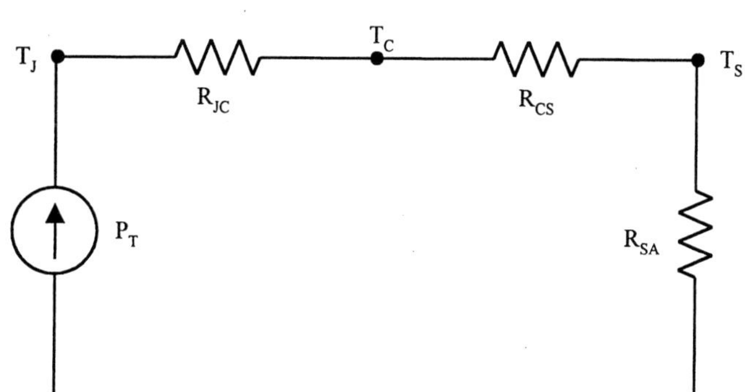

그림 6.6 트랜지스터의 열 등가 회로

(5) 파괴 전압

파괴전압은 세 단자의 개방, 단락, 순 및 역 바이어스의 경우 두 단자 사이의 최대 전압으로 정한다. 파괴시 전류가 급속히 증가해도 전압은 상대적으로 일정하게 유지

한다. 카다로그에는 다음의 파괴전압 값이 제시된다.

① V_{EBO} : 콜렉터 개방상태에서 에미터, 베이스간의 최대전압.
② V_{CEV} 또는 V_{CEX} : 베이스와 에미터 사이에 특정한 부(−)전압 인가상태에서 콜렉터, 에미터간의 최대전압.
③ $V_{CEO(SUS)}$: 베이스 개방상태에서 콜렉터, 에미터간의 최대 유지전압.

그림 6.7에서 스위치 SW를 닫았을 때, 콜렉터 전류가 증가하여 정상상태에서의 콜렉터 전류 $I_{CS}=\dfrac{(V_{CC}-V_{CE(sat)})}{R_C}$ 가 된다. 유도성 부하에서 부하선은 그림 6.7(b)의 ABC를 지난다. 스위치를 개방하고 베이스 전류를 제거하면, 콜렉터 전류는 줄어들고 인덕터 사이에 전류의 감소를 방해하는 방향으로 $L\dfrac{di}{dt}$ 가 유기된다. 트랜지스터는 이 과도전압에 견뎌야 한다.

트랜지스터의 턴 오프 부하선은 그림 6.7(b)의 CDA를 통과한다.

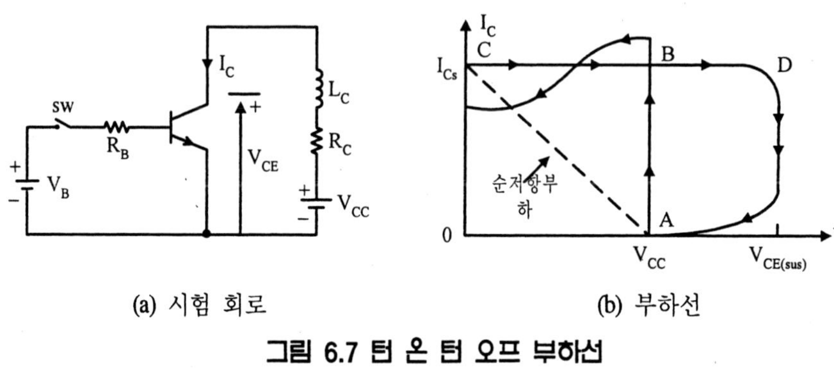

(a) 시험 회로 (b) 부하선

그림 6.7 턴 온 턴 오프 부하선

6.2.4 베이스 구동 회로

트랜지스터의 특성을 잘 활용하여 신뢰성있게 사용하려면, 그 전력전자 응용회로에 적합한 베이스 구동회로를 구성하여야 한다. 베이스 전류 I_{B1}는 일반적으로

$$I_{B1}=(1.5\sim2)\frac{I_{C(\max)}}{h_{FE}} \tag{6.10}$$

식 (6.10)에서 h_{FE}는 전류 증폭률이며, 이 값은 트랜지스터의 규격표에 보면 콜렉터-에미터간 전압, 콜렉터 전류, 접합온도에 따라 달라진다. 따라서 베이스 전류 결정

시는 h_{FE}특성을 검토하여야 한다. 트랜지스터의 턴 오프 시에 축적시간은 짧을수록 좋으며, 베이스와 에미터간에 역 바이어스를 주어 베이스의 역 바이어스 전류를 크게 하면 턴 오프 시간은 짧아진다.

턴 온 시에는 베이스 전류가 어느정도 많은 전류가 흐르도록 하여 턴 온 시간을 짧게 하면서 스위칭 손실을 줄이고, 정상상태에서는 과포화가 되지 않도록 최소한 베이스 전류로 구동하는 것이 바람직하다. 그림 6.8은 베이스 구동회로를 보여주는 것이다.

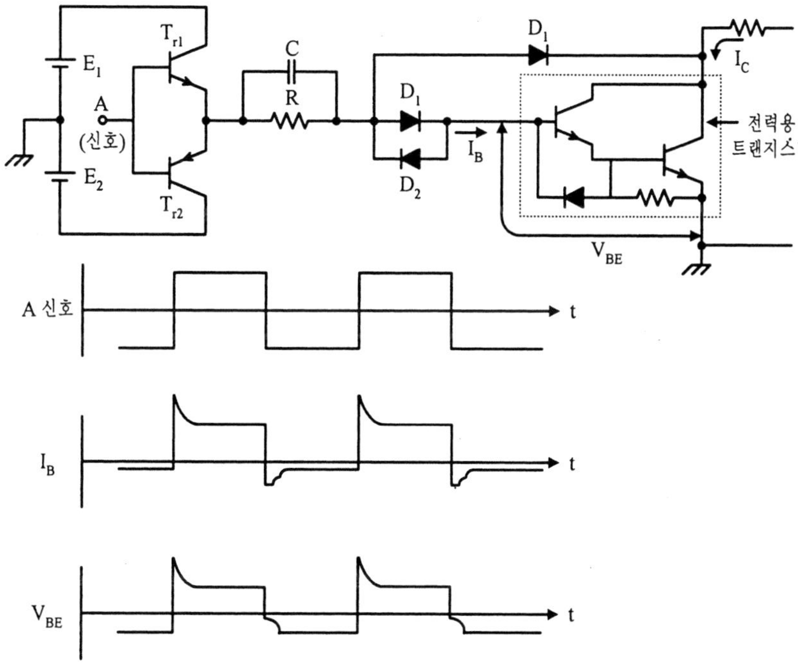

그림 6.8 베이스 구동회로와 동작 파형

트랜지스터로 큰 유도성 부하를 스위칭할 때, 부하차단시 전원전압보다 매우 큰 과전압이 발생하여 소자를 파괴할 수 있다. 그림 6.9는 과전압 보호회로를 구성한 경우인데, 부하에서 전원까지 배선이 길어지면 선로 인덕턴스 L_S를 무시할 수 없다. 이 인덕턴스에 의한 과전압은 컨덴서 C_S를 삽입하여 보호한다

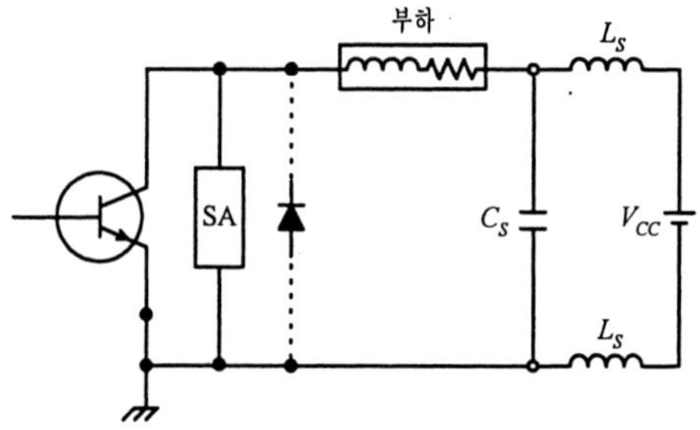

주 : SA : 서어지 전압 흡수 회로

그림 6.9 과전압 보호 회로

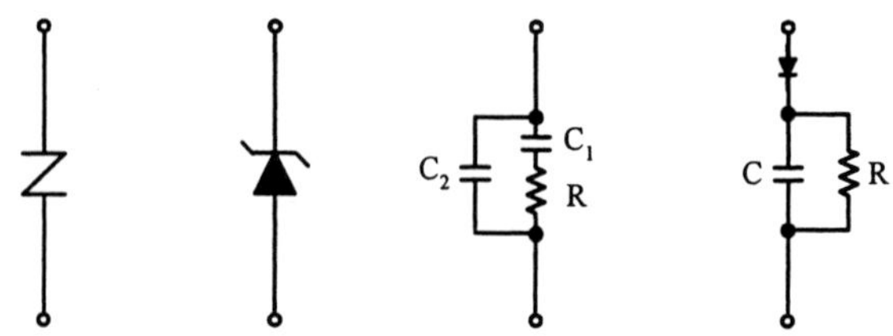

(a) 서어지 흡수용소자 (b) 제너 다이오드 (c) CR 회로 (d) 클램퍼 회로

그림 6.10 과전압 흡수 회로 종류

전력용 트랜지스터는 턴 오프 시에 인덕턴스와 오프 상태의 외부 전원에 의하여 높은 서지전압이 발생되며, 이 서지전압은 트랜지스터의 역방향 안전 동작 영역내에 있어야 한다. 그림 6.11의 (a)회로는 턴 오프시에 dV/dt가 소멸되어 서지전압이 흡수되며 (b), (c)의 회로에서는 조금 감소하여 서지전압이 흡수된다.

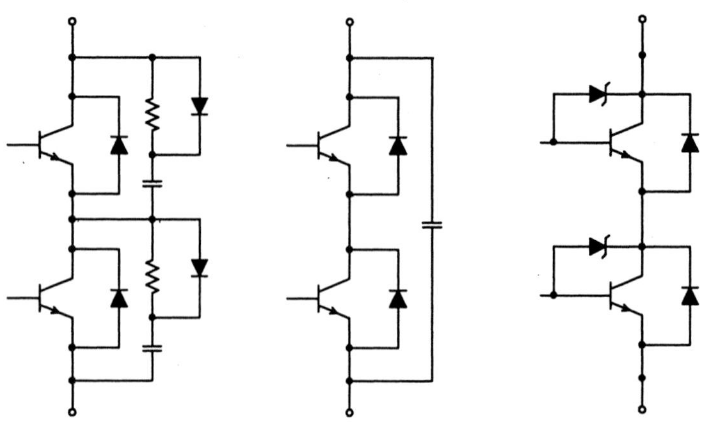

(a) (b) (c)

그림 6.11 전력용 트랜지스터의 스너버 회로

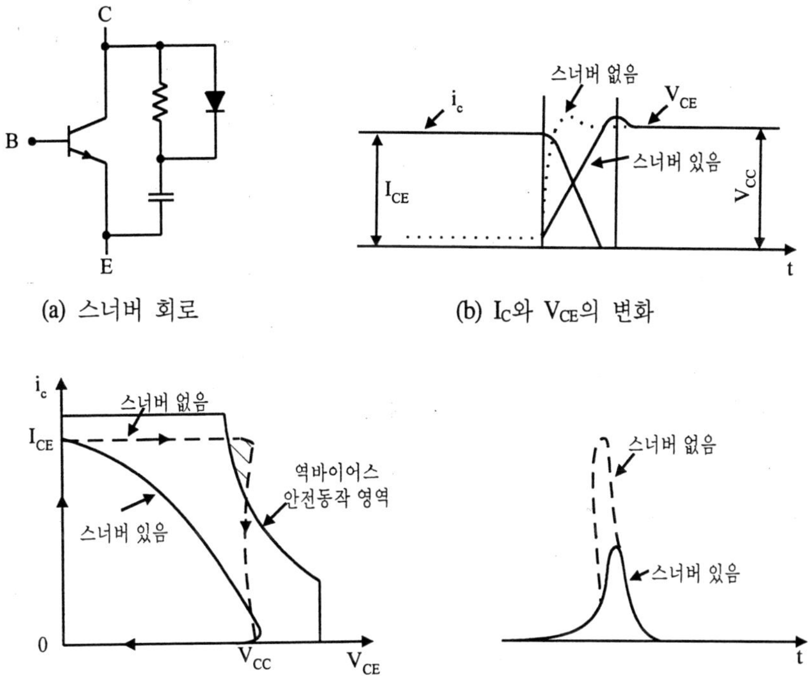

(a) 스너버 회로

(b) I_C와 V_{CE}의 변화

(c) 역 바이어스 안전동작영역과 컬렉터 전류변화

(d) 전력손실

그림 6.12 전력용 트랜지스터의 스너버 효과

6.3 전력용 MOSFET

6.3.1 전력용 MOSFET의 특성

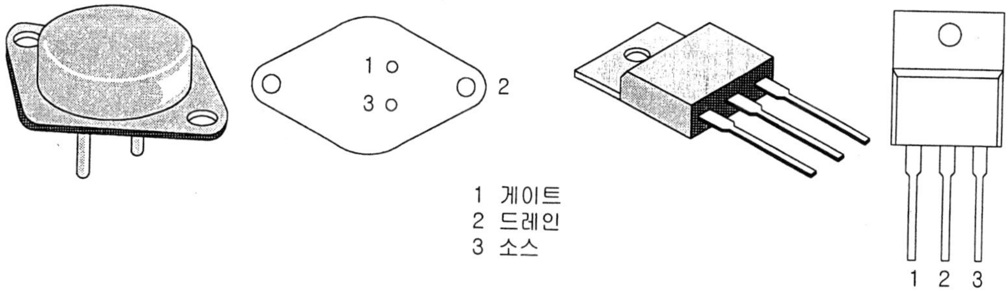

그림 6.13 MOSFET의 형태

바이폴라 트랜지스터는 전류 제어 소자로 콜렉터에 전류를 흘리기 위하여 베이스 전류가 필요하다. 콜렉터 전류가 입력 베이스 전류에 의존하며, 전류이득은 접합온도에 크게 의존한다. 전력용 MOSFET는 전압 제어 소자이고, 오직 작은 입력전류만이 요구된다. 스위칭 시간이 매우 빠르며 10^{-9}초 수준이다. 따라서 저전력 고주파수 컨버터 응용분야로 이용이 증대되고 있다.

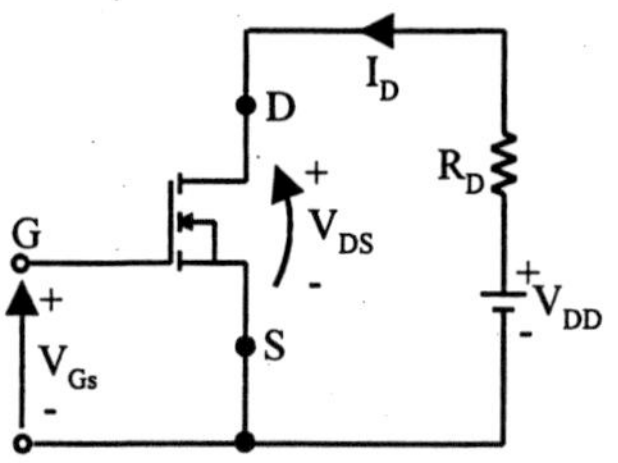

(a) n찬넬 MOSFET에 의한 스위칭 회로

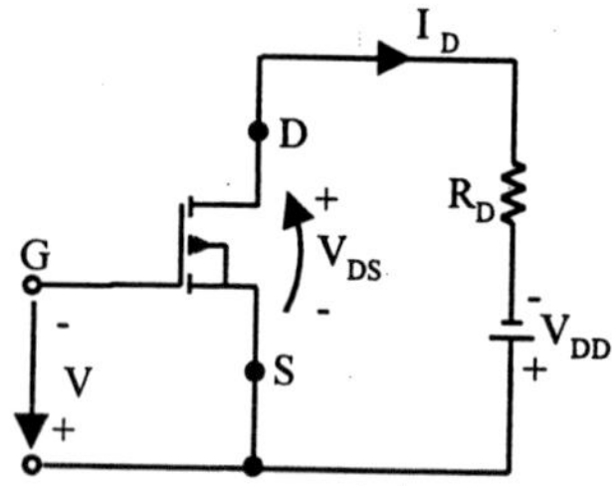

(b) p찬넬에 의 한 스위칭 회로

그림 6.14 증가형 MOSFET의 스위칭 회로

MOSFET는 바이폴라 트랜지스터와 같은 2차 항복 현상은 없으나 정전형 방전에 대한 문제가 있으므로 취급에 주의를 요한다. MOSFET는 공핍형 MOSFET와 증가형 MOSFET가 있다. 게이트는 엷은 산소 피막으로 찬넬과 절연되어 있다. 게이트와 소스간의 전압은 정(+), 부(−) 어느 것이라도 좋다. 게이트 소스간 전압 V_{GS}을 충분히 부(−)가 되도록 하면, 드레인으로 부터 소스로 전류가 흐르지 않으며 높은 R_{DS}로 찬넬은 공핍상태에 있게 된다. p 찬넬은 n 찬넬에 비하여 V_{DS}, I_{DS}, V_{GS}의 극성이 반대로 된다.

6.3.2 정상상태의 특성

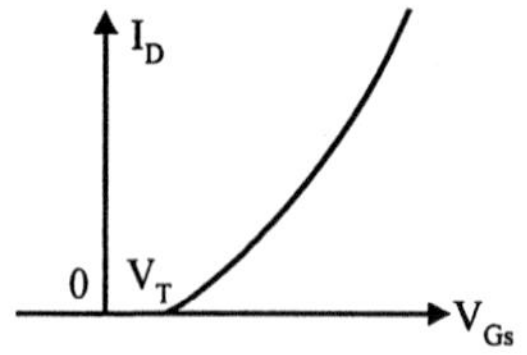

(a) n찬넬 MOSFET

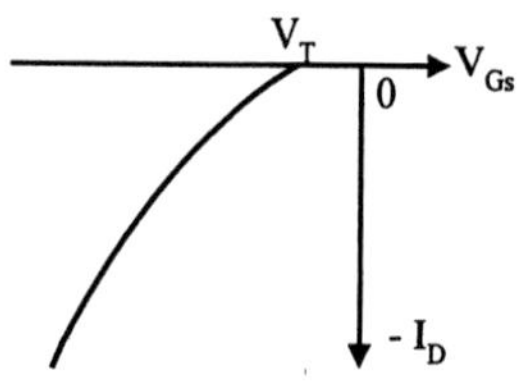

(b) p찬넬 MOSFET

그림 6.15 증가형 MOSFET의 전환 특성

MOSFET는 전압 제어 소자이고, 높은 입력 임피이던스를 가진다. 드레인 전류와 입력 게이트 전류의 비를 전류 이득이라 하며, 그 값은 10^9정도이다. 드레인 전류와 게이트 전압의 비를 상호 콘덕턴스라 하며, 전환특성을 정의하는 중요한 매개변수이다. 그림 6.15에는 이 전환특성을 나타낸다.

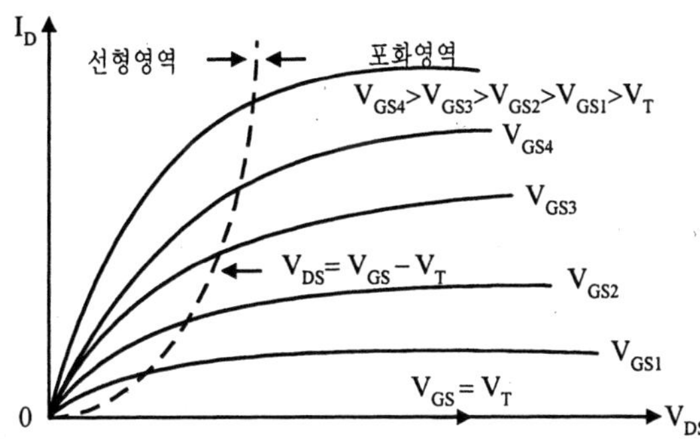

그림 6.16 증가형 MOSFET의 출력특성

그림 6.16에는 다음과 같은 세 가지 동작영역이 있다.

(1) 차단 영역 : $V_{GS} \leq V_T$
(2) 포화영역 : $V_{DS} \geq V_{GS} - V_T$
(3) 선형영역 : $V_{DS} \leq V_{GS} - V_T$

여기서 V_T는 드레시 홀드 전압이다.

선형영역에서 드레인 전류는 드레인-소스간 전압에 비례하여 변한다. 큰 드레인 전류와 낮은 드레인 전압에 의하여 전력용 MOSFET는 스위칭 작용을 하며 선형영역에서 동작한다. 포화영역에서는 드레인 전류는 V_{DS}의 증가에 대해 거의 일정하다. 이 영역에서 트랜지스터는 전압 증폭기로 사용된다.

정상상태 모델에서 V_{DS}는 일정할 때, 상호 콘덕턴스 g_m은

$$g_m = \frac{\Delta I_D}{\Delta V_{GS}} \tag{6.11}$$

출력저항 $r_0 = R_{DS}$이며,

$$R_{DS} = \frac{\Delta V_{DS}}{\Delta I_D} \tag{6.12}$$

이 값은 포화영역에서는 수 메가 오옴의 매우 큰 값을 나타내며, 선형영역에서는

수 밀리 오옴의 매우 적은 값을 나타낸다. 공핍형 MOSFET는 게이트 전압이 정(+), 부(−) 어느 것이라도 좋으나, 증가형 MOSFET는 게이트 전압이 정(+)이라야 한다. 일반적으로 전력용으로 사용되는 것은 증가형 MOSFET이다.

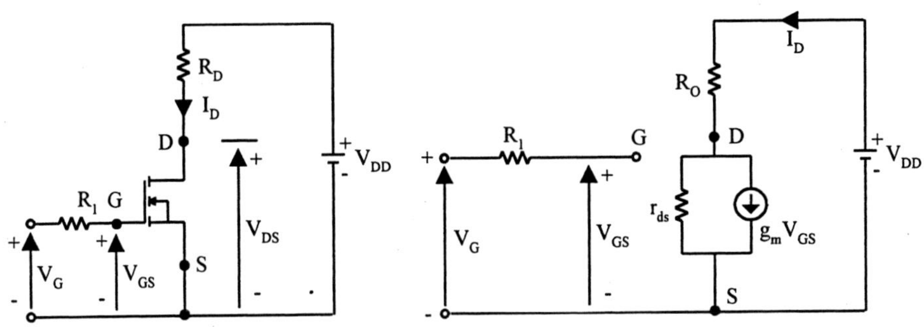

(a) 회로도 (b) 등가 회로

그림 6.17 MOSFET의 정상상태 스위칭 모델

6.3.3 스위칭 특성

증가형 MOSFET의 스위칭 모델은 그림 6.18과 같다. 전형적인 스위칭 특성은 그림 6.19와 같다. 턴 온 지연시간 $t_{d(on)}$은 입력 커페시터에 충전하여 드레시홀드(threshold) 전압레벨이 되는 시간이다. 상승시간 t_r은 드레시홀드 전압레벨을 트랜지스터가 선형영역으로 구동하는데 요하는 게이트 전압 V_{GSP}으로 게이트를 충전하는 시간이다.

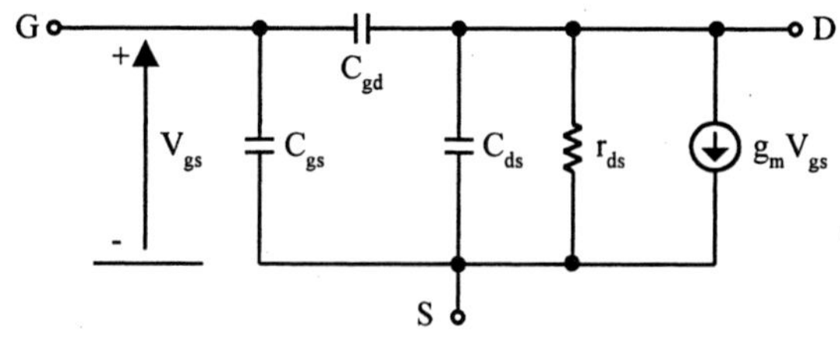

그림 6.18 MOSFET의 스위칭 모델

턴 오프 지연시간 $t_{d(off)}$는 입력 커페시터가 게이트 전압 V_1에서 포화영역으로 방전하는데 요하는 시간이다. 하강시간 t_f는 입력 커페시터가 포화영역에서 드레시홀드 전압으로 방전하는데 요하는 시간이다. $V_{GS} \leq V_T$이면, MOSFET는 턴 오프 된다.

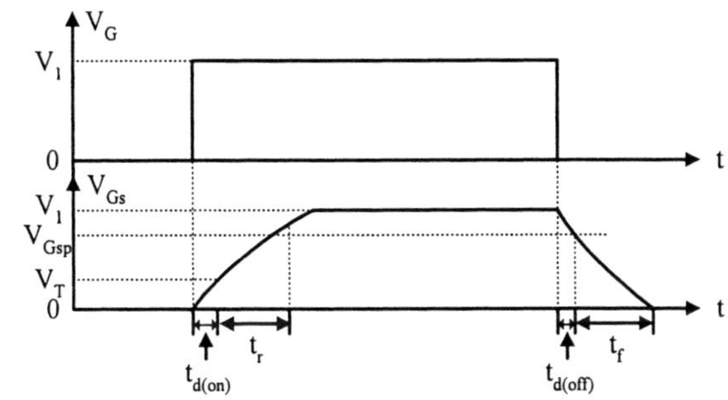

그림 6.19 MOSFET의 스위칭 특성

6.3.4 게이트 구동

MOSFET의 턴 온 시간은 게이트 커페시터의 충전시간에 달려 있다. 그림 6.20과 같이 게이트 커페시터를 더 빨리 충전하기 위하여 RC 회로를 연결하여 턴 온 시간을 줄인다. 케이트 전압이 걸렸을 때, 커페시터에 초기 충전전류는

$$I_G = \frac{V_G}{R_S} \tag{6.13}$$

정상 상태의 게이트 전압은

$$V_{GS} = \frac{R_G V_G}{R_S + R_1 + R_G} \tag{6.14}$$

R_S는 게이트 구동원의 내부저항이다.

스위칭 속도를 100nsec 이하로 하려면, 게이트 구동회로의 출력 임피이던스를 낮추어 상대적으로 큰 전류를 흘려야 한다.

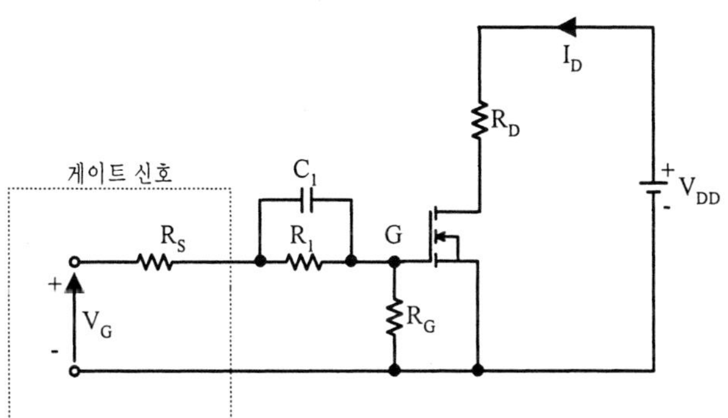

그림 6.20 게이트 구동 회로

6.4 IGBT

IGBT(Insulated Gate Biplar Tramsistor)는 바이폴라 트랜지스터와 MOSFET를 복합한 형태이다. MOSFET와 같이 높은 입력 임피이던스를 가지며, 바이폴라 트랜지스터와 같이 낮은 도통손실을 가진다. 그리고, 바이폴라 트랜지스터와 같이 2차 항복현상은 없다. 그림 6.21은 IGBT의 구조를 나타낸 것이며, 그 성능은 MOSFET보다 바이폴라 트랜지스터에 가깝다.

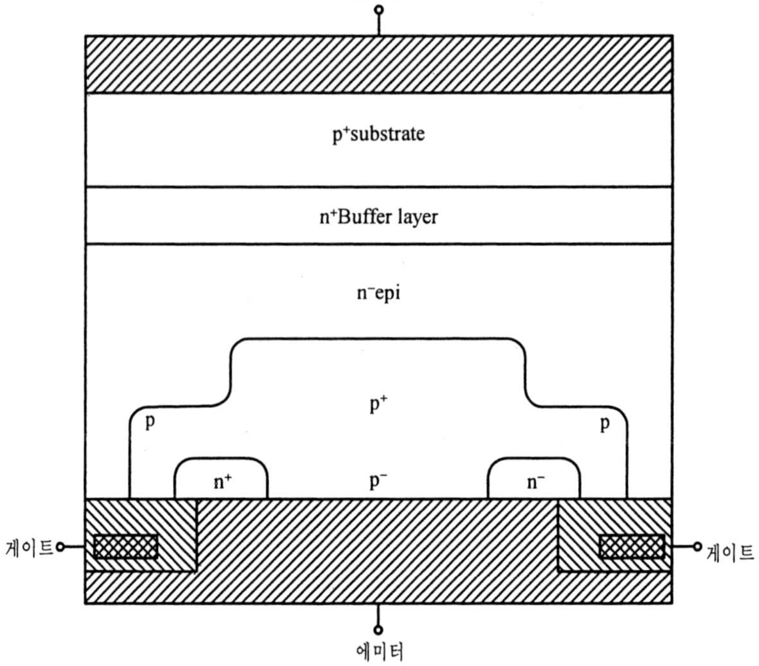

그림 6.21 IGBT의 구조

IGBT의 등가회로와 단순화한 회로는 그림 6.22(a) 및 (b)와 같다. IGBT는 전력용 MOSFET와 같이 전압 제어 소자이다. 낮은 스위칭 및 도통손실을 가지며, 게이트 구동의 간편성, 피크 전류, 용량, 강인성 등의 여러가지 측면에서 전력용 MOSFET에 필적할 만하다. 스위칭 속도는 바이폴라 트랜지스터보다는 빠르며, MOSFET보다는 느리다.

그림 6.22(c)는 IGBT 스위치의 회로 구성형태이다. 세 개의 단자를 게이트, 콜렉터, 에미터라고 부른다. 단일 IGBT의 전류 및 전압 정격은 400A, 1,200V이상이며, 스위칭 주파수는 20kHz이상이다. IGBT의 응용분야는 직류 및 교류 전동기 구동, 무정전 전

원공급장치, 반도체 릴레이, 접촉기 등 중용량급 전력전자회로에 이용이 급증되고 있는데, 소음이 적고, 동작성능이 우수한 장점이 있다.

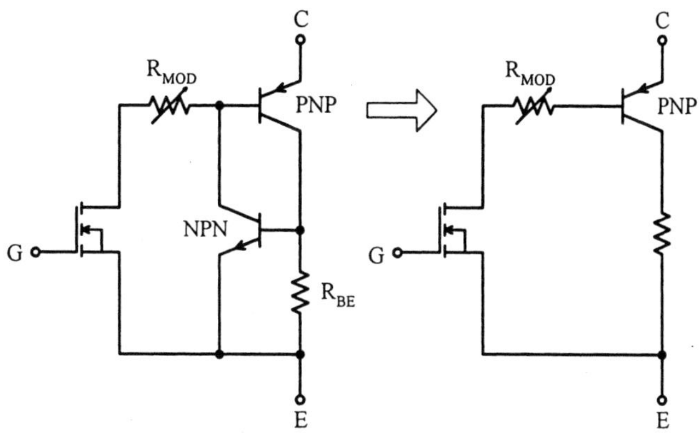

(a) IGBT의 등가회로 (b) IGBT의 단순형 회로

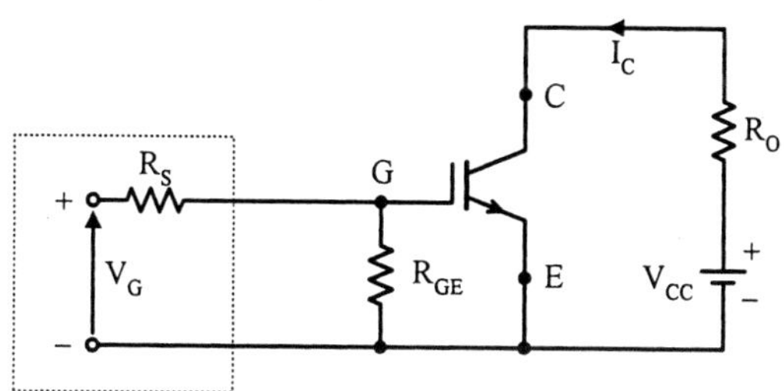

(c) IGBT의 스위칭 회로

그림 6.22 IGBT의 회로 구성

실 습 과 제

6-1 전력용 트랜지스터의 구동회로 설계 및 제작 실습

6-1-1 목적

전력용 트랜지스터를 사용하여 그림 6.23의 회로를 제작하고, 저항부하를 연결하여 전력용 트랜지스터의 턴 온 및 턴 오프 동작원리와 운전특성을 이해한다.

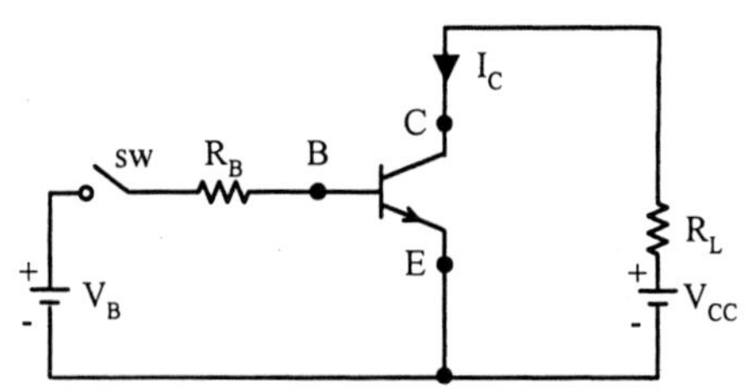

그림 6.23 전력용 트랜지스터 이용 전력 변환 회로

6-1-2 방법

(1) 사용기기 및 재료

: 직류전원, 오실로스코프, 전력용 트랜지스터, 저항부하, 전력용 트랜지스터 구동회로 제작, 제어용 직류전원장치

(2) 실습내용

① 그림 6.23의 회로에서 전력용 트랜지스터의 구동회로를 구성한다.

② 저항부하를 연결하고 전력용 트랜지스터가 턴 온시의 출력전압, 출력전류를 측정하여 파형을 관찰하고 기록한다.

③ 저항부하를 연결하고 전력용 트랜지스터가 턴 오프시의 출력전압, 출력전류의 파형을 관찰하고 기록한다.

④ 저항부하의 크기를 변화시키면서 전력용 트랜지스터가 턴 온 및 턴 오프시의 출력전압, 출력전류의 파형을 관찰하고 기록한다.

⑤ 전력용 트랜지스터의 동작원리 및 실습결과를 기록한다.

연 습 문 제

6.1 전력용 트랜지스터의 특성을 설명하시오.

6.2 전력용 트랜지스터의 턴 온 및 턴 오프 방법을 설명하시오.

6.3 전력용 트랜지스터에서 다음을 설명하시오.

(1) 2차 항복

(2) 순 바이어스 안전동작영역

(3) 역 바이어스 안전동작영역

(4) 파괴전압

6.4 전력용 MOSFET의 특징을 설명하시오.

6.5 전력용 MOSFET의 구동회로를 들고 동작원리를 설명하시오.

6.6 IGBT의 특징을 설명하시오.

제 7 장

AC-AC 컨버터

7-1 AC-AC 컨버터의 특징

7-2 단상 위상 제어 컨버터

7-3 싸이클로컨버터

7.1 AC-AC 컨버터의 특징

7.1.1 AC-AC 컨버터의 정의

AC-AC 컨버터는 전력용 반도체 소자를 이용하여 임의의 교류입력을 다른 크기의 교류전압이나 다른 크기의 주파수의 교류전력으로 전력을 변환하는 기능을 가지고 있다. 교류전압을 직접 제어할 수 있어 교류전압 제어기라고도 한다. AC-AC 컨버터는 산업분야의 전열 제어, 변압기의 텝 절환, 조명 제어, 다상 유도 전동기의 속도 제어, 교류 마그네트 제어 등에 널리 이용되고 있다.

교류전압 제어의 경우 온 오프 제어와 위상 제어로 나누어진다. 교류전압 제어기는 단상 제어기와 삼상 제어기로 나누어지며, 이들은 다시 단방향 또는 반파 제어 및 양방향 또는 전파 제어로 나누어진다. 입력전압이 교류이므로 사이리스터의 경우에는 자연 전류를 이용하며, 위상 제어용 사이리스터는 고속 스위칭용 사이리스터에 비하여 스위칭 속도가 느리고 가격도 저렴하다. 400Hz이상의 응용분야에서는 TRIAC이 일반적으로 사용되고 있다.

7.1.2 온 오프 제어

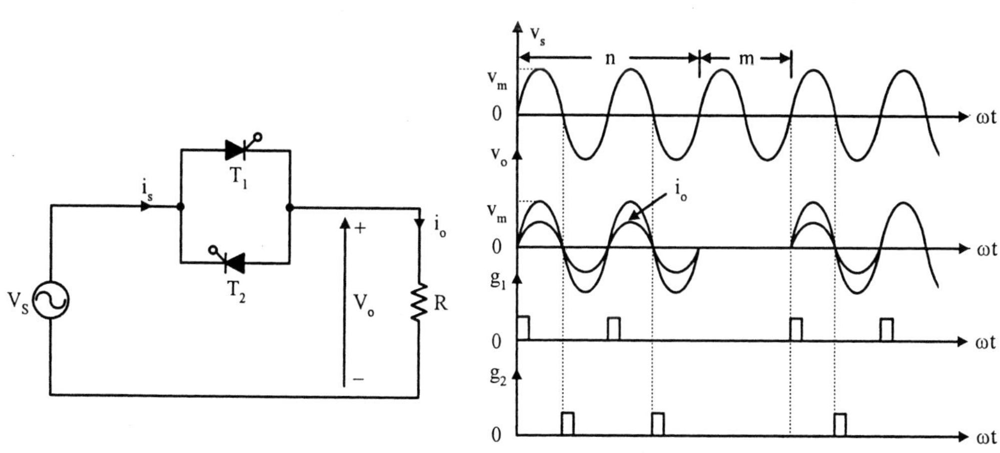

(a)회로도 (b) 파형

그림 7.1 온 오프 제어

온 오프 제어의 원리는 그림 7.1(a)에서와 같이 단상 전파 제어기로 설명할 수 있다. 사이리스터를 스위치로 적용하여 그림 7.1(b)에서 n 기간동안 사이리스터가 턴 온되어 전원이 부하에 공급되고, m 기간동안 스위치가 턴 오프되어 전원이 부하에 공급되지 않는다. 사이리스터는 입력전압의 영점에서 턴 온되며, 사이리스터 T_1, T_2에 대한 입력 및 출력파형은 그림 7.1(b)에 보여준다. 이런 형태의 제어는 기계적 관성이 크고 열 시정수가 높은 산업용 전열부하, 전동기의 속도 제어 분야에 이용된다. 사이리스터의 영전압, 영전류 스위칭은 고조파의 발생을 줄일 수 있는 효과가 있다.

7.1.3 위상 제어

위상 제어의 원리는 그림 7.2(a)의 회로에서 설명한다. 부하에 대한 전력의 흐름은 사이리스터 T_1의 점호각에 의하여 제어된다. 그림 7.2(b)에서 보는 바와 같이 다이오드 D_1때문에 제어범위가 제한되며, 출력전압의 실효값은 70.7%에서 100%까지 변화한다. 출력전압과 입력전류는 비대칭이 되므로, 직류성분을 함유하게 된다. 만약 입력 변압기가 있다면 포화문제의 원인이 될 수 있다. 이 회로는 단상 반파 제어기이며, 전열과 조명과 같은 저전력 저항부하에 적합하다. 전력은 입력전압의 정(+)의 반주기 동안만 제어되므로 단방향 제어기라고도 부른다.

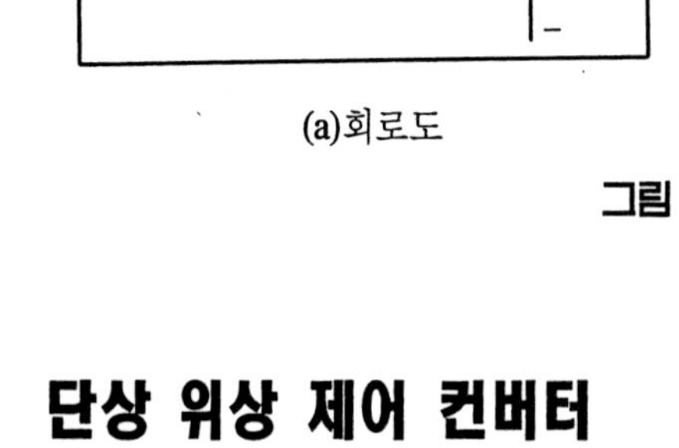

(a)회로도

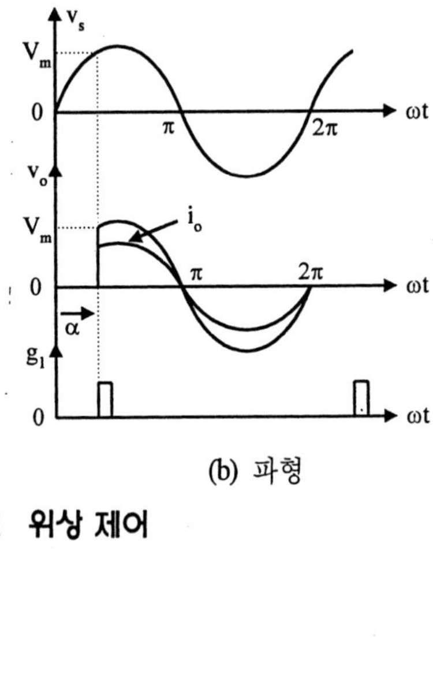

(b) 파형

그림 7.2 위상 제어

7.2 단상 위상 제어 컨버터

7.2.1 저항부하

입력전류의 직류성분은 양방향 제어로 해결할 수 있으며, 그림 7.3(a)는 저항부하와 결합한 단상 전파 정류기를 보여주는 것이다. 입력전압의 정(+)의 반주기 동안은 사이리스터 T_1으로 전력을 제어하고, 입력전압의 부(−)의 반주기 동안은 사이리스터 T_2로 전력을 제어한다. T_1, T_2의 점호 펄스는 180° 떨어지도록 유지하여야 한다.

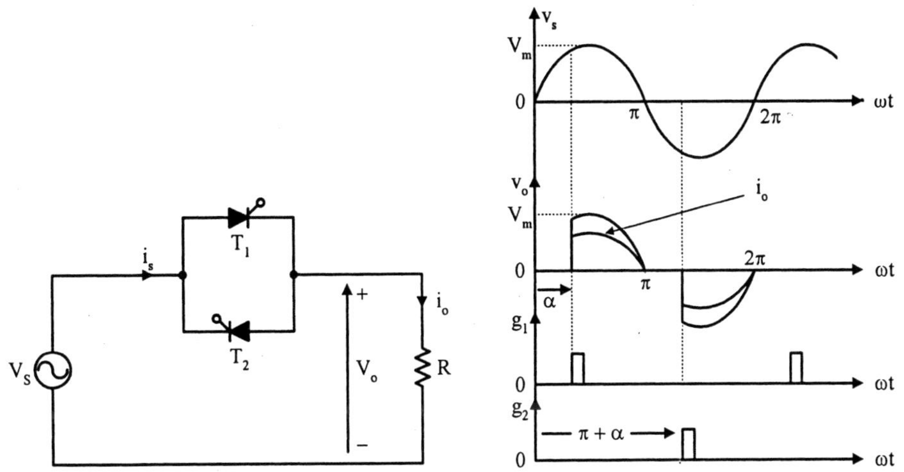

(a)회로도　　　　　　　(b) 파형

그림 7.3 단상 전파 제어 컨버터

$v_s = \sqrt{2}\, V_s \sin \omega t$를 입력전압이라면, 사이리스터 T_1, T_2의 점호각이 같으면 $(\alpha_1 = \alpha_2 = \alpha)$, 출력전압의 실효값 V_{rs}는

$$V_{rs} = \left[\frac{2}{2\pi} \int_{\alpha}^{\pi} 2V_s^2 \sin^2 \omega t \; d(\omega t) \right]^{\frac{1}{2}}$$

$$= V_s \left[\frac{1}{\pi} \left(\pi - \alpha + \frac{\sin 2\alpha}{2} \right) \right]^{\frac{1}{2}} \qquad (7.1)$$

여기서 제어각 α는 0에서 π까지 변하고, V_{rs}는 V_s에서 0까지 변한다.

단상 전파 AC-AC 컨버터는 한 개의 사이리스터와 네 개의 다이오드로도 그림 7.4와 같이 구현할 수 있다. 네 개의 다이오드는 브리지 정류기로 동작하며, 사이리스터 사이의 전압 및 전류는 항상 단일 방향이 된다. 저항부하의 경우는 그림 7.4(b)에서와 같이 매 반주기 동안 자연 전류로 사이리스터 전류는 0으로 된다. 그러나 회로에서 큰 인넉턴스가 있으면, 입력전압의 반주기마다 턴 오프되지 않을 수도 있다. 다음 주기에 도통된 사이리스터를 턴 오프되도록 부하전류의 영점을 검출하여야 한다. 3개의 소자가 동시에 도통되며, 효율은 줄어든다. 브리지 정류기와 사이리스터는 양방향 스위치로 동작하며, 상대적으로 낮은 도통손실로 실용적이다.

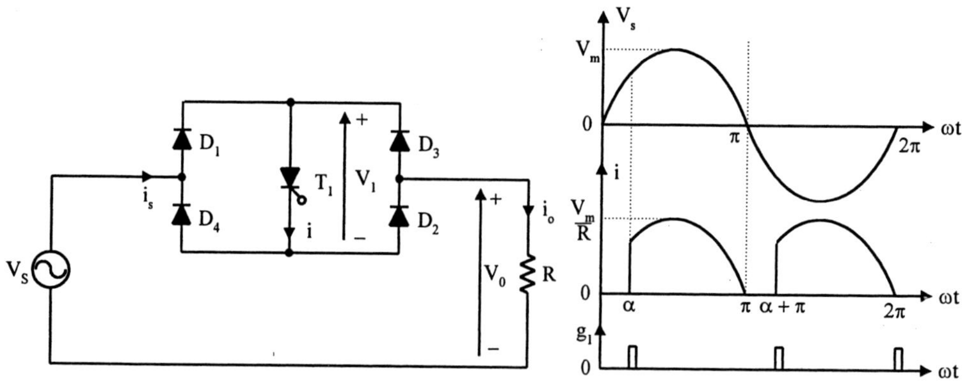

(a)회로도 (b) 파형

그림 7.4 한 사이리스터로 된 단상 전파 제어 컨버터

7.2.2 유도성 부하

그림 7.5(a)는 유도성 부하를 가진 전파 AC-AC 컨버터를 나타낸 것이다. 사이리스터 T_1이 정의 반주기 동안 점호되면 부하전류가 흐르는데, 회로의 인덕턴스 때문에 $\omega t = \pi$에서 입력전압이 부(−)가 되어도 사이리스터 T_1의 전류는 0으로 떨어지지 않는다. 사이리스터 T_1은 $\omega T = \beta$에서 전류 i_1이 0으로 될 때까지 계속 도통된다. 사이리스터의 도통각 $\delta = \beta - \alpha$는 점호각 α와 부하의 위상각 θ에 따라 변한다. 그림 7.5(b)는 사이리스터 전류, 게이팅 펄스, 입력전압의 파형들을 나타낸 것이다.

순시 입력전압을 $v_s = \sqrt{2}\, V_s \sin \omega t$라 하고, 사이리스터 T_1의 점호각을 α라 하면, 사이리스터 전류 i_1는 다음식에서 구해진다.

$$L\frac{di_1}{dt} + Ri_1 = \sqrt{2}\, V_s \sin \omega t \tag{7.2}$$

식 (7.2)의 해는

$$i_1 = \frac{\sqrt{2}\, V_s}{Z} \sin(\omega t - \theta) + A_1 e^{-(\frac{R}{L})t} \tag{7.3}$$

여기서 부하 임피이던스는 $Z = \sqrt{R^2 + (\omega L)^2}$ 위상각 $\theta = \tan^{-1}(\frac{\omega L}{R})$이다.

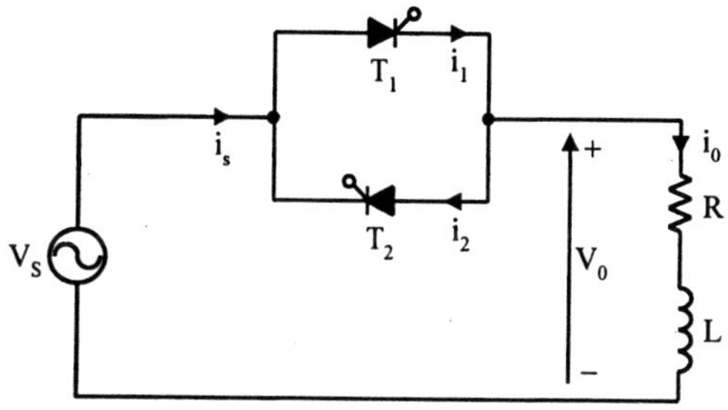

(a) 회로도

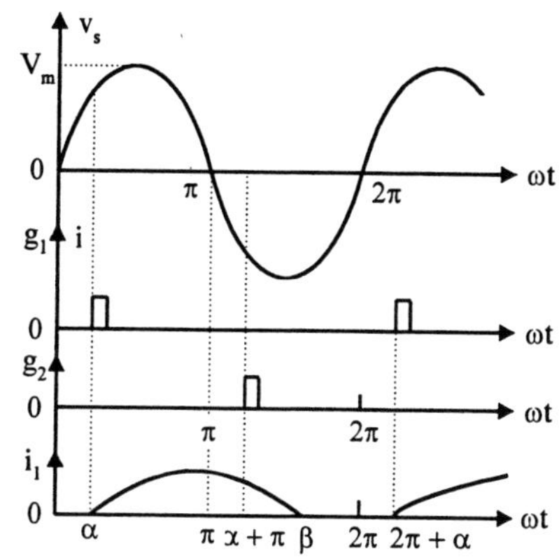

(b) 파형

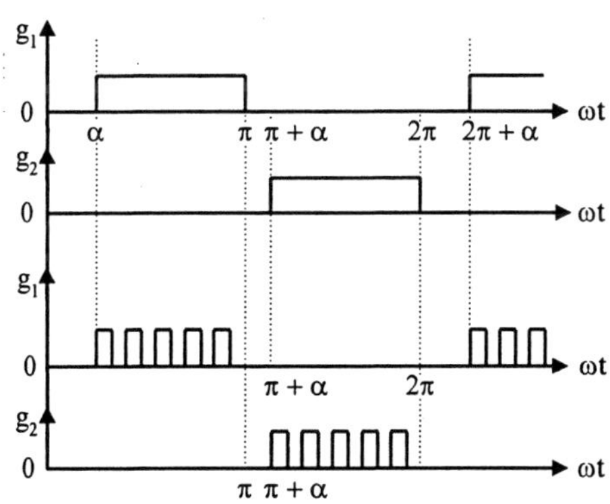

(c) 게이트 펄스 형태

그림 7.5 RL 부하 결합 단상 전파 제어 컨버터

초기조건 $\omega t=\alpha$, $i_1=0$에 의하여 상수 A_1을 결정하면

$$A_1=-\frac{\sqrt{2}\,V_s}{Z}\sin(\alpha-\theta)e^{(\frac{R}{L})(\frac{\alpha}{\omega})} \tag{7.4}$$

식 (7.4)를 식 (7.3)에 대입하면

$$i_1=\frac{\sqrt{2}\,V_s}{Z}\left[\sin(\omega t-\theta)-\sin(\alpha-\theta)e^{(\frac{R}{L})(\frac{\alpha}{\omega}-t)}\right] \tag{7.5}$$

전류 i_1이 0으로 떨어져 사이리스터 T_1이 턴 오프될 때의 각 β는 식 (7.5)에서 $i_1(\omega t=\beta)=0$인 조건에서 다음과 같이 된다.

$$\sin(\beta-\theta)=\sin(\alpha-\theta)e^{(\frac{R}{L})\frac{(\alpha-\beta)}{\omega}} \tag{7.6}$$

출력전압의 실효값 V_{rs}는

$$V_{rs}=\left[\frac{2}{2\pi}\int_{\alpha}^{\beta}2V_s^2\sin^2\omega t d(\omega t)\right]^{\frac{1}{2}}$$

$$=V_s\left[\frac{1}{\pi}\left(\beta-\alpha+\frac{\sin2\alpha}{2}-\frac{\sin2\beta}{2}\right)\right]^{\frac{1}{2}} \tag{7.7}$$

7.3 싸이클로컨버터

7.3.1 싸이클로컨버터의 특징

단상 위상 제어 컨버터는 가변 출력 전압을 얻을 수 있지만, 출력전압의 주파수는 고정되며 고조파 성분이 많이 함유되는데, 특히 저전압 범위에서 심하다. 싸이클로컨버터는 한 주파수의 교류를 다른 주파수의 교류로 직접 변환하는 AC-AC 컨버터이다. 싸이클로컨버터에 사이리스터를 사용한 경우 대부분은 자연 전류 방식이고, 최대 주파수는 전원 주파수 범위내에서 제한된다. 싸이클로컨버터의 주요한 응용범위는 0~20Hz에서 15,000kW급 이상 교류 전동기의 구동분야이다.

7.3.2 단상 싸이클로컨버터

싸이클로컨버터는 부하전류의 정(+)의 반파는 P컨버터에 부(−)의 반파는 N컨버터에 흐르도록 제어한다. 그림 7.6은 단상 싸이클로컨버터를 나타낸 것이다. 두 컨버터 사이를 순환하는 전류를 발생시키지 않기 위하여 양자의 전압이 같게 되어야 하므로 두 컨버터의 위상 제어각 α_N, α_P 사이에는 다음의 관계가 성립한다.

$$\alpha_N+\alpha_P=\pi \tag{7.8}$$

P컨버터의 출력전압과 N컨버터의 출력전압은 크기가 같으나 방향은 반대이다.

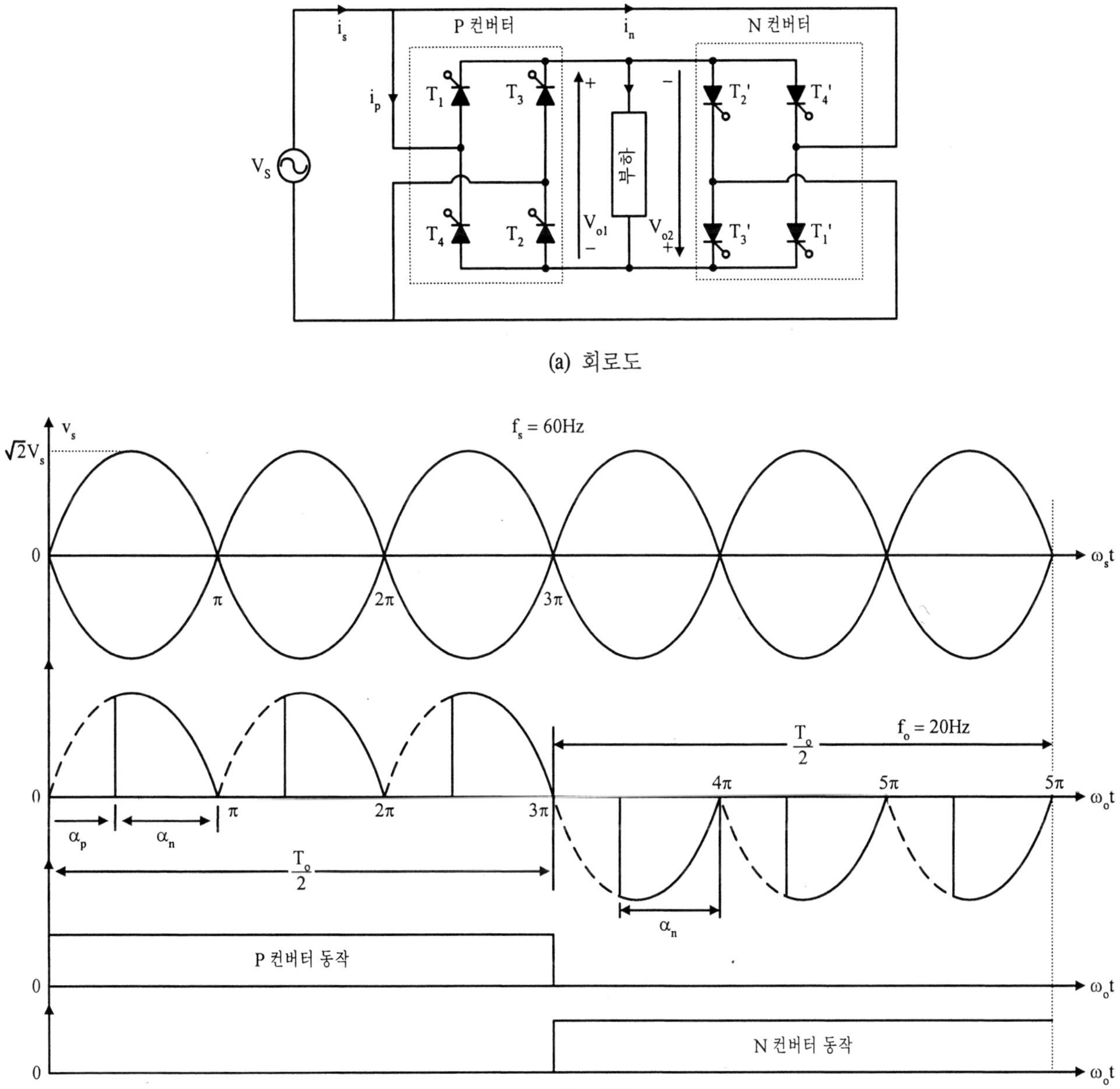

(a) 회로도

(b) 파형

그림 7.6 단상 싸이클로컨버터

실 습 과 제

7-1 단상 AC-AC 컨버터의 동작 특성 실습

7-1-1 목적

전력용 트랜지스터 또는 사이리스터를 사용하여 그림 7.7의 회로를 제작하고, 저항부하 및 인덕터부하를 연결하여 단상 AC-AC 컨버터의 동작원리와 운전특성을 이해한다.

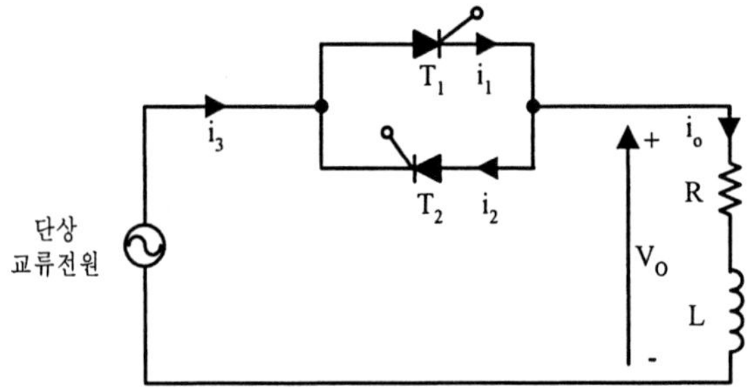

그림 7.7 단상 AC-AC 컨버터 회로

7-1-2 방법

(1) 사용기기 및 재료

: 단상전원, 오실로스코프, 전력용 트랜지스터 또는 사이리스터, 저항부하, 인덕터부하, 제어용 직류전원장치

(2) 실습내용

① 그림 7.7의 회로를 구성한다.

② 저항부하를 연결하고 스위칭 소자의 제어각을 변화시키면서 출력전압, 출력전류를 측정하여 파형을 관찰하고 기록한다.

③ 저항부하 및 인덕터부하를 직렬연결하고 스위칭 소자의 제어각을 변화시키면서 출력전압, 출력전류의 파형을 관찰하고 기록한다.

④ 저항부하 및 인덕터부하를 직렬연결하고 인덕터부하의 크기를 변화시키면서 ③의 내용을 실습한다.

⑤ 단상 AC-AC 컨버터의 동작원리 및 실습결과 사항을 기록한다.

연 습 문 제

7.1 AC-AC 컨버터를 설명하시오.

7.2 AC-AC 컨버터에서 다음의 동작원리를 설명하시오.

(1) 온 오프 제어

(2) 위상 제어

7.3 그림 7.1의 회로에서 R=100Ω이고 Vs=220V, 60Hz일 때 사이리스터 스위치가 n=25주기동안 온되며 m=75주기동안 오프된다. 다음을 구하여라.

(1) 출력전압의 실효값

(2) 입력역률

(3) 사이리스터의 평균전류 및 전류의 실효값

7.4 그림 7.2의 회로에서 R=100Ω이고 Vs=220V, 60Hz일 때 사이리스터의 제어각은 $\alpha = \frac{\pi}{2}$ 이다. 다음을 구하여라.

(1) 출력전압의 실효값

(2) 입력역률

(3) 평균 입력전류

7.5 그림 7.3의 회로에서 R=100Ω이고 Vs=220V, 60Hz 일 때 사이리스터 T_1, T_2의 제어각은 각각 $\alpha_1 = \alpha_2 = \alpha = \frac{\pi}{2}$ 이다. 다음을 구하여라.

(1) 출력전압의 실효값

(2) 입력역률

(3) 사이리스터의 평균전류

(4) 사이리스터에 흐르는 전류의 실효값

7.6 사이클로컨버터를 설명하시오.

제 8 장

DC-DC 컨버터

8-1 DC-DC 컨버터의 특징

8-2 벅 컨버터

8-3 부스트 컨버터

8-4 벅 부스트 컨버터

8-5 DC-DC 컨버터의 응용

8.1 DC-DC 컨버터의 특징

임의의 직류전압을 다른 직류전압으로 변환할 수 있는 기능을 가진 전력변환기를 DC-DC 컨버터 또는 직류 쵸퍼(Chopper)라고 부른다. DC-DC 컨버터는 연속적 가변 권수비를 가진 교류 변압기와 등가인 직류 변압기로 볼 수 있다. 변압기와 같이 직류전압을 체승 또는 체강할 수 있다. DC-DC 컨버터는 주로 직류 전압장치로 이용되고 있는데 이를 스위치 모드 파워 서플라이(Switched-Mode Power Supply : SMPS)라고도 부른다. 쵸퍼는 스위칭 소자에 사이리스터를 채용하여 전기철도의 견인 전동기의 제어, 트롤리 카, 선박용 호이스트, 포크리프트 트럭, 탄광의 채광 견인기 등의 분야에 이용되고 있다. 쵸퍼에 의한 직류 전동기의 제어는 부드러운 가속 제어, 고효율, 빠른 동특성을 제공하는 특징이 있다. 직류 전동기의 회생제동으로 에너지를 전원으로 되돌릴 수 있다. 특히 빈번한 정지를 하여야 하는 교통 시스템에서는 막대한 에너지 절약이 기대된다.

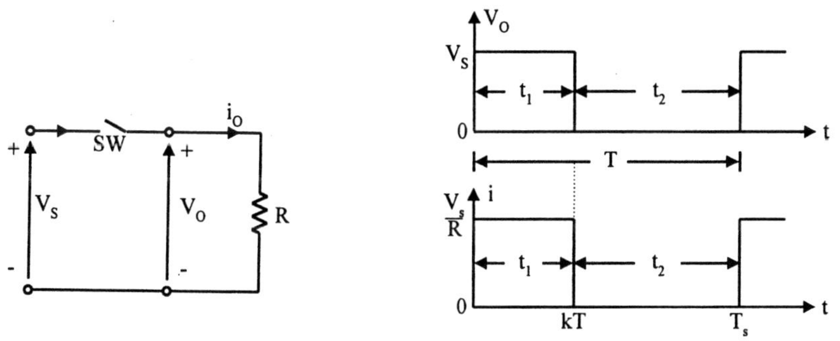

(a) 회로도 (b) 파형

그림 8.1 DC-DC 컨버터의 기본회로

그림 8.1은 저항부하를 연결한 DC-DC 컨버터의 기본회로이다. 스위치 SW를 t_1 시간에 닫으면, 입력전압 V_s는 부하양단에 걸린다. 스위치 SW를 t_2 시간에 열면, 부하에는 전압이 걸리지 않는다. 스위칭 소자에는 바이폴라 트랜지스터, 전력용 MOSFET, GTO, 사이리스터 등 어느 것을 사용해도 된다.

이 DC-DC 컨버터의 평균 출력전압 V_a는

$$V_a = \frac{1}{T}\int_0^{t_1} v_0 \ dt$$
$$= \frac{t_1}{T} V_S$$
$$= f t_1 V_S$$
$$= k V_S \tag{8.1}$$

이 된다. 평균 부하전류는 $I_a = \frac{V_a}{R} = \frac{kV_S}{R}$이 되고, T는 쵸핑 주기라 한다. $k = \frac{t_1}{T}$를 DC-DC 컨버터의 시비율(Duty Cycle)이라 하며, f를 쵸핑 주파수라 한다. DC-DC 컨버터의 출력전압의 실효값 V_{rs}는

$$V_{rs} = \left(\frac{1}{T}\int_0^{kT} v_0^2 dt\right)^{\frac{1}{2}}$$
$$= \sqrt{k} V_S \tag{8.2}$$

이 된다. 손실이 없다고 가정하면, 입력과 출력은 같아지고 DC-DC 컨버터의 입력 P_i는

$$P_i = \frac{1}{T}\int_0^{kT} v_0 \ idt$$
$$= k\frac{V_s^2}{R} \tag{8.3}$$

이 된다. DC-DC 컨버터의 전원측 입력저항 R_i는

$$R_i = \frac{V_S}{I_a} = \frac{V_s}{\frac{kV_S}{R}} = \frac{R}{k} \tag{8.4}$$

가 된다.

이러한 DC-DC 컨버터에서는 시비율은 0에서 1까지 변한다. 출력전압 V_0는 k를 조절함에 따라 0에서 V_s까지 변화시킬 수 있다. 쵸핑주기 T를 일정하게 유지하면서 t_1

을 제어하는 것(펄스 폭 제어)이 효과적이다. t_1, t_2를 일정하게 유지하면서 쵸핑 주파수를 변화시키는 것은 어떤 주파수에서 고조파를 발생시키고 필터 설계를 어렵게 할 수 있다. DC-DC 컨버터는 출력전압이 입력전압보다 낮게 나타나는 벅(Buck) 컨버터, 출력전압이 입력전압보다 높게 나타나는 부스트(Boost) 컨버터, 이 두 컨버터의 출력 특성을 함께 나타나는 벅 부스트 (Buck-Boost) 컨버터가 있다. 이 세 종류의 컨버터는 Forward, Flyback, Push-Pull, Half-Bridge 및 Full-Bridge 등 널리 사용되는 컨버터들의 기본이 되고 있다.

8.2 벅 컨버터

8.2.1 벅 컨버터의 동작

그림 8.2는 벅 컨버터의 기본회로이다. 그림 8.3은 벅 컨버터의 동작에 따른 동작 파형을 나타낸 것이다. 스위치 S가 도통일 때 입력 전압에 의하여 인덕터 L에 에너지가 축적되면서 입력측으로부터 에너지가 출력측으로 전달되고 이때 환류 다이오드 D_F는 차단된다. 다음 순간에 스위치 S가 차단되면 도통과정에서 인덕터 L에 축적된 에너지가 환류 다이오드 D_F를 통하여 출력측으로 전달된다. 이와 같이 스위치 S의 도통과 차단의 시간비율을 조정하여 원하는 직류 출력전압을 얻을 수 있다.

한 주기 동안의 입력 에너지 P_i와 출력 에너지 P_o는

$$\begin{aligned} P_i &= \frac{1}{T_s}\int_0^{T_s} V_i\, I_i\, dt \\ &= V_i I_o \frac{T_{on}}{T_s} \end{aligned} \tag{8.5}$$

$$\begin{aligned} P_o &= \frac{1}{T_s}\int_0^{T_s} V_o\, I_o\, dt \\ &= V_o I_o \end{aligned} \tag{8.6}$$

이 되고, 컨버터의 손실을 무시하면 $P_i=P_o$가 된다. 식 (8.5) 및 식 (8.6)에서 T_s는 컨버터의 스위칭 주기이고, T_{on}은 스위치가 도통되는 기간을 의미한다. 식 (8.5)와 식 (8.6)에서 입력전압 V_i와 출력전압 V_o의 관계를 알아보면

$$V_o = V_i \frac{T_{on}}{T_s}$$

$$= k \cdot V_i \qquad (8.7)$$

이 된다. 여기서 k를 시비율(duty cycle)이라고 한다. 식 (8.7)에서 $k = \frac{T_{on}}{T_s}$ 이 되며 벅 컨버터에서 시비율은 0에서 1사이의 값이 된다.

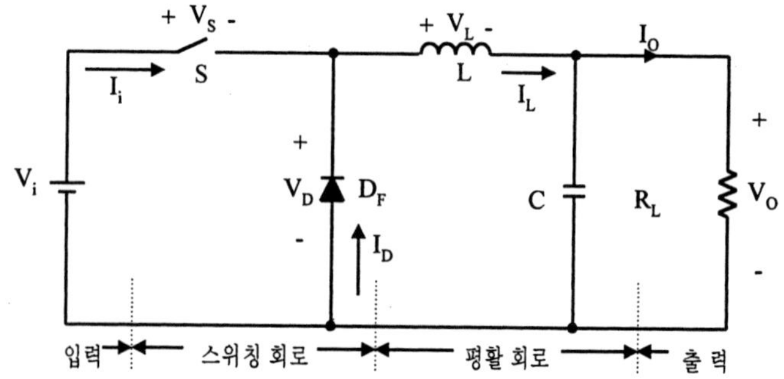

그림 8.2 벅 컨버터의 기본 회로

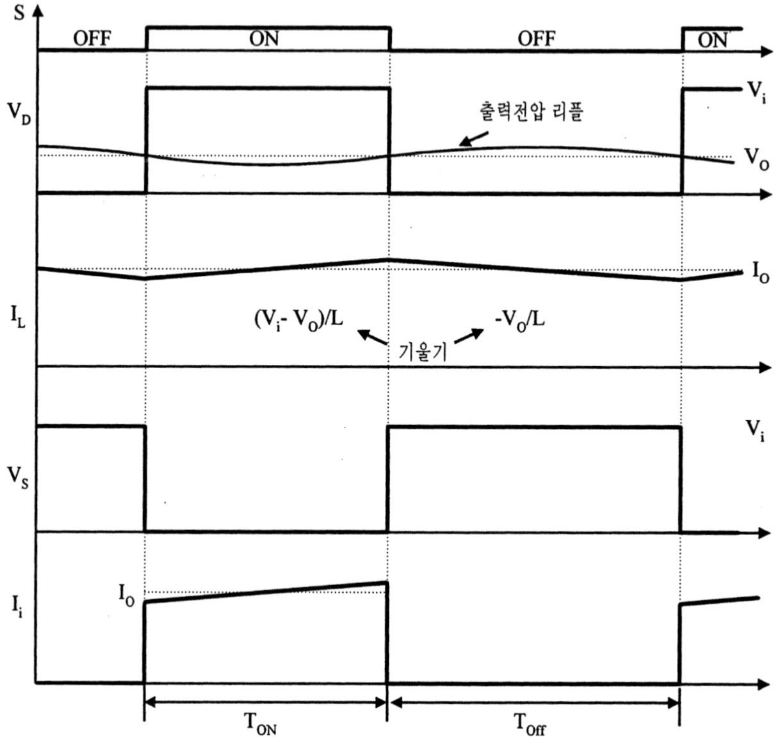

그림 8.3 벅 컨버터의 동작시 각부의 파형

그림 8.4는 벅 컨버터의 시비율 변화에 대한 출력특성을 나타낸 것이다.

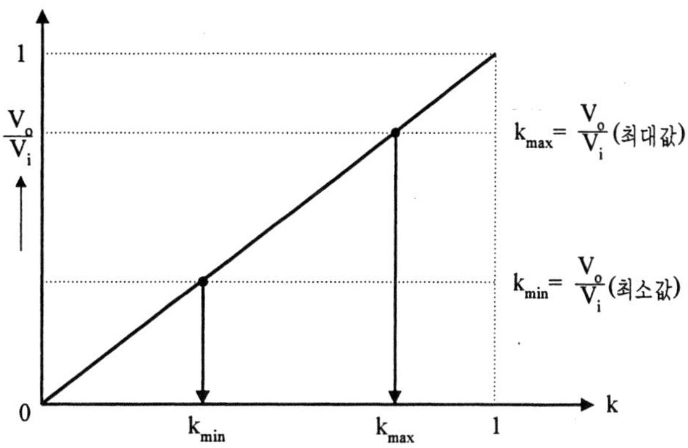

그림 8.4 시비율 변화에 대한 출력특성

8.2.2 출력특성 해석

벅 컨버터에서 스위치 S를 도통상태로 하였을 때와 차단상태로 하였을 때 등가회로는 그림 8.5와 같다. 인덕터 L과 커패시터 C는 출력전류와 출력전압에 대한 맥동성분을 제거하기 위한 것으로 실제 회로에서는 어느 정도의 맥동성분은 함유하게 된다. 그림 8.5(a)의 회로는 스위치를 닫았을 때이며 그림 8.5(b)의 회로는 스위치를 열었을 때의 등가회로이다.

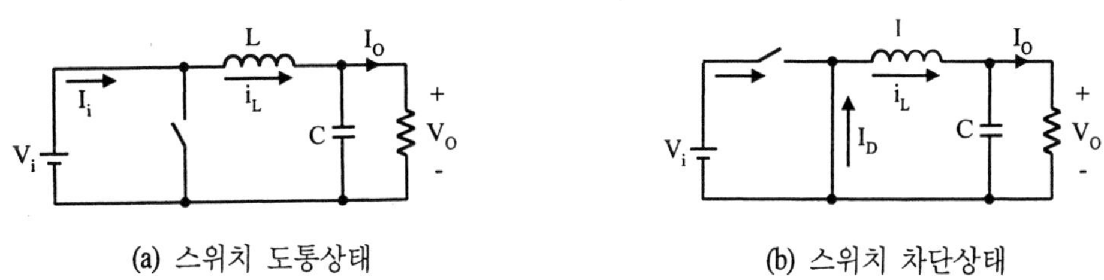

그림 8.5 벅 컨버터의 동작 회로

(1) 스위치 도통상태

그림 8.6은 인덕터에 흐르는 전류 및 전압 파형을 나타낸 것이다. 스위칭 주기를 T_s라 하고 스위치의 도통상태의 주기를 T_{on}이라 하면 $T_{on}=k \cdot T_s$ 가 된다.

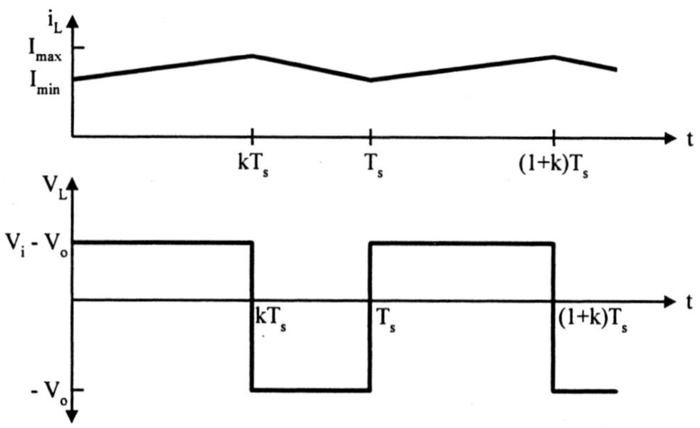

그림 8.6 인덕터 전류 및 전압 파형

그림 8.5(a)의 회로에서 인덕터의 전압 V_L은

$$V_L = V_i - V_o$$

$$= L\frac{di_L}{dt} \tag{8.8}$$

이 되고, 여기서 i_L은 인덕터의 전류이다.

스위치를 닫는 순간 (t=0)에 인덕터에 흐르는 전류를 I_0 라 하면, $t=kT_s$인 순간의 인덕터 전류 i_L은

$$i_L = \frac{1}{L}\int_0^t (V_i - V_0)dt + I_0$$

$$= \frac{V_i - V_0}{L}\cdot kT_s + I_0 \tag{8.9}$$

가 된다. $V_i > V_0$이므로 이 구간에서는 인덕터 전류가 상승한다.

(2) 스위치 차단상태

그림 8.5(b)의 회로는 스위치가 차단상태이고, 컨버터가 $(1-k)T_s$의 구간에서 동작하는 경우이다. 여기서 인덕터 전압 V_L은

$$V_L = -V_0$$

$$= L\frac{di_L}{dt} \tag{8.10}$$

이 되고, 인덕터 전류는 스위치 차단 순간($t=kT_s$)에 최대값이 되고 이 때의 전류를 I_1이라 하면 $t=T_s$인 순간의 인덕터 전류 i_L은

$$i_L = \frac{1}{L}\int_{kT_s}^{t}(-V_0)dt + I_1$$

$$= -\frac{V_0}{L}\cdot(1-k)T_s + I_1 \tag{8.11}$$

이 된다. 벅 컨버터에서 시비율 k는 0에서 1사이의 값이므로 이 구간에서 인덕터 전류는 감소한다.

8.3 부스트 컨버터

8.3.1 부스트 컨버터의 동작

그림 8.7은 부스트 컨버터의 기본회로이다. 그림 8.8은 부스트 컨버터의 동작에 따른 동작 파형을 나타낸 것이다. 스위치 S가 도통상태이면 입력 전압에 의하여 인덕터 L에 에너지가 축적되고 다이오드 D는 차단된다. 이때 출력측에서는 커패시터 C에 축적된 전하가 부하저항 R을 통하여 방전된다. 다음 순간에 스위치 S가 차단상태이면 인덕터 L에 축적되었던 에너지가 다이오드 D를 통하여 출력측으로 방출된다. 이와 같이 스위치 S의 도통과 차단의 시간비율을 조정하여 원하는 직류 출력전압을 얻을 수 있다.

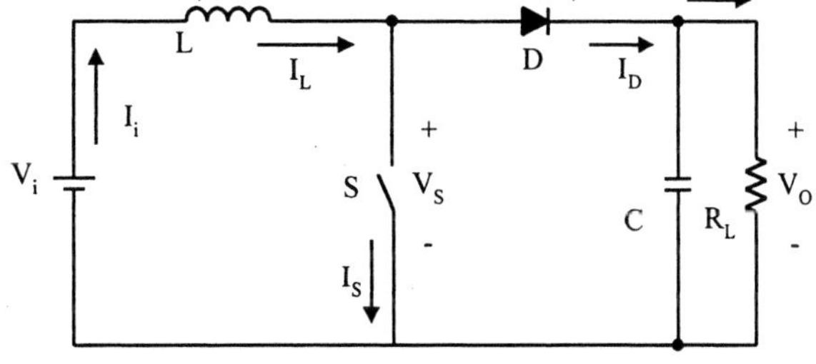

그림 8.7 부스트 컨버터의 기본 회로

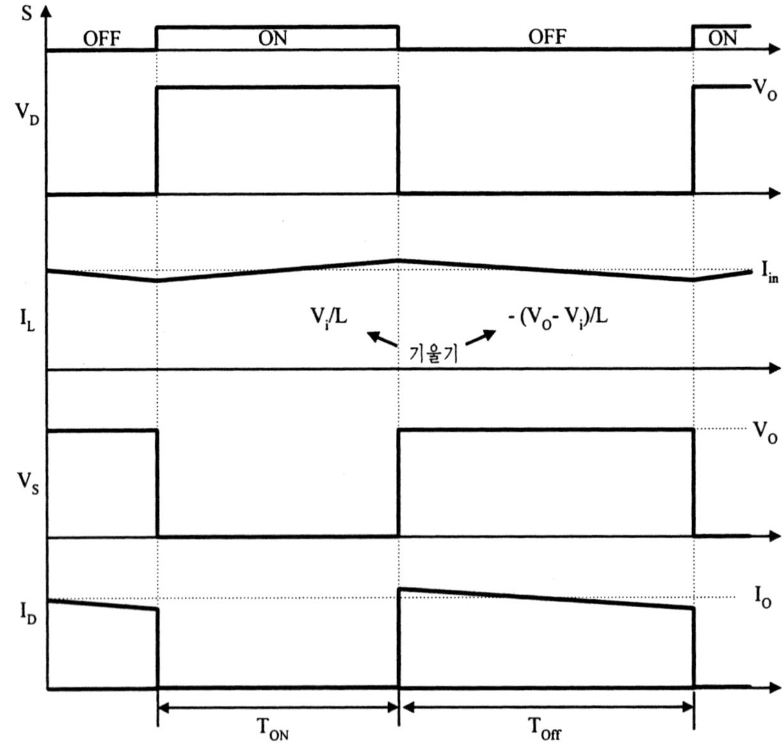

그림 8.8 부스트 컨버터의 동작시 각부의 파형

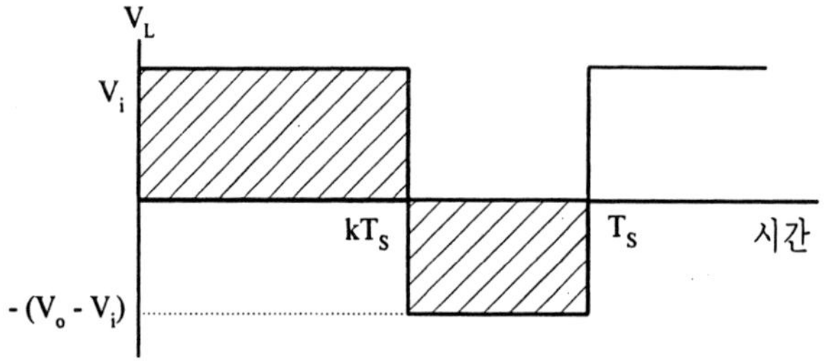

그림 8.9 인덕터 전압

그림 8.9는 부스트 컨버터의 스위치가 도통상태 및 차단상태인 경우 인덕터 전압의 변화를 나타낸 것이다. 여기서 스위치 S는 kT_s구간까지는 도통되고 $(1-k)T_s$ 구간까지는 차단되므로 다음의 관계가 성립한다.

$$V_i kT_s = (V_0 - V_i)(1-k)T_s \tag{8.12}$$

여기서 출력전압 V_0는

$$V_0 = \frac{1}{1-k} V_i \tag{8.13}$$

가 되며 시비율 k가 항상 1보다 작은 값이므로 출력전압은 항상 입력전압보다 커지게 된다.

그림 8.10은 부스트 컨버터의 시비율 변화에 대한 출력특성을 나타낸 것이다.

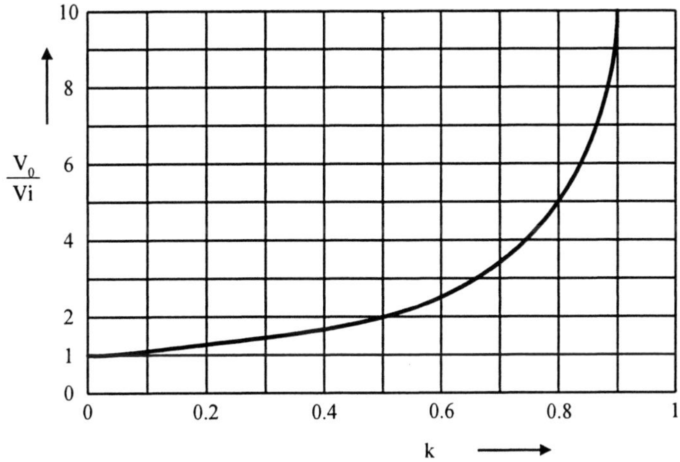

그림 8.10 시비율 변화에 대한 출력특성

8.3.2 출력특성 해석

부스트 컨버터에서 스위치 S를 도통상태로 하였을 때와 차단상태로 하였을 때 등가회로는 그림 8.11과 같다. 인덕터 L과 커패시터 C가 충분히 크면 인덕터에는 일정한 전류가 흐르고 커패시터에는 일정한 전압이 걸리게 된다. 실제 회로에서는 인덕터 전류와 출력전압에는 어느 정도의 맥동성분은 함유하게 된다. 그림 8.11(a)의 회로는 스위치를 닫았을 때이며 그림 8.11(b)의 회로는 스위치를 열었을 때의 등가회로이다.

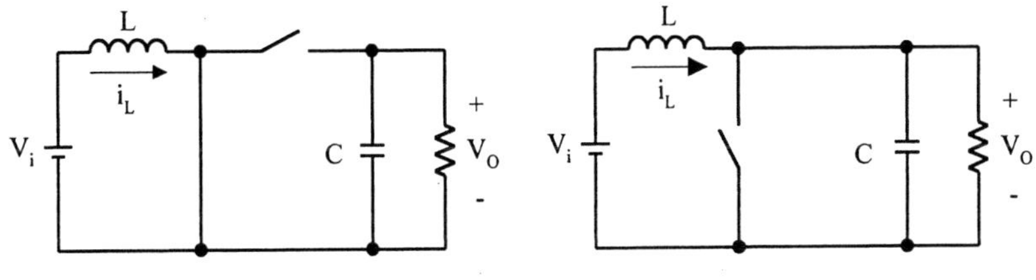

(a) 스위치 도통상태 (b) 스위치 차단상태

그림 8.11 부스트 컨버터의 동작 회로

(1) 스위치 도통상태

그림 8.11(a)의 등가회로에서 인덕터의 전압 V_L은

$$V_L = L\frac{di_L}{dt} \tag{8.14}$$

이 되고, 여기서 i_L은 인덕터의 전류이고 인덕터 전압 V_L은 입력전압 V_i와 같다.

스위치를 닫는 순간 (t=0)에 인덕터에 흐르는 전류를 I_0라 하면, t=kT_s인 순간의 인덕터 전류 i_L은

$$\begin{aligned} i_L &= \frac{1}{L}\int_0^t V_L dt + I_0 \\ &= \frac{V_i}{L}\cdot kT_s + I_0 \end{aligned} \tag{8.15}$$

가 된다. 이 구간에서는 인덕터 전류가 상승한다.

(2) 스위치 차단상태

그림 8.11(b)의 회로는 스위치가 차단상태이고, 컨버터가 $(1-k)T_s$의 구간에서 동작하는 경우이다. 여기서 인덕터 전압 V_L은

$$\begin{aligned} V_L &= V_i - V_0 \\ &= L\frac{di_L}{dt} \end{aligned} \tag{8.16}$$

이 되고, 인덕터 전류는 스위치 차단 순간 ($t=kT_s$)에 최대값이 되고 이 때의 전류를 I_1이라 하면 $t=T_s$인 순간의 인덕터 전류 i_L은

$$\begin{aligned} i_L &= \frac{1}{L}\int_{kT_s}^{t}(V_i - V_0)dt + I_1 \\ &= \frac{V_i - V_0}{L}\cdot(1-k)T_s + I_1 \end{aligned} \tag{8.17}$$

이 된다. 부스트 컨버터에서는 $V_0 > V_i$이고, 시비율 k는 0에서 1사이의 값이므로 이 구간에서 인덕터 전류는 감소한다.

8.4 벅 부스트 컨버터

8.4.1 벅 부스트 컨버터의 동작

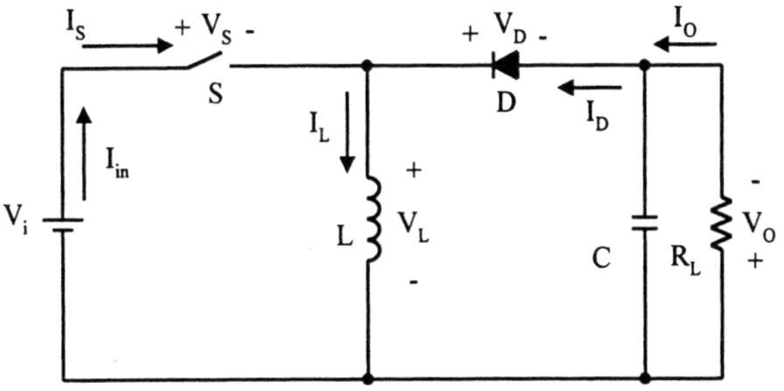

그림 8.12 벅 부스트 컨버터의 기본 회로

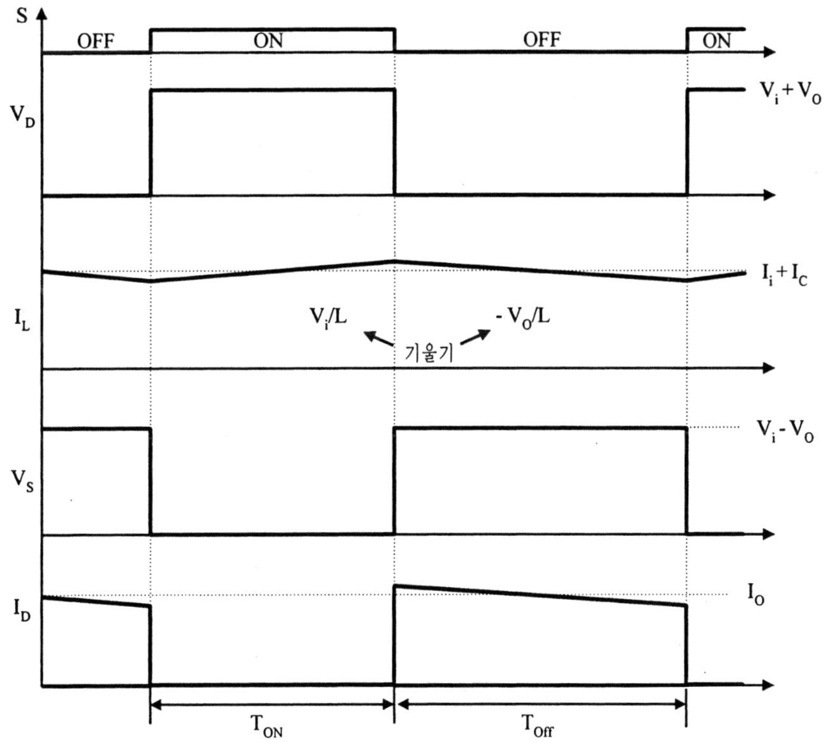

그림 8.13 벅 부스트 컨버터의 동작시 각부의 파형

그림 8.12는 벅 부스트 컨버터의 기본회로이다. 그림 8.13은 벅 부스트 컨버터의 동작에 따른 동작 파형을 나타낸 것이다. 스위치 S가 도통상태이면 입력 전압에 의하여

인덕터 L에 에너지가 축적되고 다이오드 D는 차단된다. 이 때 출력측에서는 커패시터 C에 축적된 전하가 부하저항 R을 통하여 방전된다. 다음 순간에 스위치 S가 차단상태이면 인덕터 L에 축적되었던 에너지가 다이오드 D를 통하여 출력측으로 방출된다. 이와 같이 스위치 S의 도통과 차단의 시간비율을 조정하여 원하는 직류 출력전압을 얻을 수 있다.

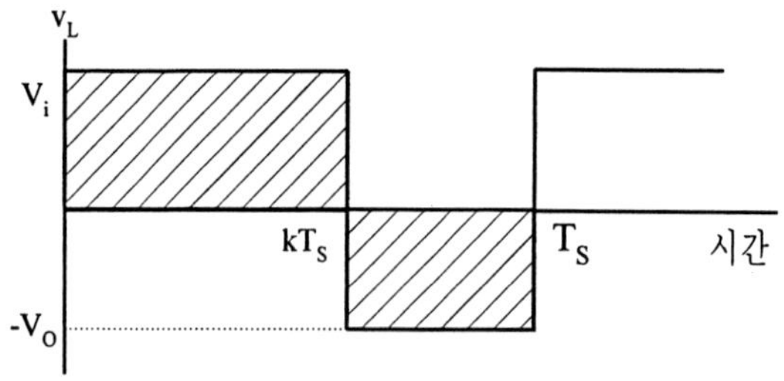

그림 8.14 인덕터 전압

그림 8.14는 벅 부스트 컨버터의 스위치가 도통상태 및 차단상태인 경우 인덕터 전압의 변화를 나타낸 것이다. 여기서 스위치 S는 kT_s 구간까지는 도통되고 $(1-k)T_s$ 구간까지는 차단되므로 다음의 관계가 성립한다.

$$V_i k T_s = V_0(1-k)T_s \tag{8.18}$$

여기서 출력전압 V_0는

$$V_0 = \frac{k}{1-k} V_i \tag{8.19}$$

가 되며, 시비율 $k<0.5$인 범위에서는 $V_0<V_i$가 되고 $k>0.5$인 범위에서는 $V_0>V_i$가 됨을 알 수 있다. 한편 $k=0.5$인 경우에는 $V_0=V_i$가 된다.

그림 8.15는 벅 부스트 컨버터의 시비율 변화에 대한 출력특성을 나타낸 것이다.

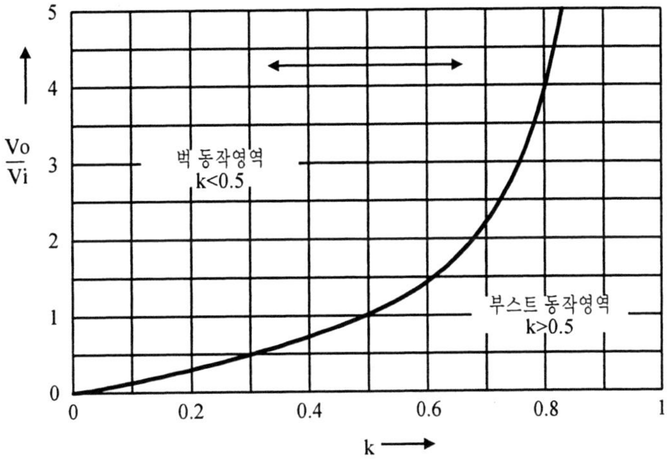

그림 8.15 시비율 변화에 대한 출력특성

8.4.2 출력특성 해석

벅 부스트 컨버터에서 스위치 S를 도통상태로 하였을 때와 차단상태로 하였을 때 등가회로는 그림 8.16과 같다. 인덕터 L과 커패시터 C가 충분히 크면 인덕터에는 일정한 전류가 흐르고 커패시터에는 일정한 전압이 걸리게 된다. 실제 회로에서는 인덕터 전류와 출력전압에는 어느 정도의 맥동성분은 함유하게 된다. 그림 8.16(a)의 회로는 스위치를 닫았을 때이며 그림 8.16(b)의 회로는 스위치를 열었을 때의 등가회로이다.

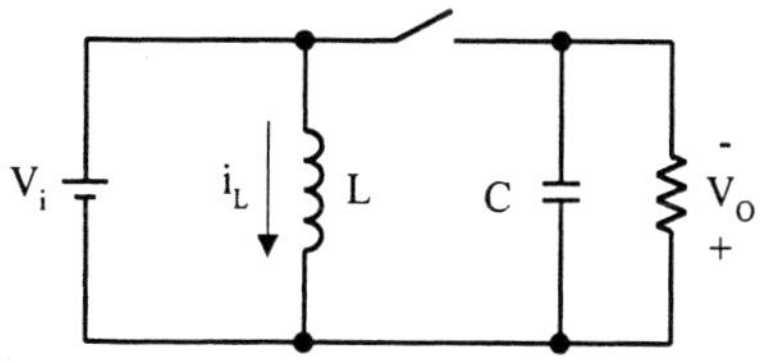

(a) 스위치 도통상태

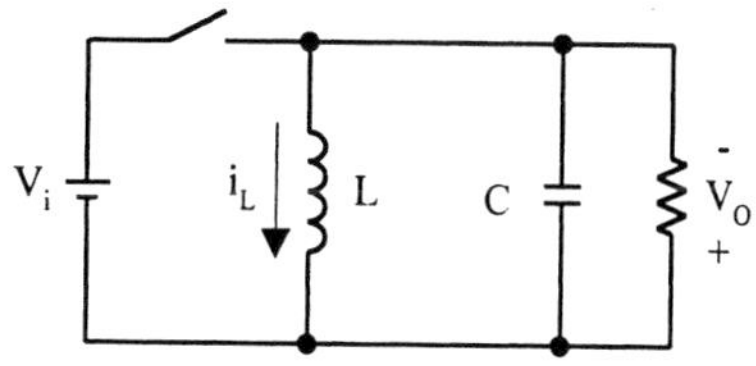

(b) 스위치 차단상태

그림 8.16 벅 부스트 컨버터의 동작 회로

(1) 스위치 도통상태

그림 8.16(a)의 등가회로에서 인덕터의 전압 V_L은

$$V_L = L\frac{di_L}{dt} \tag{8.20}$$

이 되고, 여기서 i_L은 인덕터의 전류이고 인덕터 전압 V_L은 입력전압 V_i와 같다.

스위치를 닫는 순간 ($t=0$)에 인덕터에 흐르는 전류를 I_0라 하면, $t=kT_s$인 순간의 인덕터 전류 i_L은

$$i_L = \frac{1}{L}\int_0^t V_L dt + I_0$$

$$= \frac{V_i}{L}\cdot kT_s + I_0 \tag{8.21}$$

가 된다. 이 구간에서는 인덕터 전류가 상승한다.

(2) 스위치 차단상태

그림 8.16(b)의 회로는 스위치가 차단상태이고, 컨버터가 $(1-k)T_s$의 구간에서 동작하는 경우이다. 여기서 인덕터 전압 V_L은

$$V_L = -V_0$$

$$= L\frac{di_L}{dt} \tag{8.22}$$

이 되고, 인덕터 전류는 스위치 차단 순간 ($t=kT_s$)에 최대값이 되고 이 때의 전류를 I_1이라 하면 $t=T_s$인 순간의 인덕터 전류 i_L은

$$i_L = \frac{1}{L}\int_{kT_s}^{t}(-V_0)dt + I_1$$

$$= \frac{-V_0}{L}\cdot(1-k)T_s + I_1 \tag{8.23}$$

이 된다. 시비율 k는 0에서 1사이의 값이므로 이 구간에서 인덕터 전류는 감소한다.

8.5 DC-DC 컨버터의 응용

8.5.1 전동기 제어 응용 체강 쵸퍼

그림 8.17(a)에 RL 부하를 가진 쵸퍼를 나타낸다. 쵸퍼의 동작은 두 개의 모드로 나

누어진다. 모드 1에서 스위치가 닫아지고 전류는 전원에서 부하로 흐른다. 모드 2에서 스위치는 열려지고 전류는 프리휠링 다이오드 D_m을 통하여 부하에 흐른다.

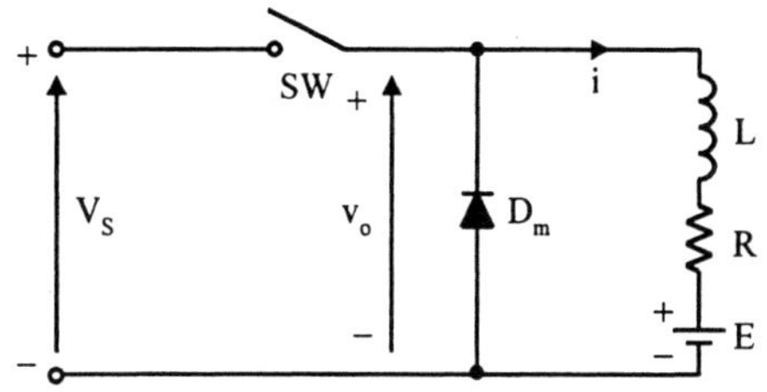

(a) 회로도

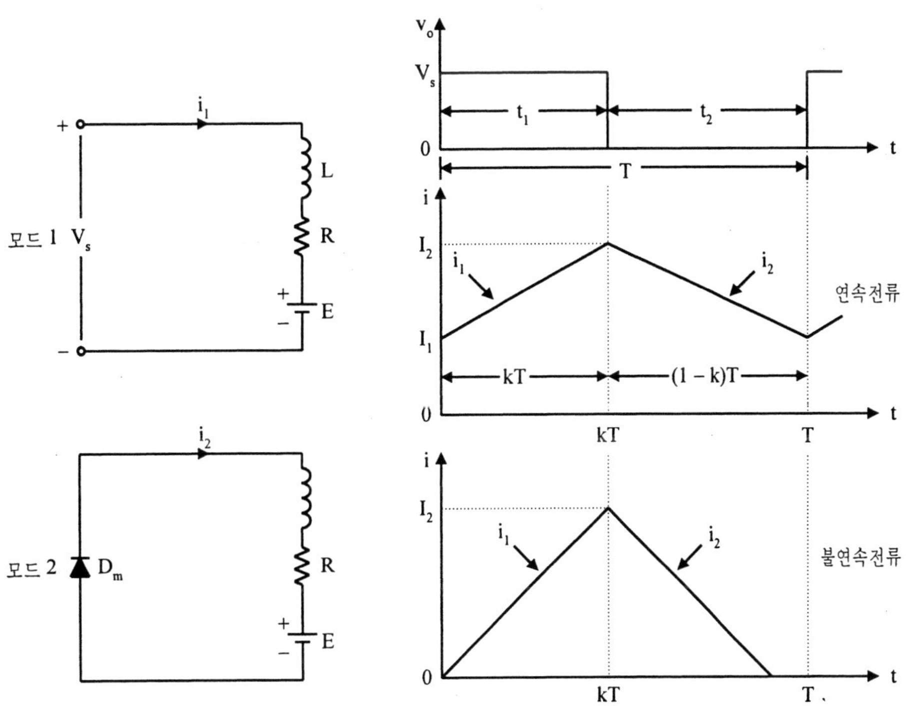

(b) 등가회로

(c) 파형

그림 8.17 RL 부하 연결 초퍼의 동작

모드 1에서의 부하전류는

$$V_S = Ri_1 + L\frac{di_1}{dt} + E \qquad (8.24)$$

초기전류 $i_1(t=0) = I_1$이므로 식 (8.24)에서 부하전류는

$$i_{1(t)} = I_1 e^{-\frac{R}{L}t} + \frac{V_S - E}{R}\left(1 - e^{-\frac{R}{L}t}\right) \tag{8.25}$$

이 모드는 $0 \le t \le t_1(=kT)$에서 변하고, 이 모드의 끝에서 부하전류는

$$i_1(t = t_1 = kT) = I_2 \tag{8.26}$$

모드 2에서 부하전류는

$$0 = Ri_2 + L\frac{di_2}{dt} + E \tag{8.27}$$

초기전류 $i_2(t=0) = I_2$이고, 모드 2의 시작에서의 시간원점을 $t=0$이라면, 식 (8.8)의 부하전류는

$$i_{2(t)} = I_2 e^{-\frac{R}{L}t} - \frac{E}{R}\left(1 - e^{-\frac{R}{L}t}\right) \tag{8.28}$$

이 모드는 $0 \le t \le t_2[=(1-k)T]$에서 변하고, 이 모드의 끝에서 부하전류는

$$i_2(t = t_2) = I_3 \tag{8.29}$$

모드 2의 끝에서 쵸퍼는 다음 사이클로 다시 동작하며 그주기는 $T = \frac{1}{f} = t_1 + t_2$ 가 된다. 정상상태가 되면 $I_1 = I_3$가 된다.

8.5.2 충전장치 응용

DC-DC 컨버터는 에너지를 한 전압원에서 다른 전압원으로 전환할 수 있는데, 그림 8.18은 이 원리를 보여준다. 그림 8.18(b)의 모드 1에서 전류는 $V_S = L\frac{di_1}{dt}$ 를 이용하여 구하면

$$i_1(t) = \frac{V_S}{L}t + I_1 \tag{8.30}$$

여기서 I_1은 모드 1의 초기전류이고, 전류는 상승하므로 $di_1/dt > 0$ 또는 $V_S > 0$

이다.

모드 2에서 전류는 $V_S = L\frac{di_2}{dt} + E$에서 구하면

$$i_2(t) = \frac{V_S - E}{L}t + I_2 \tag{8.31}$$

여기서 I_2는 모드 2의 초기전류이고, 전류는 하강하므로 $di_2 / dt > 0$ 또는 VS<E이다. 따라서 제어할 전력은 0<Vs<E의 조건을 만족하여야 한다.

스위치가 턴 온되면 전원 V_s로부터 인덕터 L로 전력이 전환되고 인덕터에 저장된 에너지는 축전지 E로 저장할 수 있다.

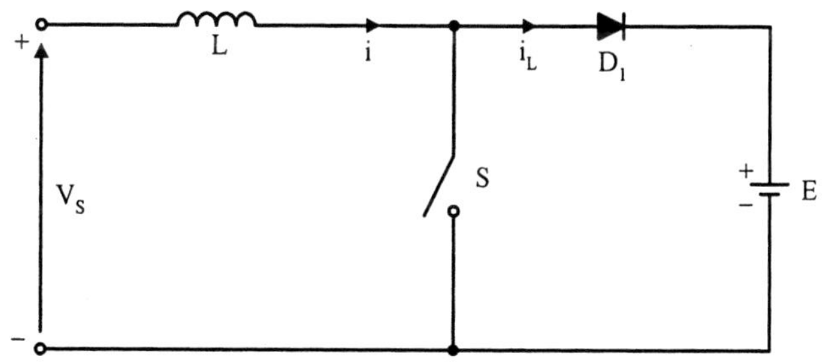

(a) 회로도

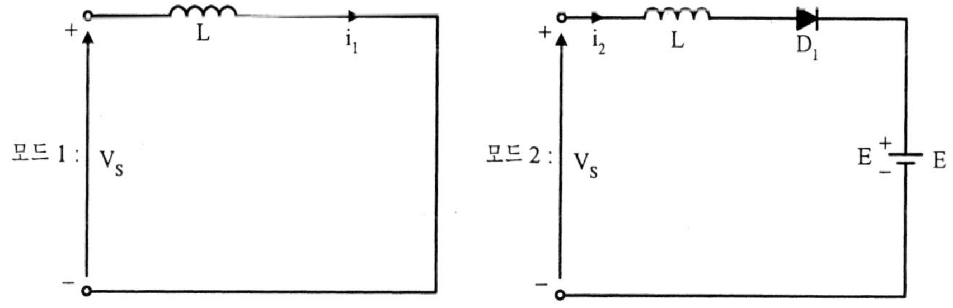

(b)등가 회로

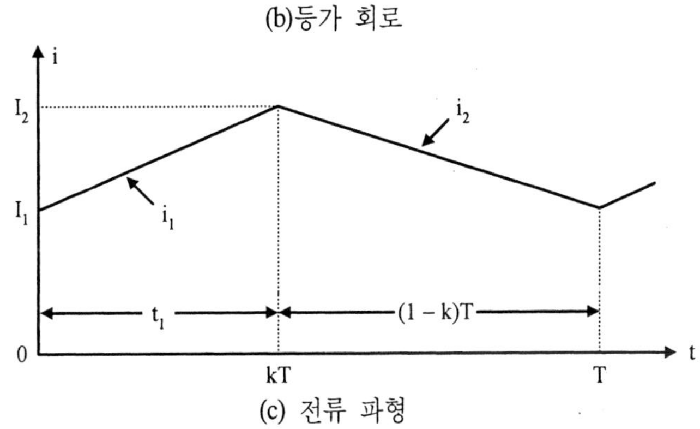

(c) 전류 파형

그림 8.18 충전장치 응용

실 습 과 제

8-1 벅 컨버터의 동작 특성 실습

8-1-1 목적

전력용 트랜지스터 또는 사이리스터를 사용하여 그림 8.19의 회로를 제작하고, 저항부하를 연결하여 벅 컨버터의 동작원리와 운전특성을 이해한다.

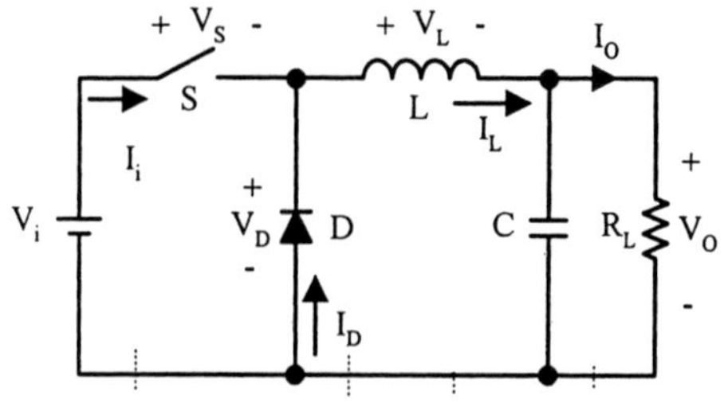

그림 8.19 벅 컨버터 회로

8-1-2 방법

(1) 사용기기 및 재료

: 직류전원, 오실로스코프, 전력용 트랜지스터 또는 사이리스터, 저항부하, 리액터, 제어용 직류전원장치

(2) 실습내용

① 그림 8.19의 회로를 구성한다.

② 저항부하를 연결하고 스위칭소자의 제어각을 변화시키면서 스위칭 주파수, 제어 신호의 파형을 관찰하고 기록한다.

③ 저항부하를 연결하고 스위칭 소자의 제어각을 변화시키면서 인덕터 전류, 출력 전압의 리플 크기, 출력전류를 측정하여 파형을 관찰하고 기록한다.

④ 벅 컨버터의 동작원리 및 실습결과를 기록한다.

8-2 부스트 컨버터의 동작 특성 실습

8-2-1 목적

전력용 트랜지스터 또는 사이리스터를 사용하여 그림 8.20의 회로를 제작하고, 저항 부하를 연결하여 부스트 컨버터의 동작원리와 운전특성을 이해한다.

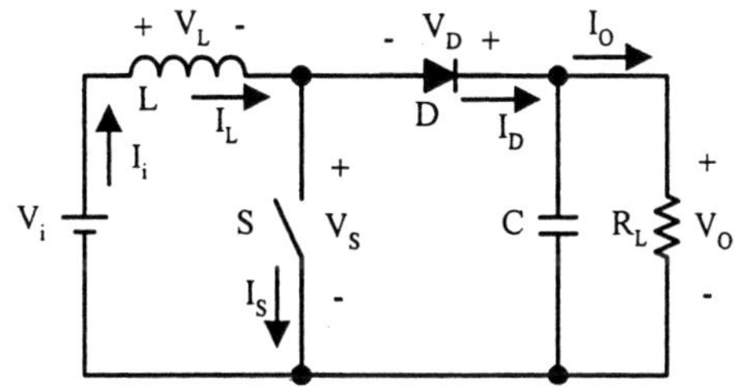

그림 8.20 부스트 컨버터 회로

8-2-2 방법

(1) 사용기기 및 재료

: 직류전원, 오실로스코프, 전력용 트랜지스터 또는 사이리스터, 저항부하, 리액터, 제어용 직류전원장치

(2) 실습내용

① 그림 8.20의 회로를 구성한다.

② 저항부하를 연결하고 스위칭 소자의 제어각을 변화시키면서 스위칭 주파수, 제어신호의 파형을 관찰하고 기록한다.

③ 저항부하를 연결하고 스위칭 소자의 제어각을 변화시키면서 인덕터 전류, 출력 전압의 리플 크기, 출력전류를 측정하여 파형을 관찰하고 기록한다.

④ 부스트 컨버터의 동작원리 및 실습결과를 기록한다.

8-3 벅 부스트 컨버터의 동작 특성 실습

8-3-1 목적

전력용 트랜지스터 또는 사이리스터를 사용하여 그림 8.21의 회로를 제작하고, 저항부하를 연결하여 벅 부스트 컨버터의 동작원리와 운전특성을 이해한다.

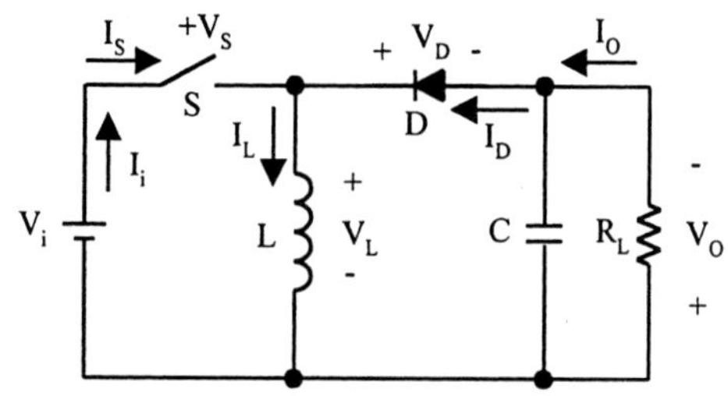

그림 8.21 벅 부스트 컨버터 회로

8-3-2 방법

(1) 사용기기 및 재료

: 직류전원, 오실로스코프, 전력용 트랜지스터 또는 사이리스터, 저항부하, 리액터, 제어용 직류전원장치

(2) 실습내용

① 그림 8.21의 회로를 구성한다.

② 저항부하를 연결하고 스위칭 소자의 제어각을 변화시키면서 스위칭 주파수, 제어신호의 파형을 관찰하고 기록한다.

③ 저항부하를 연결하고 스위칭 소자의 제어각을 변화시키면서 인덕터 전류, 출력전압의 리플 크기, 출력전류를 측정하여 파형을 관찰하고 기록한다.

④ 벅 부스트 컨버터의 동작원리 및 실습결과를 기록한다.

연 습 문 제

8.1 DC-DC 컨버터를 설명하시오.

8.2 그림 8.1의 회로에서 Vs=220V, R=100Ω이다. 스위치가 도통될 때 스위치의 전압강하는 4V이고 쵸핑 주파수 1000Hz, 시비율 50%일 때 다음을 구하시오.

(1) 출력전압의 평균값

(2) 출력전압의 실효값

(3) 효율

(4) 유효 입력저항

8.3 그림 8.2의 회로에서 입력전압은 Vs=24V이다. 평균 출력전압 5V, 리플전압 20mV일 때 스위칭 주파수는 1000Hz이다. 인덕터의 리플전류를 0.4A로 제한할 때 다음을 구하여라.

(1) 시비율

(2) 필터 인덕턴스의 값

(3) 필터 커패시터의 값

8.4 그림 8.7의 회로에서 입력전압은 Vs=12V이다. 출력전압의 평균값 24V, 부하전류의 평균값 2A 스위칭 주파수 1000Hz이다. L=100μH, C=200μF일 때 다음을 구하여라.

(1) 시비율

(2) 인덕터의 리플전류

(3) 인덕터의 최대전류

(4) 커패시터의 리플전압

8.5 그림 8.12의 회로에서 입력전압은 Vs=12V이다. 시비율은 0.2이고 스위칭 주파수는 1000Hz이다. 부하전류의 평균값 2A, L=100 μH, C=200 μF일 때 다음을 구하여라.

(1) 출력전압의 평균값

(2) 출력 리플전압

(3) 인덕터의 리플전류

(4) 스위칭소자에 흐르는 최대전류

8.6 그림 8.17의 회로에서 Vs=220V, R=10Ω, L=10mH, f=1kHz, k=0.5, E=0V일 때 다음을 구하여라.

(1) 부하전류의 초기값

(2) 부하전류의 최대값

(3) 부하 리플전류의 최대값

(4) 부하전류의 평균값

(5) 부하전류의 실효값

(6) 유효 입력저항

8.7 그림 8.18의 회로에서 Vs=380V, R=10Ω, E=0V이다. 부하전류의 평균값 200A이고 쵸핑 주파수 1000Hz이다. 부하전류의 평균값의 10%로 부하 리플전류를 제한할 경우 인덕터 L의 값을 구하여라.

제 9 장

인버터

9-1 인버터의 특징

9-2 단상 브리지 인버터

9-3 PWM 인버터

9-4 전동기 제어 응용

9-5 전동기 제어 시스템 관리

9.1 인버터의 특징

직류를 교류로 변환하는 전력변환기를 인버터(Inverter)라 한다. 인버터의 기능은 직류 입력전압을 원하는 크기 및 주파수의 교류로 바꿀 수 있는데, 사이리스터를 사용한 전력변환기에서 변환회로 자체에 전류(Commutation)회로를 가진 역변환 회로를 자여식 인버터라고도 부른다. 타여식 인버터는 사이리스터를 사용한 순 브리지 회로에서 부하에 대신하여 직류전원을 접속하여 인버터 동작을 행하는 경우 직류전원의 전력을 교류전원측으로 변환할 수 있다. 이때 사이리스터의 턴 오프 동작은 교류전원 전압을 이용하는 경우 타여식 인버터라고 부른다. 가변 출력전압은 입력 직류전압의 제어 또는 인버터의 제어에 의하여 얻을 수 있다. 특히 PWM(Pulse Width Modulation) 인버터는 인버터 자체에서 펄스 폭 변조 제어로 가변전압 및 가변 주파수를 얻을 수 있다.

인버터의 출력전압 파형은 될 수 있는 한 정현파가 되어야 한다. 그러나 실제 출력 파형은 비정현파가 되며 고조파를 포함하게 된다. 고속 스위칭 소자의 개발과 새로운 제어기법으로 출력파형에 포함되는 고조파를 줄이는 것이 오늘날 최대의 관심이 되고 있다.

인버터는 산업분야에서 광범위하게 이용되고 있는데, 각종 산업용 교류 전동기의 가변속 구동, 유도 가열, 예비 전원, 무정전 전원공급장치, 전철용 전동기 구동, 로봇, 전기 자동차, 자기 부상열차, 항공기 및 우주선용 전원 등 무수히 이용되고 있으며, 응용범위도 급속하게 확장되고 있다. 입력전원도 축전지, 연료전지, 태양전지 등 새로운 전원이 고려되고 있다.

인버터는 단상과 삼상으로 나눌 수 있는데, 스위칭 소자는 바이폴라 트랜지스터, MOSFET, IGBT, GTO, SIT, 사이리스터 등 응용분야에 알맞게 선택할 수 있다. 오늘날 일반적인 인버터들은 PWM 인버터들을 많이 사용하고 있으며, 입력전압을 일정하게 유지할 수있는 전압원 인버터, 입력전류를 일정하게 유지할 수 있는 전류원 인버터, 입력전압을 제어할 수 있는 가변 직류 링크 인버터들도 있다.

그림 9.1(a)는 단상 인버터의 회로이다. 트랜지스터 Q_1만 반주기 T_0 / 2동안 도통되었다면, 부하에 걸리는 순시전압은 $v_0=V_s/2$가 된다. 트랜지스터 Q_2만 다음 반주기 T_0 / 2동안 도통되었다면, 부하에 걸리는 순시전압은 $v_0=-(V_s/2)$가 된다. 트랜지스터 Q_1, Q_2,는 동시에 턴 온되도록 하면 안된다. 그림 9.1(b)는 출력전압과 출력전류의 파형을 나타낸 것이다.

출력전압의 실효값 V_0는

$$V_0 = \left(\frac{2}{T_0} \int_0^{\frac{T_0}{2}} \frac{V_S^2}{4} dt \right)^{\frac{1}{2}} = \frac{V_S}{2} \tag{9.1}$$

이 된다. 출력전압의 순시값을 퓨리에 급수로 전개하면

$$v_0 = \sum_{n=1,3,5...}^{\infty} \frac{2V_S}{n\pi} \sin n\omega t \tag{9.2}$$

n=2, 4, 6⋯ 에서는 v_0=0이 된다.

n=1의 경우 기본파 성분의 실효값은 $V_1 = \dfrac{2V_S}{\sqrt{2}\pi} = 0.45V_S$이다.

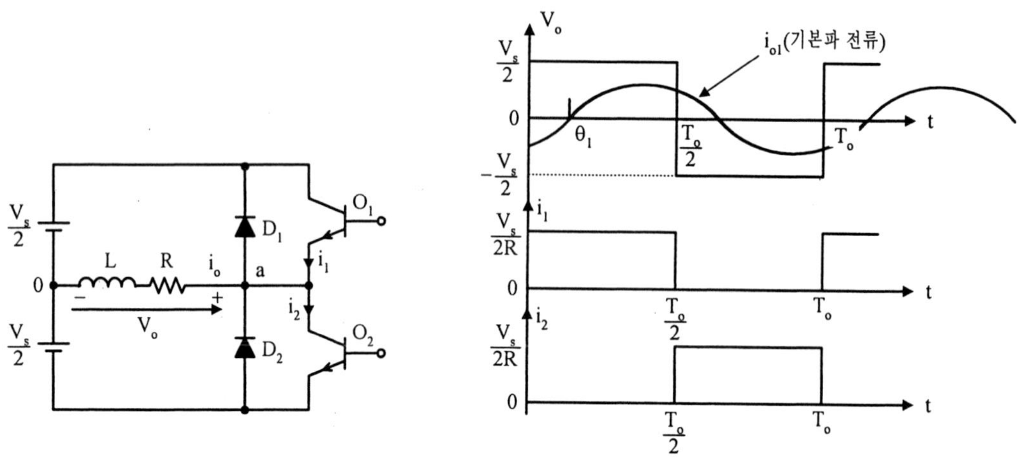

(a) 회로도 (b) 출력 파형

그림 9.1 단상 반파 브리지 인버터

RL 부하에 대한 부하 전류의 순시값 i_0는

$$i_0 = \sum_{n=1,3,5,..}^{\infty} \frac{2V_S}{n\pi\sqrt{R^2+(n\omega L)^2}} \sin(n\omega t - \theta_n) \tag{9.3}$$

이 된다. 여기서 $\theta_n = \tan^{-1}\left(\dfrac{n\omega L}{R}\right)$이다.

만약 I_1이 기본파 부하전류의 실효값이라면, 기본파 출력 P_1은

$$P_1 = V_1 I_1 \cos\theta_1$$
$$= I_1^2 R$$
$$= \left[\frac{2V_S}{\sqrt{2}\pi\sqrt{R^2+(\omega L)^2}}\right]^2 R \tag{9.4}$$

이 된다.

인버터의 출력에는 고조파 성분을 포함하고 있으므로 다음의 성능지표들을 평가하여야 한다.

① n차 고조파의 HF (Harmonic Factor)

$HF = \dfrac{V_n}{V_1}$, 여기서 V_n은 n차 고조파 성분의 실효값이고, V_1은 기본파 성분의 실효값이다.

② 종합 고조파 왜형률(THD : Total Harmonic Distortion)

$$THD = \frac{1}{V_1}\left(\sum_{n=2,3,4\ldots}^{\infty} V_n^2\right)^{\frac{1}{2}} \tag{9.5}$$

③ DF (Distortion Factor)

종합 고조파 왜형률은 종합적인 고조파항을 표현하므로 각 고조파 성분의 수준을 지시하지 못한다. DF는 다음과 같이 정의한다.

$$DF = \frac{1}{V_1}\left[\sum_{n=2,3,4..}^{\infty}\left(\frac{V_n}{n^2}\right)^2\right]^{\frac{1}{2}} \tag{9.6}$$

n차 고조파 성분의 DF는 $DF_n = \dfrac{V_n}{V_1 n^2}$ 이 된다.

9.2 단상 브리지 인버터

그림 9.2는 단상 브리지 인버터 회로를 나타낸 것이다. 트랜지스터 Q_1, Q_2가 동시

에 턴 온되면 부하에는 입력전압 V_s가 걸리게 된다. 트랜지스터 Q_3, Q_4가 동시에 턴 온되면, 부하에는 입력전압 $-V_S$가 걸리게 된다. 출력 파형은 그림 9.2(b)에 나타낸다.

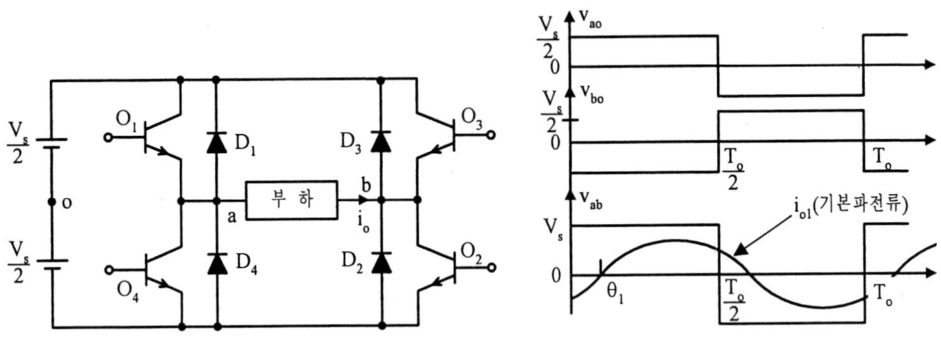

(a) 회로도 (b) 파형

그림 9.2 단상 브리지 인버터

출력전압의 실효값 V_0는

$$V_0 = \left(\frac{2}{T_0}\int_0^{\frac{T_0}{2}} V_S^2\, dt\right)^{\frac{1}{2}} \tag{9.7}$$

이 된다. 출력전압의 순시값을 퓨리에 급수로 전개하면,

$$v_0 = \sum_{n=1,3,5..}^{\infty} \frac{4V_S}{n\pi} \sin n\omega t \tag{9.8}$$

이 되고, n=1에 대한 기본파 성분의 실효값 V_1은

$$V_1 = \frac{4V_S}{\sqrt{2}\pi} = 0.9V_S \tag{9.9}$$

이 된다. RL 부하에 대한 부하전류의 순시값 i_0는

$$i_0 = \sum_{n=1,3,5..}^{\infty} \frac{4V_S}{n\pi\sqrt{R^2+(n\omega L)^2}} \sin(n\omega t - \theta_n) \tag{9.10}$$

이 된다. 여기서 $\theta_n = \tan^{-1}\left(\frac{n\omega L}{R}\right)$이다.

9.3 PWM 인버터

9.3.1 개 요

최근 공장 자동화 시스템의 전동기 가변속 구동용과 인텔리젼트 빌딩의 무정전 전원 공급용으로 PWM(Pulse Width Modulation)인버터의 수요가 급속히 증가하고 있다. 그런데 인버터의 출력 파형에는 기본파 성분외에 고조파 성분이 함유되어 있어 근접한 통신계통, 제어계통 등 약전류 신호선에 전자유도 장해를 일으키거나 각종 계전기들의 오동작, 전동기 소음 및 토오크 맥동 등의 원인이 되고 있다. 이러한 원인들을 제거하기 위해서는 고조파 발생원이 되고 있는 인버터 자체에서 고조파를 최대한 억제하는 것이 효과적이다. 1961년 PWM 인버터가 A.Schonung, H.Stemmler에 의하여 연구개발된 이래 가장 널리 이용되고 있다.

PWM 인버터는 기본파의 출력 파형이 근사 정현파가 되어 변조기법에 따라서 특정 고조파를 제거할 수 있는 큰 특징이 있다. PWM 인버터의 구동에 스위칭 신호를 다양화하기 위하여 종전 아나로그 방식에서 디지털 방식으로 변화되고 있으며, 디지털 방식인 레귤러(Regular)샘플 PWM 기법이 S.R.Bowes, R.R.Clements 등에 의하여 연구되었고, 최적 PWM기법, 특정 고조파 제거 PWM 기법 등이 S.R.Bowes, P.R.Clark, G.S.Buja 등에 의하여 연구되어 왔다.

일반적으로 삼상 PWM 인버터의 출력 파형은 한 주기당 +E, 0, −E의 크기로 3레벨(level)이 되면서 여러번 스위칭하여 근사 정현파 출력 파형을 얻고 있다. 이 출력 파형의 레벨 수를 높이면서 스위칭 각을 적절히 바꾸게 되면 정현파에 가까운 출력 파형을 얻을 수 있어 고조파 성분을 크게 줄일 수 있는 특징이 있다. PWM 인버터에서 출력 파형의 고조파 해석은 H.S.Patel, R.G.Hoft, M.A.Slonim, P.P.Biringer 등에 의하여 이루어졌다.

NPC(Neutral Point Clamped) PWM 인버터는 출력 파형이 5레벨이 되어 종전 PWM 인버터에 비하여 고조파 함유량을 크게 줄일 수 있는 특징을 갖고 있다. 그러나 인버터를 구성하는 스위칭 소자수는 종전 삼상 인버터의 경우 여섯 개인데 비하여 열 두 개가 필요하여 2배로 증가하게 된다. 따라서 제어부도 그만큼 복잡하게 되는 단점이 있다. 한편 인버터의 출력용량은 2배로 증대시킬 수 있기 때문에 응용범위를 확장시킬 수 있는 효과가 있다.

기존의 디지틀 변조방식은 특정 고조파를 제거하기 위해서 사전에 스위칭 각을 계산한 다음 이를 룩 업 테이블 형태로 메모리에 저장하여 이를 출력하는 방식을 채택하고 있어 전동기 가변속 운전시에 주파수 변화에 따라 여러가지 펄스 폭 변조 형태를 만드는데 제약이 따른다. 새로운 디지틀 소프트웨어 제어 기법들이 활발히 연구되고 있다. 유도 전동기의 일정 V/F제어의 경우 전압, 주파수 변화에 따라 PWM 인버터의 펄스 폭 변조 형태가 자유롭게 변화되어야만 고조파 함유량을 최소화시킬 수 있다.

9.3.2 PWM 인버터의 원리

PWM 인버터는 펄스 폭 변조 신호를 만드는 방식이 아나로그적인 방법과 디지틀적인 방법으로 크게 두 가지로 분류할 수 있다. 아나로그적인 방식은 그림 9.3과 같이 정현파인 변조파(Modulating Wave)와 삼각파인 반송파(CarrierWave)를 비교하여 펄스 폭 변조신호파를 발생시키는 것이다. PWM 인버터의 제어에서 변조지수(Modulation Index)M과 주파수비(Frequency Ratio)F는 다음과 같이 정의한다.

$$M = \frac{V_M}{V_C} \tag{9.11}$$

$$F = \frac{F_C}{F_M} \tag{9.12}$$

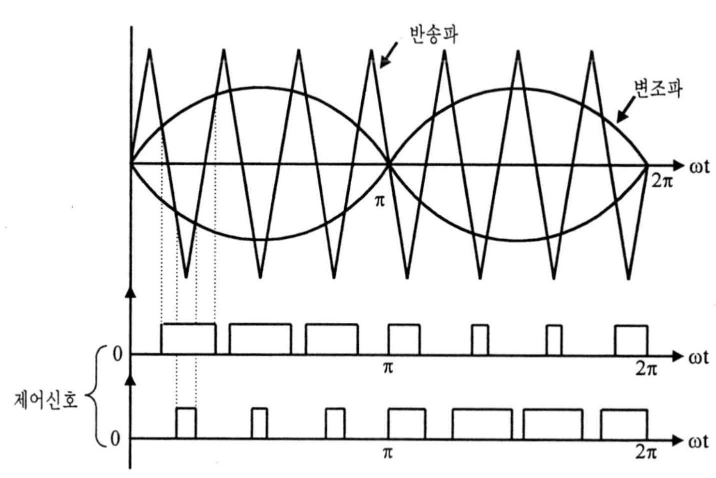

그림 9.3 PWM 신호의 예

여기서 V_M 및 F_M은 제어신호의 변조파의 진폭 및 주파수이고 V_C 및 F_C는 제어신호의 반송파의 진폭 및 주파수이다. PWM 인버터의 제어에서 변조지수를 바꾸면 출력전압의 크기를 변화시킬 수 있고 주파수 비를 바꾸면 출력 주파수를 변화시킬 수 있다. 출력전압과 출력 주파수의 변화를 비례적으로 변화시키면 유도 전동기의 토오크를 일정하게 유지하면서 효율적인 유도 전동기 가변속 운전이 가능하게 된다.

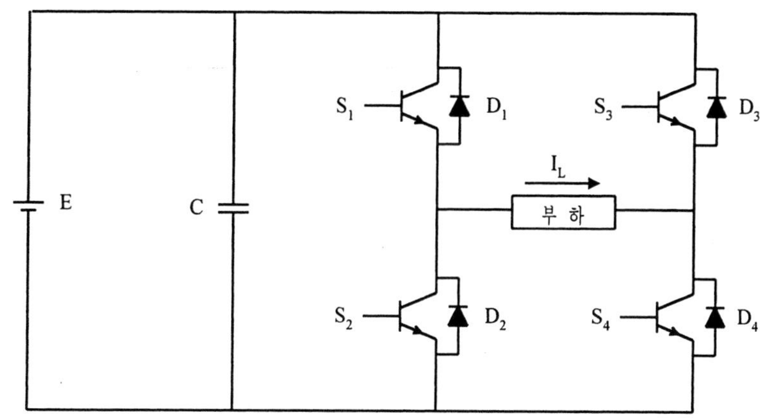

그림 9.4 단상 인버터의 회로

그림 9.4는 단상 PWM인버터의 주회로를 나타낸 것이다. 스위치 S_1, S_4를 동시에 턴 온시키면(이때 스위치 S_2, S_3는 동시에 턴 오프) 부하에는 E의 전압이 걸리고, 스위치 S_2, S_3를 동시에 턴 온시키면(이 때 스위치 S_1, S_4는 동시에 턴 오프) 부하에는 $-E$의 전압이 걸린다. 만약, S_1, S_2, S_3, S_4를 동시에 턴 오프시키면, 부하에는 전압이 걸리지 않는다. 그림 9.5는 삼상 PWM 인버터에서 유도성 부하의 경우 출력전압파형과 전류 파형의 한 형태를 보여주는 것이다.

유도 전동기 가변속 운전시에는 PWM 인버터에서는 변조지수를 출력 주파수에 따라 변화시켜 가변전압, 가변주파수 동작을 쉽게 할 수 있으며 주파수비를 변화시키면서 출력 파형에 포함된 고조파 성분도 줄일 수 있게 된다. 따라서 변조지수와 주파수비를 변화시킴에 따라 여러 가지 펄스 폭 변조 파형을 얻을 수 있고, 특정 고조파를 제거할 수 있는 효과도 얻을 수 있다.

유도 전동기 가변속 운전에 이용하는 경우 주파수가 증가하면 주파수에 비례하는 자화 리액턴스의 증가로 인해 자화 전류는 감소하고 따라서 공극 자속이 감소하게 된다. 이 때 입력 전압과 주파수의 비를 일정하게 변화시키면 공극 자속은 일정하게 유지할 수 있다. 정격 주파수 이하의 범위에서도 일정한 전압 및 주파수의 비에 의해 공극 자속은 일정하게 되며 정 토오크 운전이 가능하게 된다.

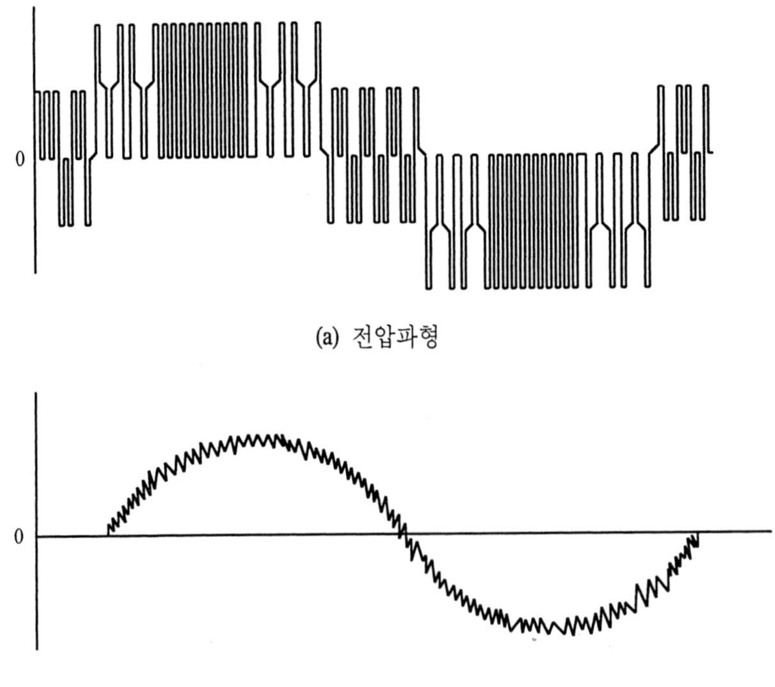

그림 9.5 PWM 출력 파형의 예

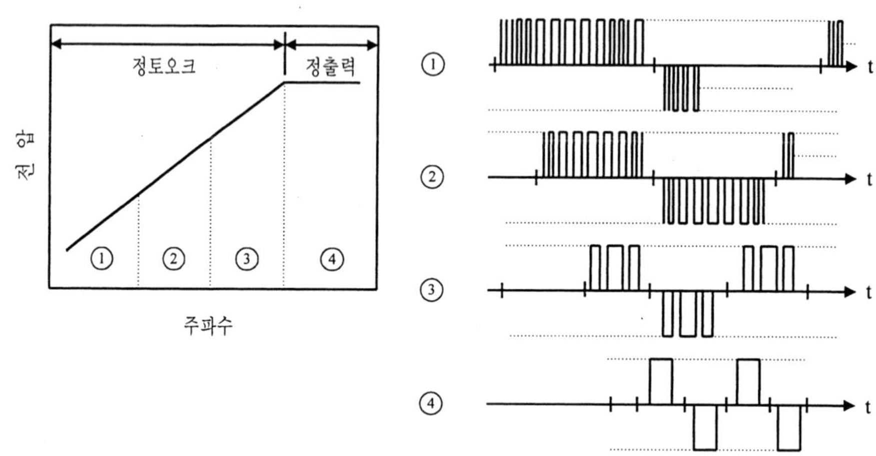

그림 9.6 펄스 폭 변조 패턴의 변화 형태

정 토오크 영역에서도 낮은 주파수 운전시에는 그림 9.6과 같이 주기당 펄스 수를 많이 출력되도록 변조시키고, 높은 주파수 운전시에는 주기당 펄스 수를 적게 출력되도록 하면, 기본파 출력의 크기를 높이면서 고조파를 효과적으로 억제시켜 효율적인 운전이 가능하게 된다. 이때 주파수비가 변하게 되는 경계에서는 전압이 갑자기 변하지 않도록 하여야 하고 그 경계에서 과도상태가 반복되지 않도록 하여야 한다. 그림

9.6은 유도 전동기의 일정 V/F제어의 경우에 주파수 가변시에 펄스 폭 변조 패턴을 보여 주는 것이다.
이와 같이 펄스 폭 변조 형태를 바꾸게 되면 전동기의 가변속 운전시에 고조파 전류율을 낮출 수 있어 효율좋은 운전이 가능하게 된다. 또한 무정전 전원 공급 시스템에 이용하는 경우에도 출력전압의 파형 왜형율을 크게 낮출 수 있어 고신뢰성 운전이 가능하게 된다.

9.4 전동기 제어 응용

9.4.1 인버터 제어의 효과

인버터는 산업분야에서 광범위하게 이용되고 있는데, 각종 산업용 교류 전동기의 가변속 구동, 유도 가열, 예비 전원, 무정전 전원 장치, 전철용 전동기 구동, 로봇, 전기 자동차, 자기 부상열차, 항공기 및 우주선용 전원 등 무수히 이용되고 있으며, 응용범위도 급속하게 확장되고 있다. 인버터용 입력전원도 축전지, 연료전지, 태양전지 등 새로운 전원이 고려되고 있다.

인버터는 단상과 삼상으로 나눌 수 있는데, 스위칭 소자는 바이폴라 트랜지스터, MOSFET, IGBT, GTO, SIT, 사이리스터 등 응용분야에 알맞게 선택할 수 있다. 오늘날 일반적인 인버터들은 PWM 인버터들을 많이 사용하고 있으며, 입력전압을 일정하게 유지할 수 있는 전압원 인버터, 입력전류를 일정하게 유지할 수 있는 전류원 인버터, 입력전압을 제어할 수 있는 가변 직류 링크 인버터들도 있다.

인버터는 교류를 직류로 바꾼 다음 다시 이 직류를 교류로 바꾸는 전력변환장치이다. 일반적으로 PWM(Pulse Width Modulation)제어 방식이 널리 이용되고 있으며, 용량이 적은 경우 전력용 반도체 소자는 전력용 트랜지스터를 많이 사용하고 있다. PWM 제어는 인버터의 출력 교류 전압파형이 거의 정현파가 되도록 제어하여 출력파형에 고조파를 줄일 수 있는 장점이 있다. 그림 9.7은 일반적인 삼상 인버터의 주회로도를 나타낸 것이다.

인버터를 이용하여 전동기에 입력되는 전원 전압의 크기와 전원 주파수의 크기를 부하의 상태에 따라 변화시켜 전동기를 가변속 운전하면, 운전 능률을 향상시키면서 에너지 절약도 동시에 가능하게 된다. 이것은 유도 전동기의 입력 주파수를 변화시켜 전동기의 속도를 제어하는 것이다.

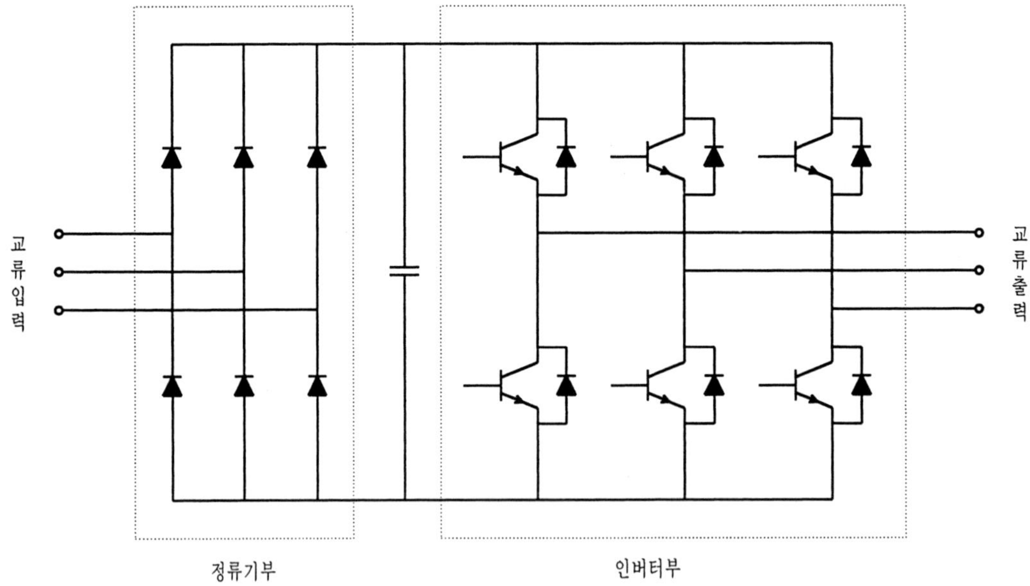

그림 9.7 삼상 인버터의 회로

유도 전동기의 회전수 N는

$$N = \frac{120f}{p}(1 - S) \tag{9.13}$$

의 관계에 있다. 여기서, f는 공급전원의 주파수, p는 전동기의 극수이고, S는 전동기의 슬립이다.

전동기의 극수를 변화시키려면 고정자 권선의 접속방법을 바꾸어야 한다. 이 방법은 제어가 간단한 장점은 있으나, 불연속적인 2~3단계의 속도 변화만을 얻을 수 있는 단점이 있다. 슬립을 변화시키는 방법은 1차 전압제어, 2차 여자제어, 2차 저항제어가 있는데, 1차 전압제어의 경우 장치 취급이 용이하나, 저속시 효율이 나쁜 단점이 있다. 2차 저항제어도 단계적인 속도제어만 가능하고 슬립링 등 부속장치의 보수가 필요하다. 주파수를 변화시키는 방안이 가장 경제성이 높고 운전 효율도 높아 이용이 계속 증가되고 있다. 인버터를 이용하여 전원 주파수와 전원 전압의 비율을 일정하게 유지하면서 전동기의 속도제어를 행하게 되면 토오크를 일정하게 유지하면서 다양한 제어가 가능하게 된다.

인버터를 설치하여 유도 전동기의 회전수를 제어하는 이점은 다음과 같다.

(1) 이미 설치되어 있는 전동기를 간단히 제어할 수 있다. 기존 전동기 동력배선에 인버터를 추가하면 되므로 배선공사도 간단하고, 설비 추가 설치에 따른 기초변경과

같은 공정이 필요없다.

(2) 인버터 제어범위에 따라 효율 좋은 무단 가변속 운전이 가능하다. 전동기에 공급하는 주파수를 변화시켜 가변속 운전하므로써, 1 : 10이상의 넓은 범위로 연속적으로 회전수를 변화시킬 수 있다. 주파수를 변화시켜 전동기의 회전수를 제어하는 방식은 전동기의 슬립이 적은 범위에서 운전하기 때문에 효율이 좋다.

(3) 전원 역률이 양호하므로 전동기 기동시 전원용량이 작아도 된다. 인버터는 교류-직류-교류로 변환하기 때문에 전원 역률은 전동기 역률에 관계가 없고 대체로 일정하다. 일반적인 인버터는 3상 전파 정류기가 사용되며, 입력 역률은 약 94% 정도로 되며 콘덴서 입력 때문에 역률은 약간 저하한다. 인버터 없이 상용 교류전원으로 운전하는 경우 전동기의 기동시 전류는 정격전류의 5배에서 6배 정도가 흐른다. 인버터에 의한 기동은 주파수를 수 Hz로 낮추어 기동하기 때문에 인버터의 입력 전원용량은 작아도 된다. 일반적으로 입력 전원용량은 전동기의 출력용량의 1.5배 이하가 좋다.

(4) 전자적으로 정역 절환 운전이 가능하다. 상용 교류전원으로 전동기를 운전하는 경우 정역 절환 운전을 하려면 전자 개폐기에 의하여 전원의 상회전을 바꾸어야 한다. 이 경우 정역 회전시에는 기동전류 이상의 부하전류가 흐르게 되는 부담이 있다. 그러나 인버터의 경우 인버터의 제어로 정역 운전을 할 수 있고, 주파수를 낮추어 상회전이 절환되기 때문에 부하에 흐르는 전류는 전자 개폐기에 의한 경우보다 상당히 낮아진다. 전자적으로 상회전이 절환된 후 주파수를 제어하여 설정 회전수로 제어할 수 있다. 전동기를 감속하는 경우 주파수를 낮추어 회생제동도 가능하게 된다.

(5) 높은 빈도의 운전 및 정지가 가능하다. 상용 교류전원에 의하여 전동기를 운전하는 경우 기동시에 커다란 전류가 흘러 기동시간에 비례한 손실이 발생하기 때문에 일반 농형 유도 전동기를 높은 빈도로 운전 및 정지를 할 수 없다. 그러나 인버터로 저주파수 영역에서 기동하고, 원활하게 가속 및 감속을 할 수 있어, 높은 빈도의 운전 및 정지가 가능하다. 이 때 저주파수 영역에서 장시간 운전하는 것은 전동기의 과열, 효율저하 등의 우려가 있으므로 피하여야 한다.

(6) 전기적으로 제동할 수 있다. 전동기의 주파수보다 인버터의 주파수가 낮으면 전동기의 기계적 운동 에너지는 전기 에너지로 변환되며 인버터측으로 변환된다. 이에너지는 직류진원의 평활 콘덴서로 흡수되면 직류전압이 상승하기 때문에, 이 전압상승을 검출하여 직류전원부에 설치된 저항에서 소비시킨다. 이 저항은 직렬로 스위치를 설치하여 인버터로 회생에너지가 있을 경우 동작하도록 한다. 이 회생전력은 교류전원측으로 반환되도록 하여 전기 에너지를 절약할 수 있는 장점이 있다.

(7) 고속운전이 가능하다. 상용 교류전원으로 농형 유도 전동기를 운전하는 경우, 회전수는 2극 전동기를 사용하면 3,000rpm(50Hz)에서 3,600rpm(60Hz)이 되고 이 이상의 고속운전은 기계적인 증속설비가 있어야 한다. 인버터는 전력용 반도체 소자의 스위칭 속도와 제어회로에 의하여 저주파수에서 고주파수로 연속 제어할 수 있어, 회전수 제어범위가 매우 넓어진다. 일반적으로 저속인 수백 Hz영역에서는 PWM 방식으로 고속영역인 정격 회전수 이상에서는 PAM(Pulse Amplitude Modulation) 방식으로 제어하고 있다. 인버터를 시설하는 것이 기계적인 증속설비를 설치하는 것에 비하여 구조도 간단하고, 보수도 용이하며 효율도 우수하다.

(8) 나쁜 환경에도 사용할 수 있다. 전동기와 인버터의 조합의 경우에는 전동기와 인버터를 분리하여 설치할 수 있기 때문에, 환경이 나쁜 장소에 설치된 전동기도 회전수 제어를 원하는 대로 수행할 수 있다. 방폭이나 방식이 요구되는 환경에서도 전동기만 전용 전동기로 하고, 인버터는 전기실에 시설하여 운전할 수 있다.

(9) 여러 대의 전동기를 일괄하여 회전수를 제어할 수 있다. 여러 대의 전동기도 한 대의 인버터로 회전수 제어를 실시할 수 있다. 이 때 인버터는 전압원 인버터를 채택하여야 하며, 전동기들의 회전수는 동일하게 제어하게 된다.

(10) 정토오크, 정출력 특성을 얻을 수 있다. 인버터에 의하여 출력 주파수를 출력전압에 따라 비례적으로 변화시키면 토오크는 일정하게 정토오크 특성이 되고, 주파수가 변화해도 전압을 일정하게 변화시키면 정출력 특성을 얻을 수 있다.

인버터는 주회로 구성에 따라 전압형과 전류형으로 나누어진다. 전류형은 빈번한 가감속 운전, 4상한 다이나믹한 운전에 적당하고, 직류기와 같은 성능으로 유도 전동기를 운전할 수 있다. 직열 리액터와 전류 콘덴서의 용량은 적용 전동기의 용량에 따라 조정하면 안정한 운전이 가능하기 때문에 전동기와 1대1로 운전하여야 하며, 전압원 인버터는 여러 대의 전동기와 결합시켜 운전할 수 있는 특징이 있다. 전압원 인버터가 일반적인 범용 인버터로 사용되고 있다. 전류원 인버터와 전압원 인버터의 성능을 비교하면 표 9.1과 같다.

인버터의 출력전압파형의 제어방식에 따라 PAM 방식과 PWM 방식이 있는데, PAM 방식은 순변환 위상제어 및 쵸퍼로 전압의 크기를 제어하고, PWM 방식은 인버터 내부에서 펄스 폭에 의하여 전압의 크기를 제어한다.

표 9.1 전압원 인버터와 전류원 인버터의 비교

전압원 인버터	전류원 인버터
1) 출력 임피이던스가 적다. 응답성이 좋다	1) 출력 임피이던스가 크다. 응답성이 나쁘다.
2) 4상한 운전이 불가능. 입력역률이 높음.	2) 4상한 운전이 가능. 입력역률이 나쁨.
3) 과부하 내량이 작음. 단락보호 곤란	3) 과부하 내량이 큼.단락보호 간단.
4) 토크 리플이 작음. 최고 주파수 높음.	4) 토크 리플이 큼. 최고 주파수 낮음.
5) 소형 경량. 취급이 간단.	5) 대형 중량.전동기 정수에 따라 조정.
6) 전동기 병렬운전 가능.	6) 전동기와 1대1 대응.
7) 다중화가 불가능.	7) 다중화 가능.
8) 소음이 크다.	8) 소음이 작다.
9) 무부하 운전이 가능.	9) 무부하 운전이 불가능.
10) 전압, 속도검출이 불필요함.	10) 전압, 속도검출이 필요함.
11) 주회로 스위칭 소자의 내압이 낮다.	11) 주회로 스위칭 소자의 내압이 높다.
12) 대용량화 불가능.	12) 대용량화 가능.

9.4.2 인버터 제어시 검토사항

일반적으로 인버터의 응용시에는 다음의 순서로 검토한다.

(1) 인버터의 가변속 제어용 부하인 전동기의 출력을 결정한다.

전동기의 출력 P_M[kW]은

$$P_M = \frac{NT}{973} \tag{9.14}$$

로 구한다. 여기서 N은 전동기의 회전수[rpm], T는 전동기의 토오크 [kg·m]이다.

(2) 인버터의 정격용량을 결정한다.

인버터의 용량 P_I[kVA]는

$$P_I = \frac{P}{\eta \cdot \cos\theta} \tag{9.15}$$

로 구한다.

예를들어 역률 $\cos\varphi=0.8$, 효율 $\eta=0.85$, 전동기의 출력 3.75[kW]인 경우 인버터의 용량은 약 5.5[kVA]가 된다. 일반적으로 인버터 용량은 여유율 1.1~1.2정도로 산정한다. 이 경우 인버터 용량은 약 6.6[kVA]가 된다. 인버터의 입력전류 I는

$$I=\frac{k\times P_I}{\sqrt{3}\,V} \tag{9.16}$$

로 구한다. 여기서 k는 전압형 PWM 인버터는 1.5정도, 전압형 PAM 인버터는 3정도, 전류형 인버터는 1.2정도로 선정하고 있다.

(3) 정격전류 및 과부하내량을 결정한다.

정격전류는 인버터가 연속적으로 출력가능한 출력전류값으로서 적용 전동기의 정격 전류값과 대체로 같고, 인버터내에 채택한 전력용 반도체 소자의 정격용량에 따라 제한을 받는다. 과부하 내량은 인버터측에서 출력가능한 출력전류값의 정격 전류값에 대한 비로써 150% 1분간으로 정하고 있으며 전력용 반도체 소자의 열적 제약에 따라 제한을 받는다.

(4) 과부하 보호기능을 검토한다.

전동기의 과부하 보호는 일반적으로 동작 시간에 상반하는 반한시 특성이 된다. 인버터 전용 전동기는 별도의 전원으로 냉각팬을 정속으로 구동하기 때문에 전동기의 온도상승에 주의할 필요가 없으나 기설 범용 전동기를 광범위하게 가변속하는 경우 부하의 특성을 충분히 파악하고 검토하여야 한다. 공기 조화용 팬이나 펌프용 전동기에 인버터를 이용한 가변속 운전은 부하가 2승 토오크 특성이므로 저속 운전의 경우에는 경부하가 되기 때문에 일반용 전동기로 사용가능하다. 그러나 공작기계, 크레인과 같은 정토오크 부하에는 일반 범용 전동기를 그대로 적용하는 것은 불가능하다.

(5) 입력전원을 검토한다.

전원의 전압, 주파수 허용범위를 파악하여야 한다.

(6) 출력전압, 출력주파수를 결정한다.

출력전압, 최고 출력주파수에서 최대 출력전압을 나타내고, 이 전압값은 출력전압의 기본파 실효값을 나타낸다. 일반용 전동기를 인버터를 이용하여 회전수 제어하는 경우 일반적인 제어범위는 표 9.2와 같다.

표 9.2 일반용 전동기의 주파수 제어범위

구 분	2 극	4 극	6 극
0.2~7.5kW	60Hz	120Hz	120Hz
11~55kW	60Hz	70Hz	100Hz
75~200kW	60Hz	60Hz	70Hz

(7) 전압 및 주파수 변화 관계를 검토한다.

출력전압(V)과 출력주파수(F)의 비인 V/F 패턴은 부하와 전동기의 효율에 관계된다.

(8) 인버터의 부대기능을 검토한다.

부대장비중 회생 방전유니트는 전동기측에서 회생전력을 외부저항을 통하여 소비시켜 제동 브레이크 작용을 하게 된다. DC 브레이크는 회생제동으로 속도를 하한값까지 낮추어 정지 브레이크로 작용하도록 한다.

(9) 유도전동기에 인버터 응용시에는 가속시간, 감속시간을 검토한다.

가속시간 t_α(초)는

$$t_\alpha = \frac{\Delta N \cdot GD^2}{375(\alpha T_M - T_{Lmax})} \tag{9.17}$$

감속시간 t_β(초)는

$$t_\beta = \frac{\Delta N \cdot GD^2}{375(\beta T_M + T_{Lmin})} \tag{9.18}$$

로 정의한다. 여기서 ΔN은 속도(rpm)변화범위이고, T_M은 정격 토오크(kg·m)이고, T_{Lmax}, T_{Lmin}은 속도제어 범위내에서의 최대 및 최소부하 토오크(kg · m), GD^2은 관성모멘트[kg · m^2], α는 평균 가속 토오크율을 나타내며 약 1.1정도(v/f일정제어)이다. β는 평균 감속 토오크율 나타내며 브레이크 유니트가 없는 경우 약 0.2정도(v/f 일정제어)이다.

인버터의 입력전압은 ±10(%), 입력주파수는 ±5(%)로 유지하도록 하고 있다. 전동기의 전류가 변화하는 경우 인버터와 전동기간의 전압변화는 2%정도로 고려하고 있다. 과부하 내량은 전동기의 기동 및 가속시에 문제가 된다. 기동 토오크와 가속 토오크는 그 내량에 의하여 제한을 받기 때문에 부하전류가 과부하 내량을 초과하면 과

전류 차단보호장치가 동작하여 인버터를 정지시킨다.

전동기를 저속 운전영역에서 계속 운전하면 전동기의 냉각효과가 감소하므로 온도가 상승하며 출력파형에 고조파를 함유하고 있기 때문에 고조파에 대비하여 인버터 제어범위를 조정하여야 한다.

인버터 응용시에 일반적인 검토항목을 요약하면 표 9.3과 같다.

표 9.3 인버터 응용시 검토항목

<table>
<tr><th>구 분</th><th>항 목</th><th>속 도
토오크
특 성</th><th>시 간
정 격</th><th>과부하
내 량</th><th>기 동
토오크</th></tr>
<tr><td rowspan="3">부하특성</td><td>부하의 종류</td><td>○</td><td></td><td></td><td>○</td></tr>
<tr><td>속도 토오크 특성</td><td>○</td><td></td><td>○</td><td></td></tr>
<tr><td>부하의 성질</td><td>○</td><td>○</td><td>○</td><td>○</td></tr>
<tr><td rowspan="2">운전상태</td><td>연속운전</td><td rowspan="2"></td><td rowspan="2">○</td><td rowspan="2">○</td><td rowspan="2"></td></tr>
<tr><td>간헐운전</td></tr>
<tr><td rowspan="2">정격출력</td><td>최대출력</td><td rowspan="2">○</td><td rowspan="2"></td><td rowspan="2">○</td><td rowspan="2"></td></tr>
<tr><td>정격출력</td></tr>
<tr><td rowspan="2">운 전
회 전 수</td><td>최대 회전수</td><td rowspan="2">○</td><td rowspan="2"></td><td rowspan="2"></td><td rowspan="2"></td></tr>
<tr><td>정격 회전수</td></tr>
<tr><td rowspan="3">전 원</td><td>변압기 용량, %임피이던스</td><td rowspan="3"></td><td rowspan="3"></td><td rowspan="3">○</td><td rowspan="3">○</td></tr>
<tr><td>전압변동 범위</td></tr>
<tr><td>상수, 주파수</td></tr>
<tr><td rowspan="2">부하용량
변 화</td><td>기계 계통의 마모,
배관 계통의 손실</td><td></td><td></td><td>○</td><td></td></tr>
<tr><td>듀티 사이클 변경</td><td></td><td>○</td><td></td><td></td></tr>
</table>

9.4.3 인버터 용량부족시 문제

인버터의 출력용량 결정을 위해서는 연속 정격 출력용량, 최대 적용 전동기 용량, 단시간 과부하 내량을 검토하여야 한다. 일반용 인버터의 출력용량은 주위온도 40~45℃로 100% 연속 출력용량을 kVA단위로 표시하고 있다. 인버터의 용량부족으로 발생할 문제점은 다음과 같다.

(1) 연속운전 출력 부족

① 부하용량 증대 : 인버터 과부하, 과부하 보호 릴레이 동작.

② 최대 적용 전동기를 초과하여 적용 : 전류 리플 증대, 순시 과전류, 과전류 보호 릴레이 동작.

(2) 기동 토오크 부족

① 부하 토오크 과대, GD^2의 과대 : 전동기 탈조, 인버터 과부하, 과부하 보호 릴레이 동작.

② 가속시간이 너무 적음 : 순시 과전류, 과전류 보호 릴레이 동작.

(3) 운전패턴 변경시 일반적인 출력부족

전동기 탈조, 인버터 과부하, 과부하 보호 릴레이 동작, 순시 과전류, 과전류 보호 릴레이 동작.

(4) 시설조건 변화에 따른 용량부족

① 전원전압저하 : 전동기 탈조, 인버터 과부하, 보호 릴레이 동작.

② 선로전압강하에 의한 전동기 단자전압저하 : 전동기 탈조, 인버터 과부하, 보호 릴레이 동작.

③ 주위 온도 과대 : 과열 보호 릴레이 동작.

④ 입력전압 불평형 : 전원측 MCB트립, AC퓨우즈 용단, 주회로 다이오드 과열.

⑤ 단상 입력 : 주회로 다이오드 과열, 주회로 콘덴서 과열.

9.4.4 연속운전시 용량 검토

(1) 부하의 요구출력 허용범위내에 인버터 용량이 있는지 확인한다. 일반적으로 다음 조건을 만족하여야 한다.

$$\frac{K \times P_M}{\eta \times \cos\varphi} \le P_I \tag{9.19}$$

여기서 K는 전류 파형율에 의한 보정계수로 PWM 방식에서는 1.05~1.1을 선택하고, P_M을 전동기 출력[kW], P_I는 인버터의 용량[kVA], η는 전동기 효율(약 0.85정도), $\cos\varphi$는 전동기 역률(보통 0.75)이다.

(2) 전동기 용량은 인버터 정격내에 있어야 하고 다음 조건을 만족하여야 한다.

$$\sqrt{3} K V_M I_M \times 10^{-3} \le P_I \tag{9.20}$$

여기서 V_M은 전동기 전압(V), I_M은 전동기 전류[A]이다.

(3) 전류값은 인버터 정격내에 있어야 한다.

$$KI_M \leq I_I \tag{9.21}$$

여기서 I_I는 인버터의 정격전류이다.

여러 대의 전동기들을 그룹으로 운전하는 경우 용량 점검방법은 다음과 같다.

이 경우 과부하 내량은 150%, 1분의 경우이다. P_M은 부하가 요구하는 전동기 축출력(kW), n_T는 병렬운전 전동기 대수, η는 전동기 효율(보통 0.85), $\cos\varphi$는 전동기 역률(보통0.75), n_s는 동시 기동대수, P_{C1}은 연속용량[kVA], K_S는 전동기 기동전류/전동기 정격전류, I_M은 전동기의 정격전류, K는 보정계수(PWM방식은 1.05~1.1), P_2는 인버터 용량[kVA]이다.

기동시 용량은 인버터 정격내에 있어야 한다.

전동기 가속시간이 1분이내인 경우

$$\frac{KP_M}{\eta \times \cos\varphi}[n_T + n_S(K_S - 1)]$$

$$= P_{C1}[1 + \frac{n_S}{n_T}(K_S - 1)] \leq 1.5P_I \tag{9.22}$$

전동기의 가속시간이 1분이상인 경우

$$\frac{KP_M}{\eta \times \cos\varphi}[n_T + n_S(K_S - 1)]$$

$$= P_{C1}[1 + \frac{n_S}{n_T}(K_S - 1)] \leq P_I \tag{9.23}$$

전류값은 인버터 정격내에 있어야 한다.

전동기 가속시간이 1분이내인 경우

$$n_T I_M[1 + \frac{n_S}{n_t}(K_S - 1)] \leq 1.5I_I \tag{9.24}$$

전동기 가속시간이 1분이상인 경우

$$n_T I_M\left[1+\frac{n_S}{n_t}(K_S-1)\right]\le I_I \tag{9.25}$$

기동시 필요한 인버터 용량은 다음 조건내에 있어야 한다.

여기서 GD^2은 전동기 축 환산전 GD^2, T_L은 부하 토오크, t_a는 전동기의 가속시간이라 하자.

$$\frac{KN}{973\,\eta\cos\varphi}\left(T_L+\frac{GD^2N}{375t_a}\right)\le P_I \tag{9.26}$$

9.4.5 입력전원측 검토

인버터를 설치할 경우에 상용 교류전원에 결합하기 위한 전원 변압기를 필요로 한다. 전원 변압기를 선정하려면 인버터의 소요 용량, 인버터 투입시의 돌입전류 및 여기에 수반된 전압강하가 고려되어야 한다.

인버터의 입력용량을 P_I[kVA], 출력용량을 P_0[kVA]라 하면

$$P_I=\frac{P_0\times PF_0}{\eta\times PF_1} \tag{9.27}$$

로 된다. η는 인버터 효율, PF_1은 인버터 입력역률, PF_0 는 인버터 출력역률이다. 인버터 출력용량 P_0는 전동기 용량과 효율과의 관계에

$$P_0=\frac{P_M}{\eta_M\times PF_M} \tag{9.28}$$

로 된다. η_M은 전동기 효율, PF_M은 전동기 역률, P_M은 전동기 용량[kW]이다. 일반적으로 PF_0 $(=PF_M)$은 0.8(전부하시)~0.2(무부하시)이고 PF_1은 0.8~0.95, η는 0.95를 적용하고 있다.

인버터 투입시에는 인버터 내부의 직류측 콘덴서를 통하여 돌입전류가 흐른다. 이 값은 정격전류의 2~3배가 된다. E를 정격전압, 전원 변압기의 임피이던스를 % X_T, 인비터까지의 선로 임피이던스를 % X_C 및 % R_C라 하고, 인버터 투입시 과도 임피이던스를 % r_1이라 하면 돌입전류 I_S는 다음과 같다.

$$I_S = \frac{\frac{100P_I}{\sqrt{3}E}}{\sqrt{(\%X_T + \%X_C)^2 + (\%R_C + \%r_1)^2}} \tag{9.29}$$

인버터 투입시 돌입전류에 의하여 전원모선의 전압강하는 인버터 용량에 대한 전원 변압기 용량의 분담에 영향을 준다. 변압기 용량 P_T, 인버터 정격 입력용량 P_1, 인버터 투입시의 돌입 전류배수를 n이라 하면, 전압강하 E_T(%)는 다음과 같다.

$$E_T = \%X_T \frac{n \cdot P_I}{P_T} \tag{9.30}$$

인버터의 운전중에 어떤 원인에 의하여 고장이 발생된 경우, 이 고장의 확대를 방지하고 고장난 인버터를 순시에 전원에서 분리시켜야 한다. 인버터용 입력측 차단기는 전원측 차단기와 충분히 보호협조가 이루어져야 한다.

9.5 전동기 제어 시스템의 관리

9.5.1 효율적인 운전 요점

인버터의 출력용량은 연속 정격 출력용량, 최대 적용 전동기, 단시간 과부하 내량을 검토하여야 한다. 통상 일반용 인버터의 출력용량은 주위온도 40~45℃로 100% 연속 출력용량을 [kVA] 단위로 표시하고 있다. 인버터 운전시 여러 가지 이상현상을 요약하면 표 9.4와 같다.

인버터의 입력전압은 ±10%, 입력주파수는 ±5%가 일반적이다. 과부하 내량은 전동기의 기동 및 가속시 문제가 된다. 기동 토오크와 가속 토오크는 그 내량에 의하여 제한을 받기 때문에 부하전류가 과부하 내량을 초과하면 과전류 차단 보호장치를 구동하여 인버터를 정지시킨다. 전동기를 저속 영역에서 계속 운전하면 전동기의 냉각효과가 감소하므로 온도가 상승한다. 인버터의 출력에는 고조파를 함유하고 있기 때문에 고조파 손실에 대비하여 인버터의 제어범위를 조정하여야 한다. 과부하에 대한 대책은 인버터측과 전동기측으로 나누어 검토할 필요가 있다.

표 9.4 전동기측 이상현상과 인버터측 대응

전동기측 이상 현상		인버터측 대응
연속운전출력부족	부하용량 과대	인버터 과부하, 과부하 보호 릴레이 동작
	최대 적용 전동기를 초과하여 적용	전류 리플 과대, 순시 과전류, 과전류 계전기 동작
기동 토오크 부족	부하 토오크 과대, 가속시간이 너무 작음. GD^2과대.	전동기 탈조, 인버터 과부하, 과부하 보호 릴레이 동작, 순시 과전류, 과전류 보호 릴레이 동작
운전 패턴 변경시에 일시적인 출력 부족		전동기 탈조, 인버터 과부하, 과부하 보호 릴레이 동작, 순시 과전류, 과전류 계전기 동작
전원 전압저하, 선로 전압강하에 의한 단자 전압저하		전동기 탈조, 인버터 과부하, 보호 릴레이 동작
주위 온도 과대		과열 보호 릴레이 동작
입력전압 불평형		전원측 MCB 트립, AC 퓨우즈 용단, 주회로 다이오드 과열
단상 입력		주회로 다이오드 과열, 주회로 콘덴서 과열

표 9.5는 과부하 대책을 요약한 것이다. 이미 시설되어 있는 전동기에 인버터를 결합시키는 경우 전동기측에서 검토해야 할 항목은 표 9.6과 같다. 농형 유도전동기를 인버터로 가변속하는 경우 부하특성, 인버터의 성능을 잘 고려하여 전동기를 선정할 필요가 있다. 팬, 블로워, 펌프, 콤프레서와 같은 체감 토오크 부하는 기계에서 요구하는 기동특성과 인버터의 성능이 적합하여야 하고, GD^2이 큰 경우 축수의 공진을 검토해야 한다. 권상기, 컨베어와 같은 정토오크 부하는 저주파수에서의 기동 토오크, 최대 토오크와 저주파수에서의 전압강하 및 인버터의 V/f 특성을 검토해야 한다. 권취기, 스핀들, 절삭기와 같은 정출력 부하는 고주파수에서의 진동, 소음, 축수 윤활 및 축의 위험속도를 검토해야 한다.

산업분야에서 전동기를 주축으로한 동력설비는 각종 산업기능의 원동력이 되면서 에너지도 가장 많이 소비하는 중요한 부분이 되고 있다. 동력설비의 규모가 증대됨에 따라 전동기, 인버터, 감시 제어장치가 서로 결합하여 시스템화되고 있는 추세이다. 인버터는 전동력설비의 효율적 운영을 가능하게 하여 경제성을 높혀줄 뿐만 아니라 막대한 에너지 절약을 유도할 수 있다. 인버터를 효율적으로 운영하려면 전기설비의 계획 및 설계 단계에서의 적절한 검토와 부하특성에 알맞는 시스템이 선정되어야 한다.

인버터를 보다 효과적으로 운영하기 위해서는 고조파를 최소화되도록 관리하는 것이 매우 중요한 과제이다. 전동기 가변속 구동시에는 인버터를 부설하면 에너지 절약은 물론 효율적 운전이 가능하게 된다. 또한 인버터와 동력설비는 정기적인 점검과 관리를 체계적으로 실시하여야 효율 좋은 운전을 기대할 수 있다.

표 9.5 과부하 대책

상 황	전동기측 대책	인버터측 대책	비 고
배선에서 전압강하가 큼. 입력측에서 출력측으로 교류 리액터가 있는 경우	전동기의 단자전압을 높임.	출력 V/f를 높임. 전원전압을 높임. 케이블 사이즈를 크게 함.	PWM방식에서 100% 주파수에도 수% 전압 상승이 나타나는 경우가 있다. 무부하시 주의
전원용량이 작으면서 전압저하가 큰 경우		전원전압을 높임. 전원용량을 높임.	전원 고조파 고려하여 용량산정
출력저하에 대한 여유가 있는 경우	전동기의 출력을 저하시킴.	정도가 좋은 속도제어기로 변동을 억제함.	
단시간 과부하 보호가 필요한 경우		150%, 60초 과부하 보호를110~120%연속정격으로 변경	인버터 제작사의 성능규격 검토

표 9.6 기존 전동기에 인버터 결합시 검토항목

항 목	저 속 영 역	고 속 영 역
온도상승	· 왜형파에 의한 손실증가 · 통풍량의 저하에 따른 냉각능력저하	· 슬립증가에 따른 동손증가 · 기계손의 증가
절 연	· 서어지 전압에 의한 수명저하	· 좌동
소 음 진 동	· 고조파에 의한 소음, 진동증가 · 맥동토오크와 축계의 고유 진동수의 공진	· 고조파에 의한 전자소음, 진동증가 · 맥동토오크와 축계의 고유 진동수의 공진 · 회전자 잔류, 불평형에 의한 진동증가
축 수		· 허용 회전수 · 회전자 평형
기 타		· 회전자 전선강도

동력설비는 설계시에 부하밀도와 수요율을 합리적으로 고려하여야 하고, 효율적 운전을 위하여 인버터를 이용한 가변속 제어 시스템 구축이 이루어져야 한다. 공기조화 시스템의 경우 인버터를 이용한 가변풍량 제어 공조방식은 에너지 절약은 물론 쾌적한 공기조화를 위한 필수 방식으로 공조 시스템의 운전성능을 크게 향상시키고 있다.

또한 전동기, 인버터, 감시제어장치들이 철저한 유지관리가 이루어져야 할 것이다. 앞으로 인버터의 요소설비들의 자동진단, 시스템의 수명평가, 컴퓨터를 이용한 효율적 관리 등 다양한 유지관리기법을 검토하고 적용할 필요가 있다.

9.5.2 공조기 인버터 제어

공기조화 시스템에서 풍량조절은 주로 댐퍼나 베인으로 행해져 왔으나 인버터를 이용하여 직접 가변속 운전하게 되면 공기조화의 질적 향상과 더불어 에너지 절약을 직접 가능하게 한다. 송풍기는 동작원리에 의하면 용적형과 터보형이 있는데 일반적으로는 터보형을 채용하고 있다. 터보형에는 원심식과 축류식으로 나누어진다. 원심식 송풍기는 축방향에서 취입되는 공기를 원심력을 이용하여 반경방향으로 유도시켜 압력을 높이는 방식이다. 와류실이 필요하므로 축류식에 비하여 대형이 된다. 잡음이 낮고 풍량에 대한 효율 변화가 작다. 축류식 송풍기는 일반 선풍기나 환풍기와 같이 날개의 양력을 이용하여 자체의 압력을 높이는 방식이다. 구조적으로 기체의 흐름이 직선적이기 때문에 비교적 간단한 덕트로 공기흡입이 가능하다. 전동기 회전 방향을 역으로 바꾸면 역방향으로 송풍이 가능하다. 원심식에 비하여 소형이고, 잡음이 크며 규정 풍량에서 효율이 저하하는 결점이 있다.

일반적으로 팬의 토오크 특성은 속도가 증가하면 부하 토오크는 2승 비례로 증가하는 2승 토오크 특성을 나타낸다. 기동시의 도오크는 정격 토오크의 약 30%로 된다. 팬의 풍량, 풍압, 축동력을 회전수로 나타내면 다음과 같은 관계에 있다.

$$P = \frac{QH}{6120\,\zeta} \tag{9.31}$$

여기서 ζ=효율이다. 풍량 Q[m^3/min]는 펜의 회전수 N에 비례하고, 풍압 H[mmHg]과 축토오크 T[kg m]는 N^2에 비례한다. 축동력 P[kW]는 N^3에 비례한다.

그림 9.8은 팬의 토오크 특성을 나타낸 것이며 인버터의 가변속 제어에 따라 운전점은 A, B, C로 변화하게 된다.

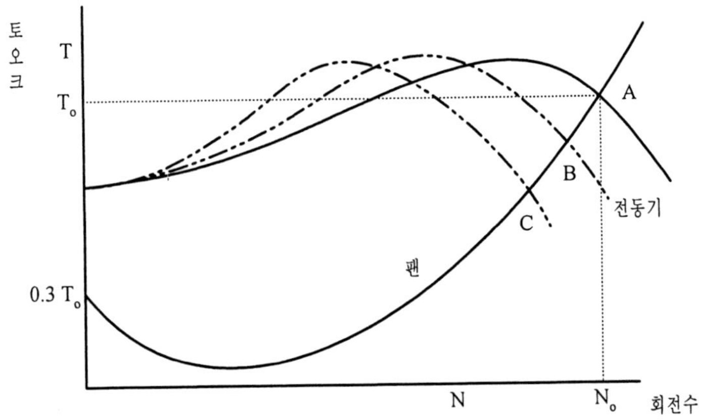

그림 9.8 팬의 토오크 특성

팬의 풍압과 풍량사이의 관계는 그림 9.9와 같이 나타나는데, 여기서 R_1과 R_2는 관로저항을 N_1, N_2, N_3는 회전수를 각각 나타낸다. 회전수 N_1, 관로저항 R_2에서 송풍기를 A_2점에서 운전하면 풍량은 Q_2가 된다. 회전수나 관로저항으로 풍량이 조절된다. 풍량조절은 팬의 회전수를 일정하게 하고 관로저항과 날개의 유입각도를 기계적으로 조절하는 댐퍼 제어나 베인 제어 및 회전수 자체를 조절하는 회전수 제어가 있다.

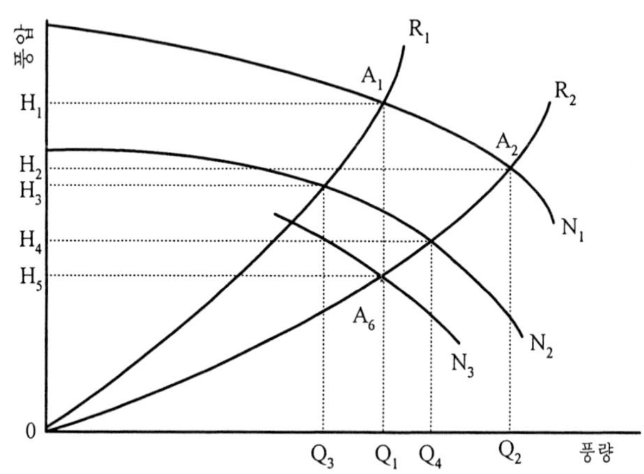

그림 9.9 팬의 풍압-풍량 특성

댐퍼 제어에는 관로저항의 증감에 따라 풍량을 조절하는 방법으로 그림 9.9에서 회전수 N_1에 대한 관로저항 R_2에서 풍량은 Q_2이다. 이 때 댐퍼를 조절하여 관로저항을 R_1으로 하였을 때 풍량은 Q_1이다. 그러나 압력이 H_2에서 H_1으로 상승하므로 풍량이 감소되어도 풍압이 감소되지 않기 때문에 축동력이 감소되지 않는다. 댐퍼를 송풍덕트에 취부하는 위치에 따라 출구 댐퍼, 입구 댐퍼로 나눈다. 날개에 흘러들어오는 공기의 유입각도를 조절하여 풍력을 가변하는 방식이 베인 제어이다. 베인 제어는 조절풍량이 80~100(%)로 비교적 좁은 범위에서 양호한 특성을 나타내며 저풍량 영역에서는 효율이 나쁘다.

댐퍼 제어에서는 Q_2에서 Q_1으로 풍량을 바꾸게 되면 축동량은 $OQ_2A_2H_2$에서 $OQ_1A_1H_1$으로 변화되어 그 면적에 차이가 없어 에너지 절약이 기대되지 못하고 있다. 그러나 관로저항은 R_2로 고정하고 회전수를 N_1에서 N_3으로 바꾸게 되면 유량은 Q_2에서 Q_1으로 바꿀 수 있고 댐퍼 제어에 비하면 소요 축동력은 $OQ_1A_6H_5$ 로 되어 $H_5A_6A_1H_1$의 면적 만큼의 동력 에너지를 절약할 수 있다. 회전수 제어는 광범위로 풍량 제어가 가능하고 응답특성이 우수할 뿐 아니라 정·역 회전까지도 가능하게 할 수 있다. 회전수 제어방식이 공조 계통에서 광범위한 풍량 제어와 동시에 전기에너지를 직접 절약할 수 있는 것으로 평가된다. 따라서 전력수요 제어 장치와 연계시켜 운전하게 되면 최대 전력수요 발생시기인 여름철 냉방 기간중에 공기조화 상태에 악영향을 주지 않으면서 효율적인 전력수요 관리가 가능하게 된다.

연면적 약 100,000m^2인 사무소 건물에 공기조화용 팬 계통에 인버터를 시설하였을 때의 사용 전력량 감소에 따른 전기요금 절감효과를 분석하여 보자. 이 건물에는 공조기용 팬에 59대의 인버터가 시설되어 있고, 총 시설 용량은 1,084[kW]이었다. 인버터 시설에 따른 시설 투자비는 다음과 같다.

- 인버터 구입비 : 2,400,000원 × 59대 = 141,600,000원
- 부대 공사비 : 10,000,000원
- 시설투자비 : 인버터구입비 + 공사비 = 151,600,000원

이 건물의 사용 전력량 측정결과는 표 9.7과 같다.

표 9.7 전력량 측정결과

월	설치전 전력량(kWH)	설치후 전력량(kWH)	절감 전력량(kWH)
3	382,974	231,196	151,778
4	386,850	241,844	145,012
5	384,044	232,900	151,144
6	418,334	282,991	134,343
7	414,405	281,856	132,549
8	386,583	264,908	121,675
9	404,725	269,420	135,305
10	381,369	254,504	126,865
계	3,159,290	2,060,619	1,098,671

8개월 동안의 절감된 사용 전력량은 1,098,671(kWH)인데 이를 전기요금으로 환산하면 다음과 같다.(전기요금은 일반용 값 적용, 1998년 1월 기준)

- 여름철(7월, 8월) : 254,224(kWH) × 92.6원 = 23,541,142원
- 봄, 가을철(4~6월, 9월) : 565,804(kWH) × 61.6원 = 34,853,526원
- 겨울철(10월~익년 3월) : 278,643(kWH) × 65.6원 = 18,278,981원
- 합　　계 : 76,673,649원

이 금액은 월 평균으로 환산하면 76,673,649원 / 8 = 9,584,206원 정도 절감된 것으로 평가되고 있다. 투자비 회수기간(월간)으로 계산하면 다음과 같다.

$$\text{투자비회수기간(월)} : \frac{\text{시설투자비}}{\text{월간절감금액}} = \frac{151,600,000}{9,584,206} \fallingdotseq 16\text{개월}$$

이 건물의 경우 시설투자비는 약 1년 4개월이면 회수되는 것으로 분석되었다. 인버터를 시설하는 경우에는 건물 규모에 따라 다르지만 투자비용이 2년 이내에 회수할 수 있기 때문에 경제성이 높은 것으로 평가된다. 앞으로 전력수요 제어 장치 시설시에는 공조기용 팬에는 인버터를 함께 시설하는 것이 초기 투자비용은 전력수요 제어장치 단독 시설의 경우에 비하여 많이 들지만, 여름철 냉방시기에 공기조화 상태에 영향을 주지 않으면서 효율좋은 운전이 가능하게 된다.

실 습 과 제

9-1 단상 인버터의 동작 특성 실습

9-1-1 목적

전력용 트랜지스터 또는 사이리스터를 사용하여 그림 9.10의 회로를 제작하고, 저항부하 및 인덕터부하를 연결하여 단상 인버터의 동작원리와 운전특성을 이해한다.

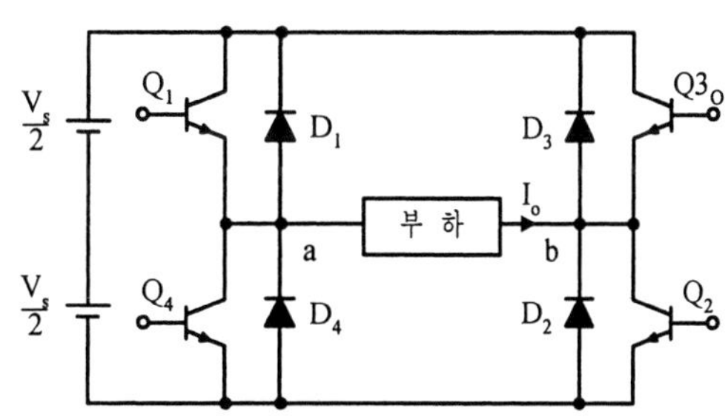

그림 9.10 단상 인버터 회로

9-1-2 방법

(1) 사용기기 및 재료

: 직류전원 또는 단상전원, 오실로스코프, 전력용 트랜지스터 또는 사이리스터, 저항부하, 인덕터부하, 제어용 직류전원장치

(2) 실습내용

① 그림 9.10의 회로를 구성한다.

② 저항부하를 연결하고 스위칭 소자의 제어각을 변화시키면서 각 스위칭 소자의 제어신호 파형을 관찰하고 기록한다.

③ 저항부하를 연결하고 스위칭 소자의 제어각을 변화시키면서 출력전압, 출력전류를 측정하여 파형을 관찰하고 기록한다.

④ 저항부하 및 인덕터부하를 직렬연결하고 스위칭소자의 제어각을 변화시키면서 출력전압, 출력전류의 파형을 관찰하고 기록한다.

⑤ 저항부하 및 인덕터부하를 직렬연결하고 인덕터부하의 크기를 변화시키면서 ④의 내용을 실습한다.

⑥ 단상 인버터의 동작원리 및 실습결과를 기록한다.

연 습 문 제

9.1 인버터에 대하여 설명하시오.

9.2 그림 9.1의 회로에서 Vs=100V, R=10Ω일 때 다음을 구하여라.

(1) 기본 주파수에서의 출력전압의 실효값

(2) 출력전력

(3) 각 스위칭 소자에서의 평균전류 및 최대전류

(4) THD

(5) DF

9.3 그림 9.2의 회로에서 Vs=100V, R=10Ω일 때 다음을 구하여라.

(1) 기본 주파수에서의 출력전압의 실효값

(2) 출력전력

(3) 각 스위칭 소자에서의 평균전류 및 최대전류

(4) THD

(5) DF

9.4 PWM 인버터를 설명하시오.

9.5 다음의 용어를 설명하시오.

(1) 변조지수

(2) 주파수비

9.6 인버터로 유도전동기 제어시 장점을 설명하시오.

9.7 전압형 인버터와 전류형 인버터의 특징을 설명하시오.

9.8 인버터를 이용한 에너지 절약 시스템의 예를 들어 설명하시오.

제 10 장

무정전 전원 시스템

10-1 무정전 전원 시스템의 특징

10-2 무정전 전원 시스템의 구성

10-3 시설 및 계획

10-4 축전지의 시설 요점

10.1 무정전 전원 시스템의 특징

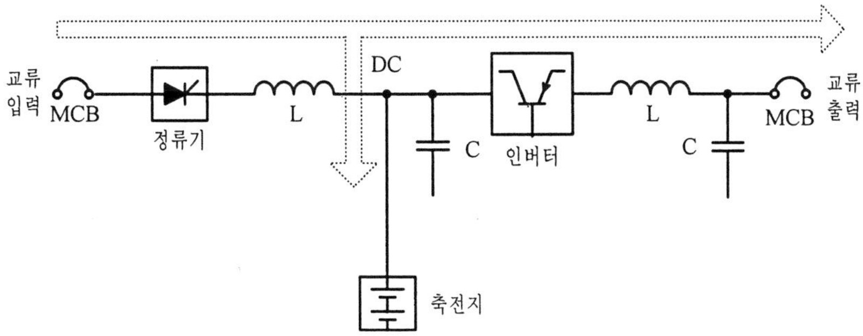

(a) 상용 전원 정상시 동작

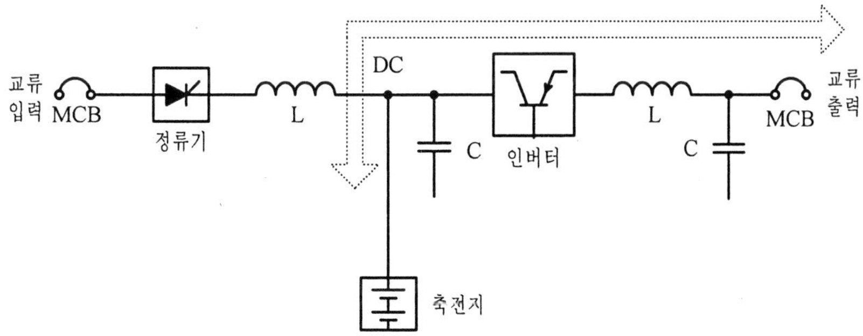

(b) 상용 전원 정전시 동작

그림 10.1 무정전 전원 시스템의 기본 구성

컴퓨터 시스템, 사무 자동화 시스템, 통신 시스템, 전력 감시 제어 시스템, 주요 전기설비 등에는 순시 전압저하, 정전 등에 대비하여 무정전 전원 시스템을 시설하여야 한다. 초기의 무정전 전원 시스템(UPS : Uninterruptible Power Supply System)은 전동기와 발전기의 조합에 의한 회전 기계형이었으나, 전력용 반도체 소자의 출현으로 정지형(靜止形)으로 바뀌게 되었다. 오늘날의 무정전 전원 시스템은 대부분 정지형이 주류를 이루고 있다.

무정전 전원 시스템은 필요한 각 설비별로 시설하고 있으나, 점차 자가 발전장치와 정지형 무정전 전원 시스템을 시스템적으로 조합하여 배전계통을 구성하는 것이 일반화되고 있다. 정지형 무정전 전원 시스템은 다음과 같은 주요 부분으로 나누어지고 있다.

(1) 상용 교류전력을 직류전력으로 바꾸기 위한 정류기.
(2) 상용 교류전력을 축전지에 충전하기 위한 충전기.
(3) 직류전력을 교류전력으로 변환시키는 인버터.
(4) 부하에 대한 전력 공급을 절환할 수 있는 정지형 스위치.

그런데 무정전 전원 시스템의 핵심부분은 직류전력을 교류전력으로 변환시키는 인버터(Inverter)라 할 수 있다. 인버터의 성능과 신뢰도에 따라 무정전 전원 시스템의 성능과 신뢰도가 달라진다고 하여도 과언이 아니다. 그림 10.1은 무정전 전원 시스템의 기본 구성도이다.

10.2 무정전 전원 시스템의 구성

10.2.1 축전지 접속방법에 의한 분류

상용 전원이 정전시 축전지가 필요하며, 이 축전지의 접속방식에 따라 부동 충전방식과 직류 사이리스터 스위치 방식으로 나눌 수 있다. 부동 충전방식은 무정전 전원 시스템을 구성하는 요소부분인 정류기가 인버터에 직류전력을 공급하면서 동시에 축전지의 충전용으로 이용하도록 구성한 것이다.

부동 충전방식은 교류 입력전원측 설비용량이 증가하는 반면 비교적 시스템 구성이 간단한 특징을 갖고 있다. 따라서 구성이 간단한 중소용량의 용도에 적합하다. 그림 10.2는 부동 충전방식의 회로구성을 나타낸 것이다.

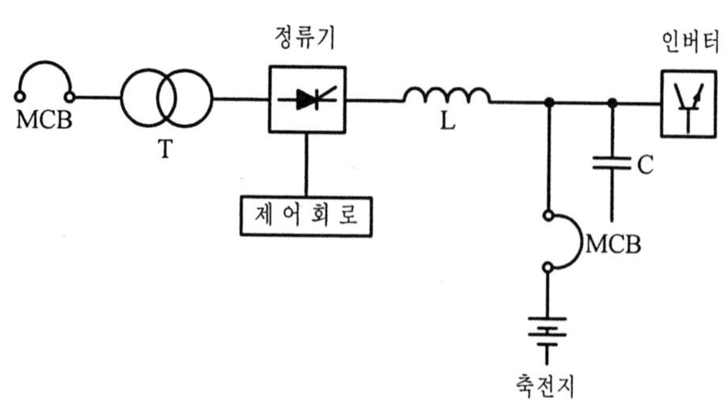

그림 10.2 부동 충전방식

부동 충전방식은 다음의 특징을 갖고 있다.

(1) 축전지가 항상 인버터에 접속되고 있기 때문에 교류입력 정전시 출력 무정전화의 신뢰도가 높다.
(2) 정류기에 의하여 충전이 가능하므로 전용 충전기가 필요하지 않다.
(3) 정류기는 제어소자가 있는 사이리스터와 같은 전력용 반도체 소자가 필요하다.
(4) 부동적이고 균등한 전압제어가 되도록 한다.
(5) 일반적으로 입력 변압기가 필요하다.
(6) 축전지에 대한 부동, 균등한 전압제어를 하여야 하므로 정류기 용량은 교류입력 용량만큼 충분히 커지게 된다.
(7) 통상 운전시 전압제어를 행하게 되므로 늦은 역률이 되어 입력 역률이 나빠진다.
(8) 입력전류에 고조파가 많이 함유하게 된다.

직류 사이리스터 스위치 방식은 정류기는 인버터에 대한 직류전원 공급용으로만 사용되며, 축전지에 대한 충전용으로 전용의 충전기를 두는 방식이다. 정상시에는 정류기에서 인버터에 직류전력을 공급하고, 상용전원이 정전시에는 전용의 충전기에 의하여 충전된 축전지에서 인버터에 직류전력을 공급한다. 상용전원이 정전이 발생하면 정전 검출회로가 동작하여 축전지에 충전된 직류전력이 인버터에 공급된다. 정류기는 전압제어기능을 갖고 있지 않으므로 다이오드에 의하여 구성되고, 용량도 인버터에 대한 직류전원 공급용량이면 충분하다. 직류 사리리스터 스위치 방식은 대용량의 용도에 널리 이용되고 있다. 그림 10.3은 직류 사이리스터 스위치 방식의 회로 구성을 나타낸 것이다.

직류 사이리스터 스위치 방식은 다음과 같은 특징을 갖고 있다.

(1) 정류기 용량은 인버터 용량에만 대응하면 되므로 비교적 경제적이다.
(2) 다이오드 정류방식으로 입력역률이 향상되고, 입력전류에 고조파가 적게 함유된다.
(3) 제어회로는 정전검출과 직류 스위치 구동에만 사용되므로 비교적 간단하다.
(4) 시스템 구성요소로 사이리스터, 다이오드, 전자 접촉기 및 직류 스위칭부가 필요하다.
(5) 정류기의 제어회로는 불필요하지만 정전검출과 스위칭 구동회로가 필요하다.
(6) 정류기는 다이오드 정류이므로 보통 입력 변압기가 필요하지 않다.
(7) 축전지 충전용 전용 충전기가 필요하다.
(8) 축전지가 직류 스위치를 통하여 인버터에 접속되므로 정전시 제어요소가 되어 부동 충전방식에 비하여 신뢰성이 낮다.

(9) 정전시 직류전압이 크게 되면 출력전압 변동이 커지게 되는 경우가 있다.
(10) 축전지를 다른 용도로 공용할 수 있다.

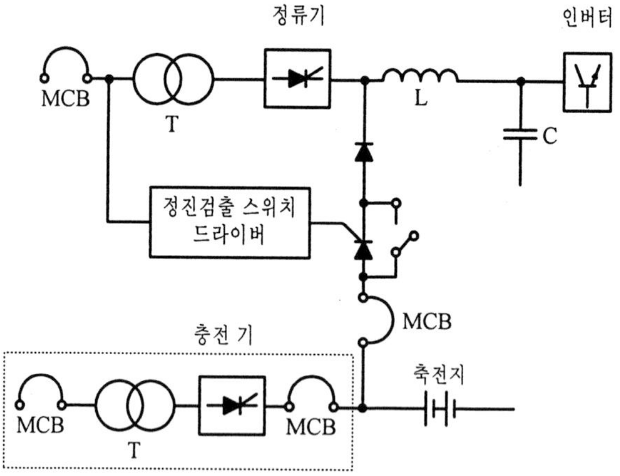

그림 10.3 직류 사이리스터 스위치 방식

10.2.2 시스템 결합에 의한 분류

무정전 전원 시스템은 상용전원이 정전시 안전한 동작이 보장되어야 하므로 동작 신뢰도가 높아야 한다. 무정전 전원 공급 시스템의 자체의 고장에 대응한 구성방식은 다음과 같다.

(1) 상용 대기방식
(2) 상용 동기 대기방식
(3) 동기 병렬방식

상용 대기방식은 정상시에는 무정전 전원 시스템의 전력 변환부인 인버터를 통하여 전력을 공급하고, 인버터의 고장, 보수, 점검 등의 경우에는 상용전력을 직송선(Bypass Line)을 통하여 부하에 전원을 공급한다. 따라서, 일정 전압, 일정 주파수 응용보다는 정전에 대비한 용도에 적합하다. 정상시에는 인버터에 의하여 전원을 공급함으로써, 부하의 특성에 따른 전압조정 및 전원측의 과도현상을 방지할 수 있는 특징이 있다. 충전기의 기능을 갖는 정류기를 채택한 경우와 충전기와 정류기를 분리한 경우에 따라 시설비용이 달라진다. 그림 10.4는 상용 대기방식의 시스템 구성을 나타낸 것이다.

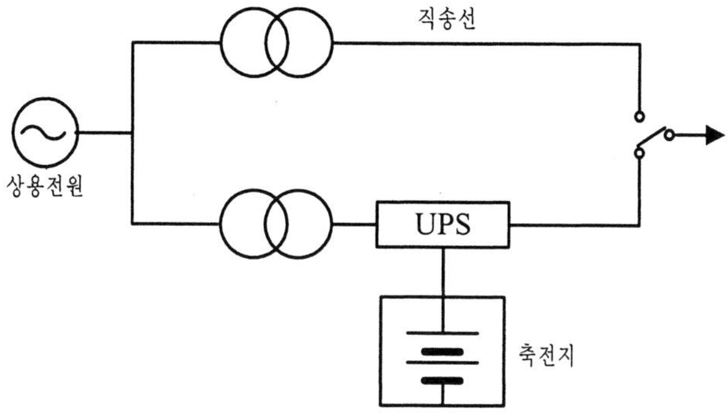

그림 10.4 상용 대기방식

상용 대기방식에서 부하에 전원공급을 절환하기 위한 스위칭 부분은 부하의 요구조건에 따라 달라진다. 인버터 고장의 경우 전원공급을 직송선으로 절환하는 절환스위치로 전자 접촉기를 사용한 경우 약 100~200msec 정도의 순간적인 전원공급 단절이 일어난다. 이 정도의 전원공급 단절에 지장이 없는 부하에는 전자 접촉기를 채택할 수 있다. 이보다 절환시간이 짧아야 하는 부하에는 정지형 절환 스위치를 사용하여야 한다.

상용 동기 대기방식은 무정전 전원 공급 시스템의 인버터의 출력전압, 출력주파수를 상용전원의 출력전압, 출력주파수와 동기시켜 운전하도록 구성한 것이다. 따라서, 인버터에서 부하로 전력을 공급하고, 절환시에는 무순단 절체할 수 있는 특징이 있다. 그림 10.5는 상용 동기 대기방식을 나타낸 것이다.

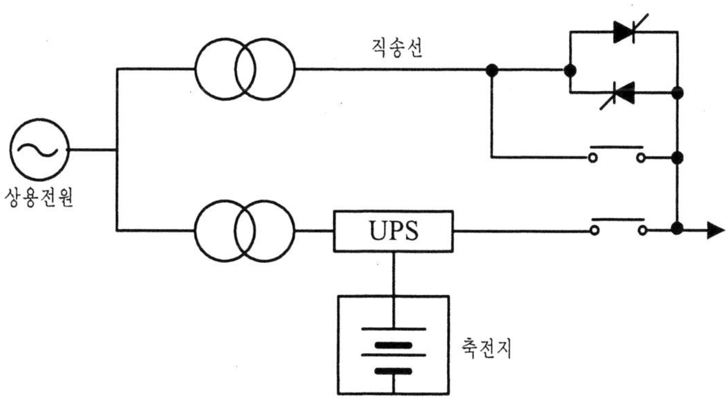

그림 10.5 상용 동기 대기방식

동기 병렬방식은 정상시에 복수대의 인버터로 병렬운전하고, 한 대의 인버터가 이상 또는 점검의 경우 이상이 있는 인버터를 즉시 분리시켜, 고신뢰도의 무정전 전원 공급이 가능한 방식이다. 그림 10.6은 동기 병렬방식의 시스템 구성도이다.

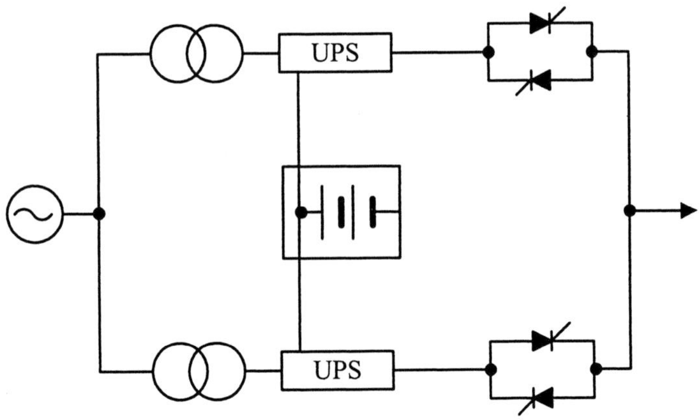

그림 10.6 동기 병렬방식

시스템의 신뢰도를 더욱 높히려면 그림 10.6에서 무정전 전원장치(UPS)를 3대까지 병렬로 결합한 경우가 있는데, 이 경우 2대를 연속 운전시키고 한 대는 대기상태에 있게 되는데, 2대중 한 대가 고장이 발생하면 나머지 한 대가 동작하며, 2대 모두 고장이 발생하면 대기중인 한 대가 동작되도록 하고 있다.

병렬로 구성한 무정전 전원공급 시스템은 정류기, 축전지, 인버터들을 그대로 병렬로 구성하게 되므로 시설비용이 높아지는 반면, 고장까지의 시간(MTBF : Mean Time Between Failures)은 단일 시스템이 약 40,000시간 정도지만 약 2배까지 개선할 수 있다. 이러한 고신뢰성이 요구되는 부하는 정보통신 시스템, 대형 컴퓨터 시스템, 정밀계측 제어 시스템, 방송용 전원, 의료용 전원, 정밀기계용 전원 등이 있다. 무정전 전원 시스템에서 축전지 용량은 일반적으로 약 10분 정도를 채택하고 있는데, 약 30분 정도까지 공급할 수 있도록 구성한 것도 있다. 장시간 정전에 대비하여 자가 발전기에서 전원공급이 가능하도록 배전계통을 구성한 것도 있다.

신뢰성을 높이기 위하여 시스템 구성을 이중화하는데, 이러한 이중화 방식은 2계통 방식, 2계통 상호 예비방식, 2계통 공통 예비방식 등이 있다. 2계통 방식은 중요부하를 2계통으로 나누고, 무정전 전원 시스템도 2계통으로 분할하여 이중화하는 방식이다. 2계통 상호 예비방식은 2계통으로 전원은 공급하다가 한 시스템이 고장이 발생하면 다른 시스템에서 전원이 공급되도록 구성한 것이다. 2계통 공통 예비방식은 부하를 2계통으로 하되, 각 전원에 공통 예비 시스템용으로 한 무정전 시스탬을 더 두는 방식이다.

그림 10.7 및 그림 10.8은 이러한 이중화 시스템의 구성도이다.

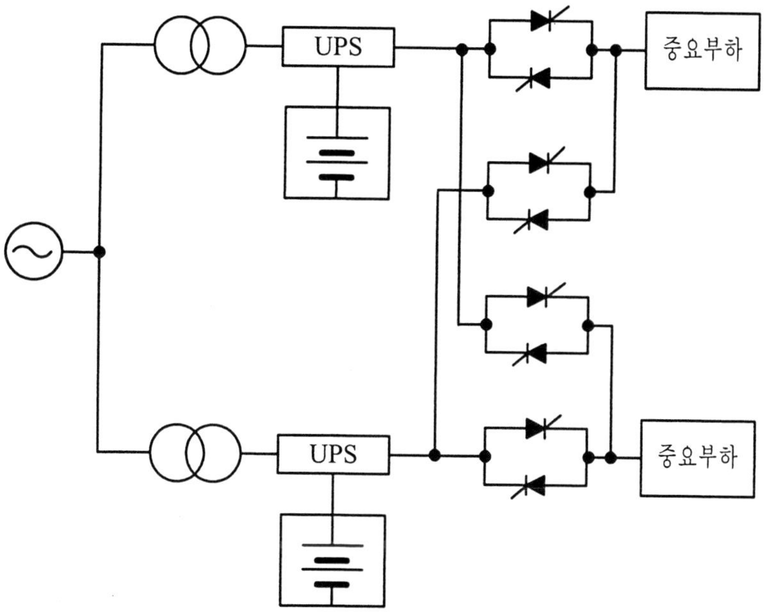

그림 10.7 2계통 상호 예비방식

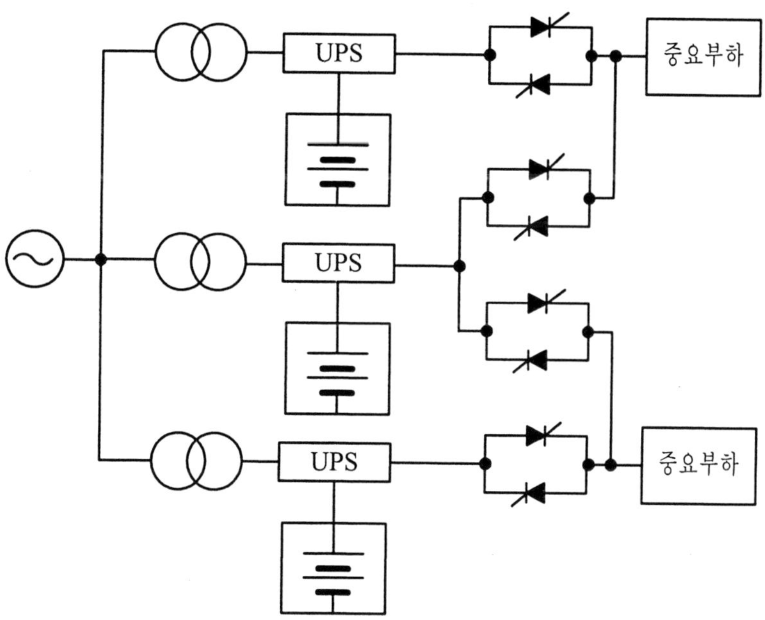

그림 10.8 2계통 공통 예비방식

10.3 시설 및 계획

10.3.1 일반 계획

무정전 전원 시스템을 시설하려면 우선 성능, 신뢰성, 가격 등을 상호 비교하여 계획하여야 하는데, 일반적으로 성능을 향상시키려면, 시스템의 회로구성이 복잡해지며 구성 요소기기의 수가 증가하기 때문에 가격상승이 원인이 된다. 무정전 전원 시스템을 결정하는 데는 입력용 전원과 부하를 함께 검토하되 신뢰성과 경제성을 고려하여야 한다. 이 때 중요 부하의 선정과 장시간 정전에 대비한 자가 발전기의 필요성도 함께 검토하여야 한다.

전원공급시간 검토시에는 순간적인 전원공급 중단을 허용할 수 없는 부하, 자가 발전기의 기동시간인 1분 정도의 전원공급 중단을 허용할 수 있는 부하, 일반부하 등으로 나누어 전원공급 계획을 검토하여야 한다. 가령 중요한 컴퓨터실의 공조기들이 수분간 정전으로 동작이 중지되면 실내온도가 상승되어 컴퓨터의 가동에 2차적으로 영향을 미치게 되므로 중요부하에 영향을 미치는 요소까지도 검토하여야 한다. 이러한 요소에는 방재설비, 통신설비, 방송설비 등도 포함된다.

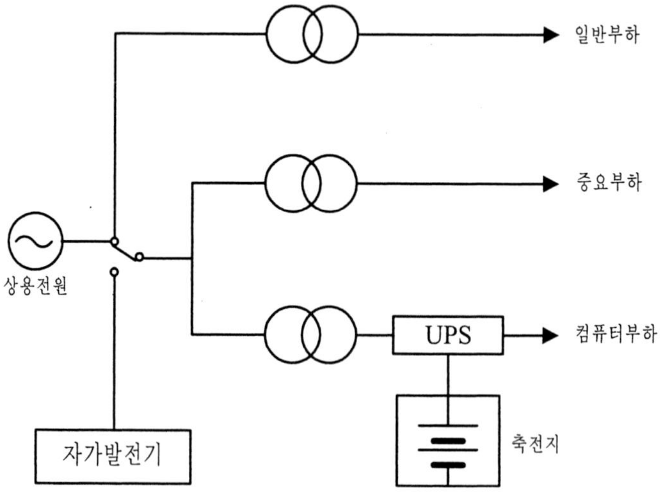

그림 10.9 대규모 무정전 전원 시스템의 구성

최근 인텔리전트 빌딩의 등장으로 자가 발전기를 무정전 전원 시스템에 연결하여 배전계통화한 경우가 증가하고 있다. 컴퓨터 부하가 소용량이면 단위기의 소용량급을 그 부하에만 시설하면 되지만, 대규모 용량이던가 장시간 정전에 대비할 경우에는 자가 발전기에 의한 전원공급이 가능하도록 구성하여야 한다. 그림 10.9는 이러한 대규모 무정전 전원 시스템의 구성도를 나타낸 것이다.

대규모 시스템의 구성시 고려할 사항들은 다음과 같다.

(1) 인버터의 고장에 대비한 절환시간의 결정
(2) 필수부하에 대한 역률, 최대 돌입전류 등을 도표화하고, 부하용량을 계산한다.
(3) 무정전 전원 공급방식을 결정한다.
(4) 인버터에서 공급할 부하량과 정전시간에 대비한 축전지 용량, 자가 발전기 연결 등을 검토한다.
(5) 각종 보호장치를 선정한다.

요소기기의 고장에 대비한 절환시간은 부하의 동작에 지장이 없어야 한다. 절환 스위치로 정지형을 채택한 경우 약 1/8사이클 정도의 전원공급 단절이 발생하는 경우가 있다. 이러한 절환시간은 정지형 스위치에 따라 1/4 사이클인 경우도 있으므로 부하의 특성을 고려하여야 한다. 그림 10.10은 절환 스위치의 동작시 전류변화의 개념을 나타낸 것이다.

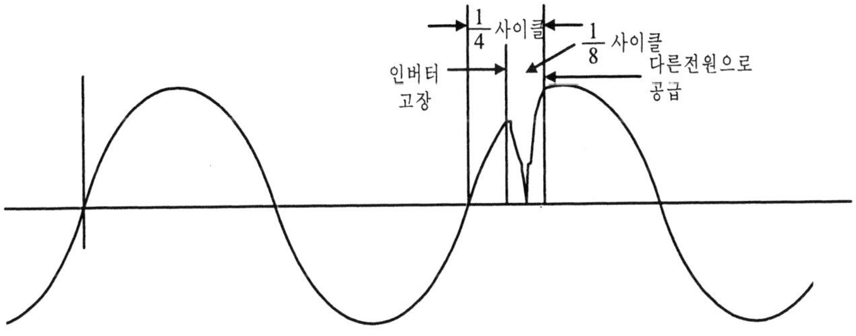

그림 10.10 절환스위치의 동작

중요부하에 대한 절환시간의 영향을 검토하면 다음과 같다.

(1) 1/4사이클 이상의 무전압 상태에서 지장이 없는 부하 : 전동기, 조명부하, 전열부하 등.
(2) 1/4사이클 정도의 무전압 상태에서 크게 지장이 없는 부하 : 릴레이, 개폐 접촉기, 통신장치, 제어용 컴퓨터 등.
(3) 일체의 무전압 상태를 허용할 수 없는 부하 : 고속 통신 시스템 네트워크, 데이터 처리 시스템 등.

(4) 주파수 변동을 허용할 수 없는 부하 : 디지틀 컴퓨터, 타이밍 회로 내장 시스템 등.

일체의 무전압 상태나 주파수 변동을 허용할 수 없는 부하인 경우는 병렬방식의 무정전 전원 시스템을 선정하여야 한다. 그림 10.11은 무정전 전원계통 구성 사례를 보여주는 것이다.

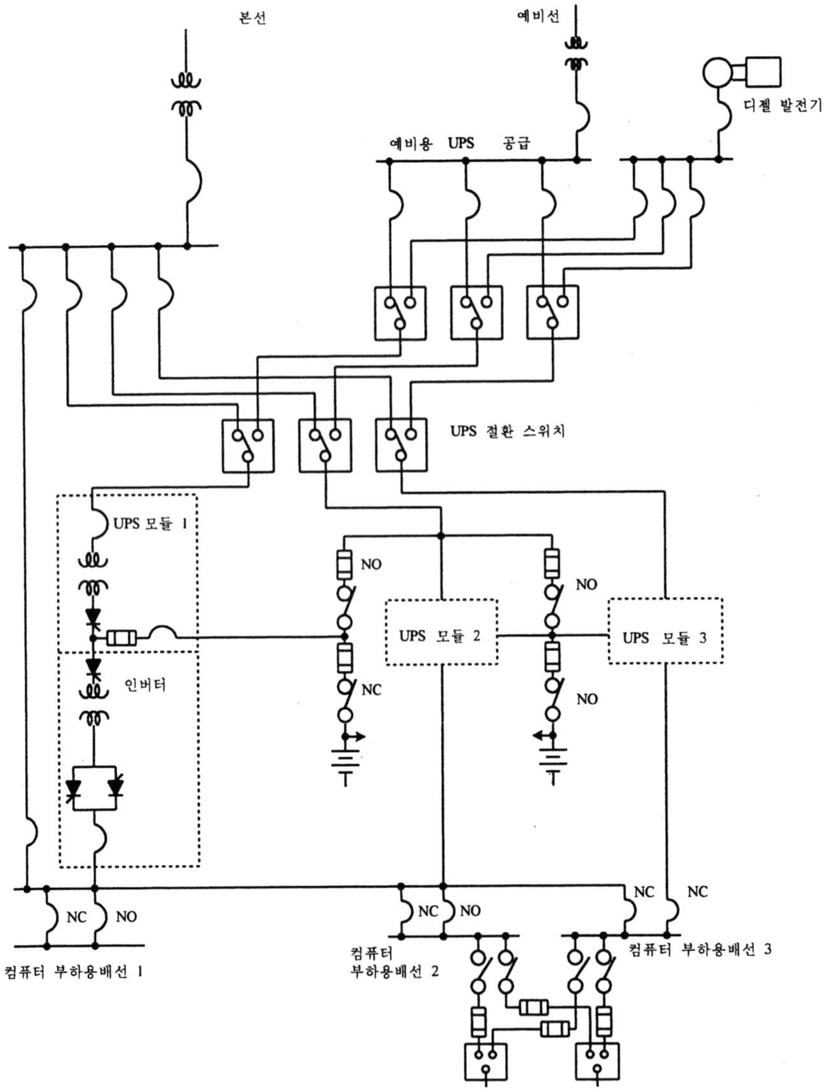

그림 10.11 무정전 전원 시스템 계통 구성 사례

일반 부하는 일반 동력용과 조명용으로, 중요 부하는 컴퓨터실의 공기조화 및 조명용으로, 컴퓨터 부하에 대해서는 무정전 전원으로 분류되어 있다. 장시간 정전에 대응하기 위하여 자가 발전기를 연결하고 있다. 컴퓨터용 무정전 전원공급은 고압입력반 내에 있는 차단기를 거쳐 입력변압기에서 저전압으로 강압된다.

저압반에는 3대의 무정전 전원 시스템 및 1대의 충전기가 연결되어 있다. 3대의 무정전 전원 시스템은 출력측에서 공통모선에 접속되어 정상 운전상태에서는 2대는 병렬운전되고, 1대는 예비용으로 대기상태에 있게 된다. 공급전압, 주파수 등은 원격 감시할 수 있도록 감시 제어반을 시설한다. 일반적으로 100kVA 정도의 부하일 경우 100kVA급 2대로 구성하고, 200kVA 정도의 부하일 경우 100kVA급 3대로 구성하게 된다.

10.3.2 시설 요건

(1) 설치 환경

① 설치장소 : 일반적으로 옥내로 한다.

② 설치고도 : 해발 1,000m 이하로 한다.

③ 환경 : 주위온도는 −5℃~40℃ 범위로 하고, 상대습도는 40%~80%범위로 한다.

④ 기타 : 도장색상, 부식성능, 소음기준 등을 정한다. 참고로 소음의 경우 GTO (Gate Turn Off) 사이리스터를 채용하면 300kVA급은 65dB 이하. 400~500kVA 급은 70dB 이하까지 낮출 수 있다.

(2) 교류 입력특성

① 교류입력은 단상, 삼상으로 나누고, 삼상인 경우 3상3선식, 3상4선식을 선정한다.

② 교류입력의 전압변동범위는 정격전압의 ±10% 이내에서 사용에 지장이 없어야 한다.

③ 교류입력의 주파수 변동범위는 정격 주파수의 ±5% 이내이어야 한다.

④ 교류입력 용량은 부하용량의 110~120%와 정류기 용량을 고려하여 정한다.

(3) 직류 입력특성

① 축전지 용량은 방전전류의 크기, 무정전 전원 공급시간 등을 고려하여 정한다.

② 직류입력의 정전압 정도는 ±1.5% 이하이어야 한다.

③ 직류입력의 전압조정범위는 ±5% 이상이어야 한다.

(4) 교류 출력특성

① 정격은 100% 연속정격이고, 과부하 내량은 120% 10분으로 하고 있다. 이것은 과부하에 얼마만큼 견딜 수 있는가를 결정하는 것으로 부하특성을 고려하여 정한다.

② 전압정도는 정격전압의 ±1.5%, 주파수 정도는 정격 주파수의 ±0.1%이다.

③ 전압 THD(Total Harmonic Distorsion)는 5% 이하여야 한다.

④ 과도전압변동(정전, 복전시)은 정격전압의 ±10% 이내이어야 하고, 0.1초 이내에 정격 출력전압의 ±2% 이내로 복귀하여야 한다.

⑤ 출력전압 불평형률은 부하전류 불평형률 30%에 대해서 ±3% 이내이어야 한다.

10.3.3 용량산정

무정전 전원 시스템의 출력용량은 부하의 용량과 부하의 특성을 검토하여야 한다.

부하 용량에는 정상시 용량과 돌입 용량이 있다. 이것은 무정전 전원 시스템의 연속정격용량, 과부하 내량, 전압변동율 등에 영향을 미친다. 컴퓨터 부하의 경우 정류기 부하가 많아 부하 전류에는 고조파를 많이 포함한다.

무정전 전원 시스템의 정격전류 I_I는 다음 조건을 만족하여야 한다.

$$\sqrt{2}I_I \geq I_p \tag{10.1}$$

여기서 I_p는 부하의 최대전류이다.

무정전 전원 시스템을 시설할 때의 여유율은 부하에 따라서 다소 다르지만 3상부하의 경우 1.2~1.5배, 단상 부하의 경우 1.3~2배 정도로 산정하고 있다. 무정전 전원 시스템의 정격용량 P_I[kVA]과 부하의 정상시 용량의 총합 P_L[kVA]은 다음 조건을 만족하여야 한다.

$$P_I \geq P_L \tag{10.2}$$

부하에 따라서는 기동시 정상상태의 용량 이상의 돌입전류가 흐르는 것이 있고, 이 돌입용량에 의하여 부하가 급변하면 순시 전압변동이 발생한다. 무정전 전원 시스템의 성능은 정격용량의 50% 급변에 대하여 순시 전압변동은 ±10% 정도이다. 따라서 최대 돌입용량은 정격용량의 50%가 되어야 한다. 또한 정상시 부하용량 P_L[kVA],돌입 부하용량 P_p[kVA] 및 인버터의 단시간 과부하 용량 P_0[kVA] 사이에는 다음의 조건이 되어야 한다.

$$P_0 \geq P_L + P_p \tag{10.3}$$

표 10.1 컴퓨터부하에 대한 용량 산출표

투입 순서	장 치 명	기동시 용 량 (kVA)	정상시 용 량 (kVA)	투입최대 변동분량 (kVA)	순시최대 용 량 (kVA)	정 상 시 최대용량 (kVA)
①	중앙처리장치	2.5	0.75	4.0	4.0	1.3
	타이프라이터 1	0.6	0.25			
	타이프라이터 2	0.6	0.15			
	입력장치	0.3	0.15			
②	입출력장치 1	2.5	0.8	2.5	3.8	2.1
③	입출력장치 2	2.5	0.8	2.5	4.6	2.9
④	CRT 1	2.8	0.75	4.8	7.7	4.15
	CRT 2	2.0	0.5			
⑤	연산장치 1	4.0	2.0	4.0	8.15	6.15
⑥	연산장치 2	2.0	0.75	2.0	8.15	6.9
⑦	기억장치	1.0	0.75	1.0	7.9	7.65

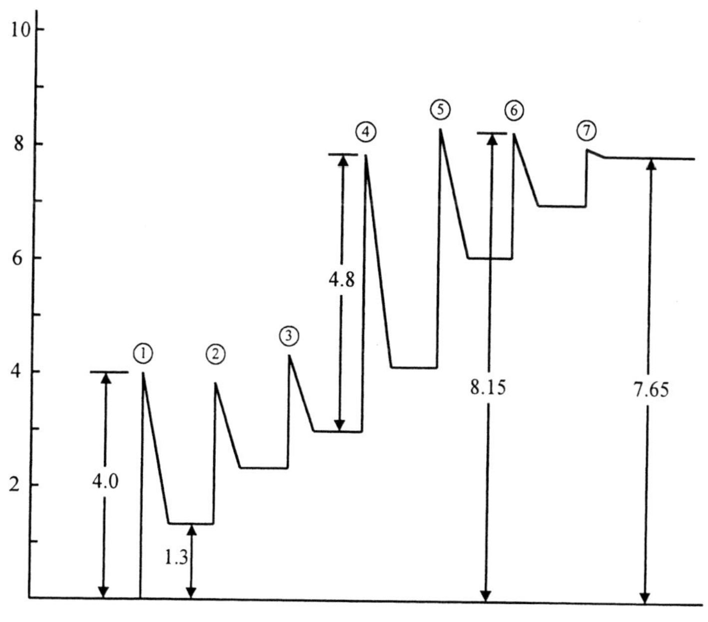

그림 10.12 컴퓨터 부하별 동작 순서도

무정전 전원 시스템은 120~150% 정도로 과부하 보호동작이 이루어지도록 고려되고 있다.

중요부하를 순차적으로 투입하는 경우 투입 최대 변동분 용량과 순시 최대용량을 고려하여 무정전 전원 시스템의 용량을 산출하여야 한다. 표 10.1과 같은 컴퓨터 부하들을 순차적으로 투입한다고 할 때 무정전 전원 시스템의 용량을 산출한다. 표 10.1에서 부하의 최대 변동분 용량은 4.8[kVA]이므로, 이를 고려한 경우 무정전 전원 시스템의 용량은 4.8÷0.5=9.6[kVA]이고, 순시 최대용량을 고려한 경우에는 8.15÷1.2=6.8[kVA]이므로, 무정전 전원 시스템의 정격용량은 대략 10[kVA]로 정한다.

그림 10.12는 표 10.1의 컴퓨터부하들의 동작순서를 나타낸 것이다.

정상 부하용량으로 산정하는 경우, 대형 컴퓨터 시스템이 여러 대일 때 부하가 전부 동작하지 않으므로 수요율은 0.7~0.9 정도이다. 장래 시스템의 증가를 고려하여 부하용량에 대하여 10~30% 정도의 여유를 두는 것이 일반적이다. 정상 부하용량으로 산출한 무정전 전원 시스템의 용량은 부하용량의 산술합과 수요율 및 여유율의 곱보다 크게 선정하여야 한다.

부하의 유효전력이나 역률은 기기정격으로 명시되어 있지 않은 경우가 많다. 컴퓨터에는 정류기 부하가 증가하는 경향을 나타나고 있는데, 3상 정류기 부하의 경우 부하역률은 0.9 정도이다. 무정전 전원 시스템은 고역률로 운전하는 경우 출력 피상용량을 저감시켜 사용할 필요가 있다. 무정전 전원 시스템의 정격용량은 인버터의 성능으로 대개 결정되나 인버터 출력부에는 교류필터가 있으므로 고역률 부하시의 출력용량 저감율은 교류필터에 따라 달라진다.

예를들면 40[kW] 정격인 무정전 전원 시스템의 경우 역률 0.8인 부하에서는 40[kW]÷0.8=50[kVA], 역률 1.0인 부하에서는 40[kW]÷1.0=40[kVA]로 산출된다. 무정전 전원 시스템의 역률 변동범위는 단상에서는 0.6~1.0, 삼상에서는 0.7~1.0이 일반적이다.

무정전 전원 시스템의 핵심은 인버터인데, 인버터 용량 P[kVA]는 부하용량 R[kW], 부하효율 η_r, 인버터 효율 η_i, 역률 $\cos\theta$, 여유율 1.05로 하였을 때 다음과 같이 산출된다.

$$P = \frac{1.05R}{\eta_r \eta_i \cos\theta} \tag{10.4}$$

10.4 축전지의 시설 요점

10.4.1 축전지의 선정

무정전 전원 공급 시스템에서 축전지에 의한 전원공급은 대개 5~10분인 경우가 많다. 연축전지인 경우 CS형과 HS형을 알칼리 축전지의 경우 AMH형과 AHH형을 들

수 있다. CS형은 비교적 장시간 방전용으로 가장 널리 쓰이고 있으며, HS형은 거치용으로 단시간 고율 방전용으로 적합하다. 알칼리 축전지중에서 AMH형은 고율 방전용으로 AHH형은 초고율 방전용으로 사용된다. 축전지에서는 t시간 동안 방전할 수 있는 전류를 t시간율 방전전류라 한다. 이 방전전류가 클수록 방전시간이 짧아진다. 축전지의 방전 시간율과 용량과는 다음의 관계에 있다.

(1) 방전시간이 짧을수록 축전지의 용량은 감소하는데 반드시 비례적으로 감소하지는 않는다.
(2) 30분 이하의 방전시간에 대해서는 AHH형이 방전특성이 가장 우수하고, 다음으로 HS형, AMH형, CS형의 순서이다.
(3) 30분 이상의 방전시간에 대해서는 HS형과 AMH형의 순서로 된다.

축전지는 일반적으로 주위온도가 저하함에 따라 용량이 감소하는 특성을 가지고 있다. 거치식 축전지에서는 전해액 온도 25℃를 용량 규정조건으로 하고 있다. 인버터의 직류입력전압 범위는 부동충전전압 또는 균등충전전압에서부터 방전종지전압까지이며, 축전지의 전압변동율은 CS형, HS형, AHH형은 (±12～±15% : 부동충전전압-방전종지전압, ±15～±19% : 균등충전전압-방전종지전압) 거의 비슷하나 AMH형은(±15～±17% : 부동충전전압-방전종지전압, ±18～±21% : 균등충전전압-방전종지전압) 다소 큰 값을 나타낸다.

축전지의 허용 최저전압은 낮게 잡을수록 산출용량이 작게 되나 셀 수는 증가한다. 허용 최저전압을 낮게 택한 경우에 축전지 셀 수의 증가율보다 소요용량의 감소율 폭이 크기 때문에 소요용량×셀수의 값은 감소하지만 전압 변동율은 커지게 되므로 인버터의 입력조건과의 관계를 검토하여 정한다.

축전지 설치장소의 허용하중 및 공간적 제약으로 인하여 축전지 자체의 중량 및 체적을 줄이는 것이 축전지 선정의 중요한 요소가 된다. 동일 조건에 있어 중량비는 AHH형이 가장 경량이고, HS형, AMH형, CS형의 순서로 커진다. 체적도 중량과 거의 비슷하다. 무정전 전원 공급 시스템에 사용되는 축전지는 방전시간이 대개 30분 이하이므로 중량, 체적면에서는 HS형, AHH형이 유리한 것으로 평가된다.

축전지의 수명은 연축전지의 경우 CS형이 10～15년, HS형이 5～7년, 알칼리 축전지의 경우 AMH형과 AHH형 모두 12～20년 정도이다.

그림 10.13은 CS형 연축전지의 표준특성을 그림 10.14는 AMH형 알칼리 축전지의 표준특성을 나타낸 것이다.

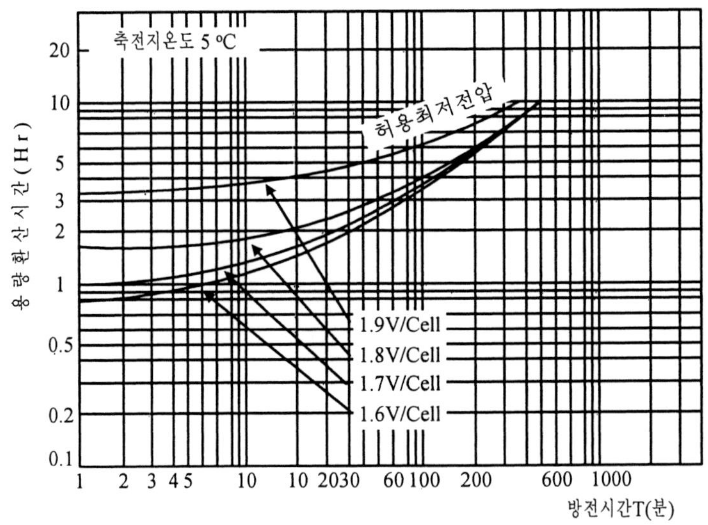

그림 10.13 CS형 연 축전지의 특성

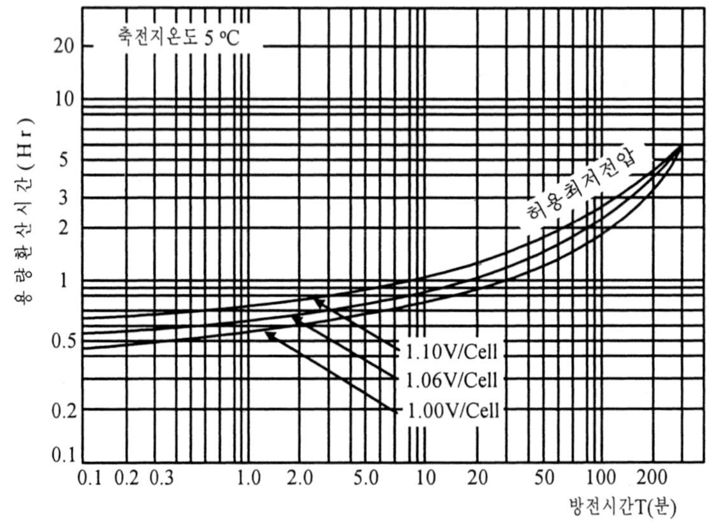

그림 10.14 AMH형 알칼리 축전지의 특성

11.4.2 용량산정방법

축전지의 용량산정은 25℃에서의 정격 방전율 환산 용량 C(Ah), 보수율 L(일반적으로 0.8), 용량환산시간 K_n[h], 방전전류 I_n[A]라 하면 다음과 같이 된다.

$$C=\frac{1}{L}[K_1 I_1 + K_2(I_2-I_1)+K_3(I_3-I_2)+\ldots.K_n(I_n-I_{n-1})] \quad (10.5)$$

(1) 연속부하의 경우 용량산정

AMH형 알칼리 축전지를 사용할 경우 부하특성이 10분간 연속 120[A]의 부하전류를 흘려야 할 경우의 출력용량을 산정해 보자. 여기서, 보수율은 0.8 최저 축전지 온도 5℃, 허용 최저전압 1.0[V/셀]이라 하면 축전지 특성에서 K=0.6이 된다.

따라서 축전지 용량은 다음과 같다.

$$C=\frac{1}{L}KI=\frac{1}{0.8}\times 0.6\times 120=90(Ah) \tag{10.6}$$

(2) 방전전류가 증가하는 경우의 용량산정

그림 10.15는 AMH형 알칼리 축전지를 사용하고 부하전류가 점차 증가하는 경우이다.

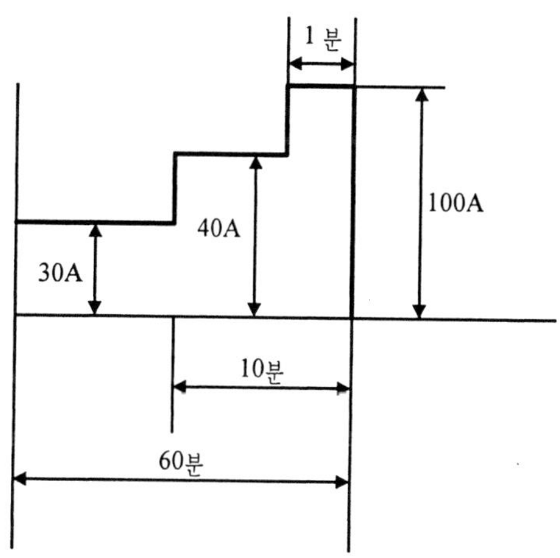

그림 10.15 부하전류가 증가하는 경우

그림 10.14의 축전지의 특성표에서

$I_1=30(A)$, $T_1=60$분일 때 $K_1=1.05$

$I_2=40(A)$, $T_1=10$분일 때 $K_2=0.6$

$I_3=100(A)$, $T_3=1$분일 때 $K_3=0.5$이므로 축전지 용량 C는

$$C=\frac{1}{L}[K_1I_1+K_2(I_2-I_1)+K_3(I_3-I_2)]$$

$$\fallingdotseq 84[Ah] \tag{10.7}$$

이 된다. 따라서 축전지 용량은 약 90[Ah]로 산정한다.

(3) 방전전류가 감소하는 경우의 용량산정

그림 10.16은 AMH형 알칼리 축전지를 사용하고 부하전류가 점차 감소하는 경우이다.

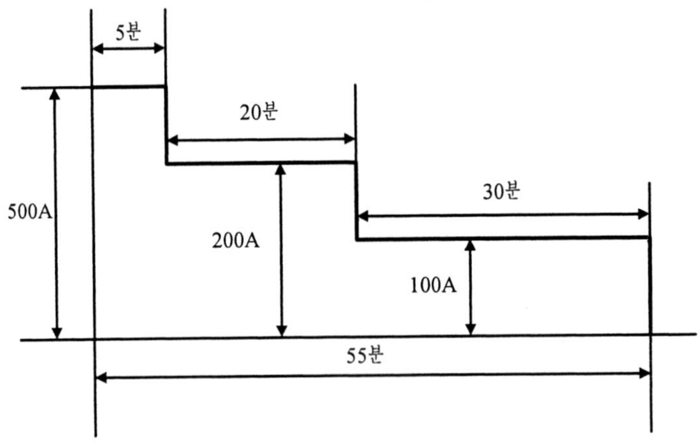

그림 10.16 부하전류가 감소하는 경우

보수율 L=0.8, 최저 축전지 온도 5℃, 허용 최저전압 1.06[V/셀]로 하고 그림 10.14 축전지의 특성표를 참고하여 K값을 산정한다.

I_1=500[A], T=5분일 때 K=0.7이므로 축전지 용량 C_1은

$$C_1 = \frac{1}{L}KI$$

$$= 438[Ah] \tag{10.8}$$

이 된다.

I_1=500[A], T_1=25분일 때 K_1=1.25

I_2=200[A], T_2=20분일 때 K_2=1.2이므로 축전지 용량 C_2는

$$C_2 = \frac{1}{L}[K_1I_1 + K_2(I_2 - I_1)]$$

$$\fallingdotseq 331.3(Ah) \tag{10.9}$$

그림 10.16 부하전류가 감소하는 경우

I_1=500(A), T_1=55분일 때 K_1=1.5,

I_2=200(A), T_2=50분일 때 K_2=1.4,
I_3=100(A), T_3=30분일 때 K_3=1.3 이므로 축전지 용량 C_3는

$$C_3 = \frac{1}{L}[K_1I_1 + K_2(I_2 - I_1) + K_3(I_3 - I_2)]$$

$$\fallingdotseq 250(Ah) \tag{10.10}$$

이 된다. 따라서 C_1, C_2, C_3 중 가장 큰값인 438(Ah)를 선택한다. 이때 축전지의 용량은 이 값 이상이어야 한다.

무정전 전원 시스템에서 충전기가 있는 경우 부동 충전방식에서 정상시 부하전류는 충전기가 전부 부담하고, 순시 최대부하에 대해서는 축전지와 충전기가 분담하게 된다. 교류측 정전시에는 축전지가 전부하를 담당하고 정전 회복후에는 충전기가 축전지의 충전은 물론 부하전류도 공급해야 한다. 따라서 충전기의 정격출력전류는 약 15% 정도의 충전전류 여유분을 가산하여 산정한다.

충전기의 충전전류 Ic[A]는

$$I_c = \frac{C}{H} \tag{10.11}$$

이 된다. 여기서 C는 축전지 용량[Ah]이고, H는 재충전 시간[h]이다.

충전기 용량 I[A]는

$$I = I_1 + 1.15I_c \tag{10.12}$$

로 구한다. 여기서 I_1은 부하전류이다. 부하전류는 정상시의 최대전류를 의미하며 순간적인 대전류에 대해서는 고려하지 않는다. 재충전 시간이 분명하지 않을 경우는 통상 연축전지는 10시간율 전류, 알칼리 축전지는 5시간율 전류를 충전전류로 잡고 있다.

연 습 문 제

10.1 무정전 전원 시스템에 대하여 설명하시오.

10.2 다음의 무정전 전원 시스템에 대하여 설명하시오.
(1) 부동충전방식

(2) 직류사이리스터 스위치방식

10.3 다음의 무정전 전원 시스템을 비교 설명하시오.
(1) 상용대기방식

(2) 상용동기대기방식

(3) 동기병렬방식

10.4 대규모 무정전 전원 시스템을 설명하시오.

10.5 무정전 전원 시스템의 출력특성을 설명하시오.

제 11 장

고조파의 분석

11-1 고조파의 개요

11-2 고조파 장해

11-3 고조파의 관리

11.1 고조파의 개요

11.1.1 고조파의 특징

일정 전압 및 일정 주파수의 전원을 다른 전압 및 다른 주파수로 바꾸려면 전력변환기인 인버터를 이용하여야 한다. 이 경우 원하는 주파수의 전원 이외에 고조파 성분을 포함하게 된다. 배전계통에서 다수의 고조파 전류원이 접속된 경우 고조파 전류의 위상에 따라 그 크기가 커지기도 하고 약해지기도 한다. 전력 변환기에서 발생하는 고조파 전류의 위상은 변환기의 위상 제어각에 의하여 결정되므로 부하조건에 따라 변화한다. 사무 자동화용 컴퓨터들은 콘덴서 입력형 정류회로가 내장되어 있어 전류가 펄스형태로 되어 전원전압의 최대값과 상호 중첩되는 경우 고조파 성분이 커지는 경우도 있다. 불특정 다수 기기에서 발생되는 고조파 전류는 내부 임피이던스에 따라 달라지며 이 고조파 전류는 또다른 부하계통에 영향을 주게 된다.

무정전 전원 공급 장치의 인버터는 직류전력을 교류전력으로 변환해야 하므로 스위치에 의한 출력측에 고조파가 필연적으로 함유하게 된다. 따라서 인버터는 고조파 전류원으로 작용하여 상용전원계통 및 부하계통에도 영향을 미치게 되는데 과대한 고조파 전류의 유입으로 계통에 연결된 콘덴서에 과전류로 인한 과열과 각종 전자제어 장치의 오동작 원인이 된다. 그림 11.1은 인버터 응용 시스템의 등가회로를 나타낸 것이다.

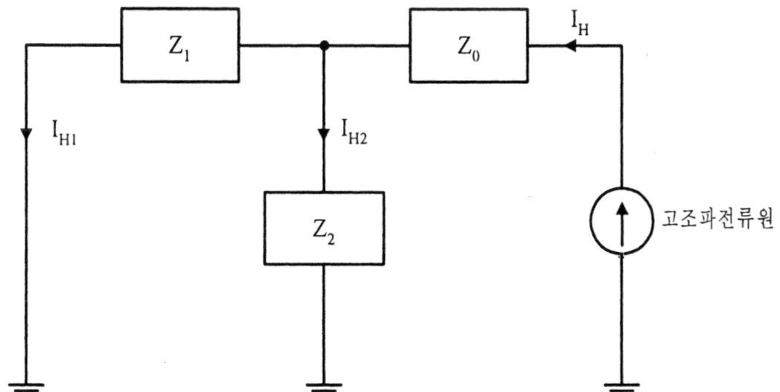

그림 11.1 인버터 응용 시스템의 등가회로

그림 11.1에서 고조파 전류원은 인버터가 된다. I_{H1}은 전원측에 유입되는 고조파 전류이고 I_{H2}는 다른 부하측에 전달되는 고조파 전류이며 다음과 같은 관계가 성립한다.

$$I_{H1} = \frac{Z_2}{Z_1 + Z_2} I_H \tag{11.1}$$

$$I_{H2} = \frac{Z_1}{Z_1 + Z_2} I_H \tag{11.2}$$

여기서 Z_1=선로 임피이던스, Z_2=다른 부하 임피이던스, Z_0=인버터의 임피이던스, I_H=고조파 전류를 나타낸다.

인버터 응용 시스템에서 발생된 고조파 전류는 선로의 용량성 및 유도성 임피이던스로 인하여 공진현상이 발생하게 되는데 이렇게 되면 I_{H1}, I_{H2}는 대단히 큰 값이 될 우려가 있다. 공진현상이 발생하면 고조파 전류는 증폭되며 전력용 콘덴서, 변압기, 발전기, 전동기, 각종 조명설비에는 과대한 전류가 흘러 기기의 과열, 소손이 발생할 우려가 있다. 그림 11.2는 공진현상을 일으키는 배전계통을 나타낸 것이다.

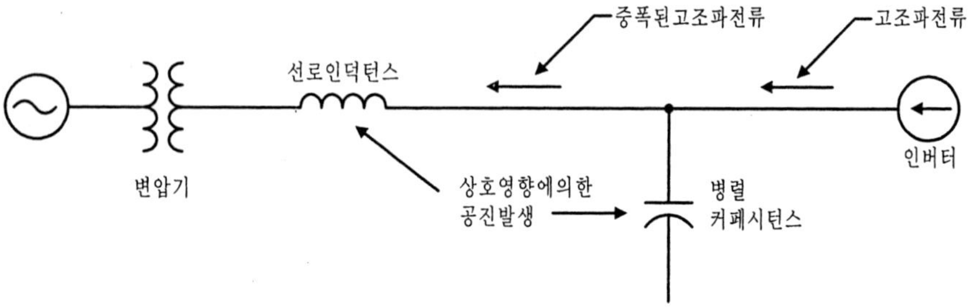

그림 11.2 공진현상의 발생

고조파 전류에 의한 공진현상의 억제 대책을 요약한 것은 다음과 같다.

(1) 컨덴서 용량의 변경, 직렬 리액터의 추가설계
(2) 교류필터의 추가설계
(3) 발생 고조파 전류의 억제
(4) 전원계통 구성의 변경

인버터에서 발생하는 $\frac{dV}{dt}$는 선로 및 기기의 대지정전용량으로 인하여 $C\frac{dV}{dt}$의 전류를 흐르게 한다. 이 전류를 영상전류라 부른다. 인버터 있는 계통에 필터가 있게 되는데 이 필터용 콘덴서를 통하여 영상전류가 흐르기 때문에 누전 차단기와 같이 감도가 예민한 기기들은 오동작하게 된다. 고조파 영상전류는 고조파 잡음의 발생원이 되어 유도장애의 원인이 되고 있다. 그림 11.3에서 점선은 영상전류의 흐름통로를 나타낸다.

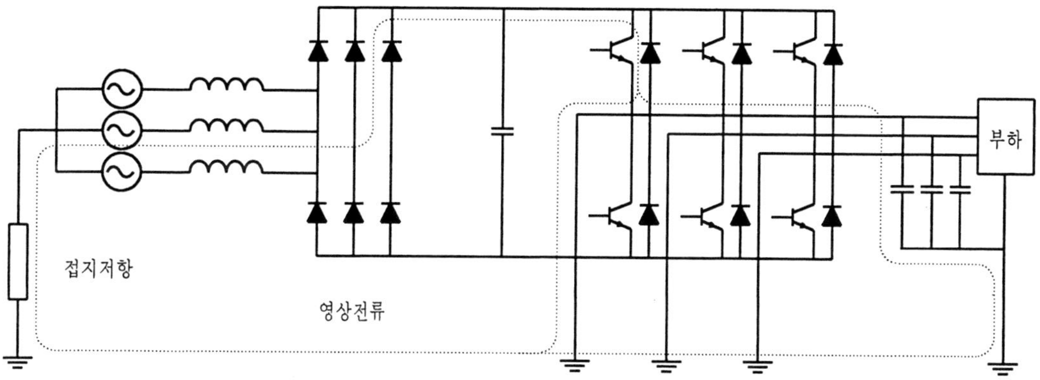

그림 11.3 영상전류의 흐름

영상전류의 발생을 억제하기 위한 대책은 다음과 같다.

(1) 선로 및 기기의 대지정전용량 저감
(2) 영상 임피이던스를 부가하여 영상전류 억제
(3) 영상전류의 경로 차단

11.1.2 고조파 왜율 계산

유도 전동기의 가변속 제어에 이용하는 경우 인버터는 가변 전압, 가변 주파수 전원을 공급하게 된다. 인버터의 성능 지표는 고조파 전류율(HCF : Harmonic Current Factor)에 의하여 표현한다. k차 고조파 전압 V_k에 의하여 교류기에서의 고조파 전류 I_h는 다음과 같이 된다.

$$I_h = \frac{V_k}{2\pi k f L_e} \tag{11.3}$$

여기서 L_e는 교류기의 상당 누설 인덕턴스이다. 상전압 V_{an}의 기본파 성분을 V_1이라 하면 원하지 않는 고조파 전류의 총합의 백분율은 다음과 같이 정의할 수 있다.

$$I_{ph} = \frac{P_1}{2\pi L_e I_1} \frac{100}{V_1} \sqrt{\sum_{k=5}^{\infty} \left(\frac{V_k}{k}\right)^2} \tag{11.4}$$

여기서 $P_1 = V_1/f$, I_1 = 유도 전동기의 정격전류이다.

가변속 구동시 인버터의 성능지표인 HCF는 다음과 같이 정의한다.

$$HCF = \frac{100}{V_1}\sqrt{\sum_{k=5}^{\infty}\left(\frac{V_k}{k}\right)^2} \tag{11.5}$$

따라서 인버터의 출력 파형에 포함된 고조파 성분은 인버터 제어 기법에 따라 달라지게 되므로, 일반적으로 HCF는 인버터의 고조파 관리지표로 알려지고 있다.

인버터를 무정전 전원공급 시스템에 이용하거나 일반적인 응용분야에서는 THD(Total Harmonic Distortion)로 고조파를 관리한다. THD는 다음과 같이 정의한다.

$$THD = \frac{100}{V_1}\sqrt{\sum_{k=3}^{\infty}(V_k')^2} \tag{11.6}$$

여기서 V_k' 는 인버터의 출력 필터를 거친 후의 고조파 전압이다.

필터 공진 주파수를 $\omega_r = \frac{1}{\sqrt{LC}}$ 이므로 상수 $A = \frac{\omega_r}{\omega}$ 이라고 하면 정의된 식에 의하여 THD는 다음과 같다.

$$THD = \frac{100}{V_1}\sqrt{\sum_{k=3}^{\infty}\left(\frac{A^2 V_k}{k^2 - A^2}\right)^2} \tag{11.7}$$

k는 고조파 차수이며 k가 충분히 커지면 $k^2 - A^2 \simeq k^2$이 되므로, 다음과 같이 단순화시킬 수 있다.

$$\begin{aligned} THD &= A^2 \frac{100}{V_1}\sqrt{\sum_{k=3}^{\infty}\left(\frac{V_k}{k^2}\right)^2} \\ &= A^2 DF \end{aligned} \tag{11.8}$$

여기서 DF(Distortion Factor)는 다음과 같이 정의한다.

$$DF = \frac{100}{V_1}\sqrt{\sum_{k=3}^{\infty}\left(\frac{V_k}{k^2}\right)^2} \tag{11.9}$$

11.2 고조파 장해

배선계통에서 고조파 장해를 분석하고 예측하려면 전체적인 배전계통을 분석하여야 한다. 이 경우에는 고조파 발생원과 고조파 영향을 받기 쉬운 기기들과의 전체적인 연관성을 살펴보아야 한다.

표 11.1 고조파 장해의 피해 내용

기기명	피 해 내 용
콘덴서 및 리액터	고조파 전류에 의한 임피던스와 공진현상 발생에 따른 과대 전류가 흘러 과열, 소손, 여러 가지 진동, 이상음 등이 발생
변압기	고조파 전류에 의하여 철심의 자기 찌그러짐에 의하여 소음이 발생하고, 철손 및 동손의 증가에 따라 용량이 감소
형광등	고조파 전류에 의하여 과대 전류가 역률 개선용 콘덴서 및 쵸크 코일에 흘러 과열, 소손 등이 발생
케이블	3상4선식의 회로의 중성선에 고조파 전류가 흐르는 경우에는 중성선이 과열
통신선	전자 유도에 의하여 잡음 전압이 발생
유도 전동기	고조파 전류에 의하여 진동 토크 발생에 따라 회전수가 주기적으로 변동되고, 철손 및 동손 등 손실이 증감
계기용 변성기	계기용 변성기에 초기 위상 오차가 있는 경우, $\pm\delta\tan\Phi$ (Φ는 사이리스터 위상제어경우의 제어전류 위상각)의 영향에 따라 측정 정밀도가 나빠짐
적산 전력계	전압, 전류 유효자속이 비선형 특성에 따라 측정오차 발생, 고조파 전류의 과대한 유입에 의한 전류코일 소손
보호 계전기	위상 변화에 의한 오동작, 전류코일 소손
음향기기(텔레비젼, 오디오, 라디오 등)	고조파 전류, 전압에 의한 다이오드, 트랜지스터, 콘덴서 등 부품의 고장, 수명저하, 성능전하, 잡음 및 영상 찌그러짐
컴퓨터	전원 회로부의 과열, 계산기 동작에 악영향
정류기 : SCR 등 각종 제어장치	제어신호의 위상 흔들림에 따른 오동작, 제어불능
전력퓨즈	과대한 고조파 전류에 의한 용단
차단기	과대한 고조파 전류에 의한 오동작
비상용 발전기	회전자 제동권선의 과열, 소손 및 계자권선의 과열
지시계기	평균치 정류형 교류전압, 전류계는 제3조파의 영향을 받기 쉽다.
발전소의 전기 가버너	주파수가 상승하고 발전기의 출력 감소
정보관련 기기	잡음에 의한 시스템 정지, 오동작
산업용 제어기기	오동작 및 제어 불능

고조파의 영향을 종합적으로 파악하기 위하여 고조파 전류는 고조파 발생지점을 시작점으로 하여 임피던스가 작은 쪽으로 흐르려는 특성이 있다. 이 경우에 역률 개선용 콘덴서가 가장 영향을 받기 쉬우므로(영향을 받는 기기의 약 70% 정도를 차지함), 이 부분에 대해서 중점적인 검토가 필요하다.

역률 개선용 콘덴서에 직렬 리액터를 시설하지 않은 상태에서 고조파 발생원이 있는 계통에 설치한 경우 이상이 발생한 경우가 많다. 직렬 리액터는 콘덴서 용량의 6~8% 이상을 고려하는 것이 고조파 대응책에서도 필요하다. 표 11.1은 고조파 장해를 받기 쉬운 기기들이 피해 내용을 요약한 것이다.

11.3 고조파의 관리

11.3.1 고조파 억제 대책

고조파를 억제하기 위해서는 우선은 고조파 발생원 자체에서 최대한 억제하도록 하여야 한다. 그런데 최근 각종 전력변환기를 채택한 전기설비가 급속히 증가함에 따라 개개의 설비에 의한 고조파 발생 가능성이 높아지고 있다. 따라서, 어느 정도까지의 고조파에 대해서 동작성능이 보장할 수 있는가 하는 허용 레벨을 파악할 필요가 있다.

(1) 펄스 수의 증대

정류기로 사용되는 전력 변환기의 경우는 1차측 펄스 수(정류상수)를 증대시켜 저차 고조파 성분의 발생을 억제하는 것이다. 이러한 펄스 수를 증대시키려면 정류기 입력측의 다상화되도록 변환기용 변압기를 조합하여야 한다.

(2) 입력측 교류 리액터 추가

콘덴서 입력형 전압원 인버터의 경우 전원측에 교류 리액터를 추가하여 전류 파형을 개선하고 고조파 전류를 억제할 수 있다.

(3) PWM 방식 채택

인버터에는 펄스 폭 변조(PWM : Pulse Width Modulation) 제어 방식을 채택하여 고조파를 대폭 제거할 수 있고, 특정 고조파를 선택·제거할 수 있다.

(4) 강압 변압기에 의한 위상 이동

인버터와 같은 전력 변환기에 공급하는 전압모선을 그룹으로 나누고 각각에 공급하는 강압용 변압기를 다른 결선방식의 조합으로 하여 전체적으로 다 펄스화하여 정현파형에 가깝게 함으로써 고조파를 억제하는 효과를 얻을 수 있다.

(5) 단락용량의 증대

전원측으로 유출한 고조파 전류는 전원계통의 고조파 임피이던스에 의한 전압강하로 발생할 수도 있다. 전압의 찌그러짐을 작게하려면 전원의 임피이던스를 작게(단락용량을 크게)하여야 한다.

(6) 진상 콘덴서에 직렬 리액터의 추가

콘덴서 회로가 있으면 고조파 전류흐름을 좋게 하는 작용을 하게 된다. 용량성 리액턴스는 주파수에 반비례하여 변화한다. 콘덴서 회로에 직렬 리액터를 추가하여 고조파 전류의 확대를 방지함은 물론 흡수하는 효과도 얻을 수 있다. 직렬 리액터는 콘덴서 용량의 약 8%가 적당한 것으로 알려지고 있다.

(7) 교류필터의 설치

교류필터는 콘덴서, 리액터, 저항으로 분로를 설치하여 특정 고조파를 제거하는 수동형과 발생 고조파 전뉴에 대한 역위상의 전류를 주입하는 능동형으로 나누어진다.

11.3.2 발생원측의 대책

전력변환 장치의 정류회로를 개선하기 위해서는 PWM(Pulse Width Modulation) 제어방식을 채택하여 고주파수화하고, 사이리스터의 도통시 제어지연각 저감, 커뮤테이션(Commutation)용 리액턴스의 증대, 제어각의 상간 불평형 저감, 교류 전압의 상간 불평형 저감 등의 대책이 필요하다.

전력변환 장치의 다상화에는 사이리스터 제어장치에 의하여 펄스 수를 증대시키거나, 복수대의 전력변환 장치간의 위상차를 이용하는 방법이 있다.

고조파를 흡수하는 방법은 LC 필터를 설치하는 것으로 리액터와 콘덴서로 직렬 공진회로를 구성하고 고조파를 흡수하는 것이다. LCR 필터는 L과 R의 병렬회로에 C가 직렬로 접속되어 넓은 주파수 대역에서 저저항으로 되게 된다.

액티브 필터는 임의의 파형을 발생할 수 있는 인버터를 이용하여 고조파 전류를 제거하기 위한 전류를 전력계통에 주입하는 것이다. 주입하는 고조파 전류는 전원과는 유효전력을 형성하지 않으므로 인버터의 직류측 전류원은 불필요하고 충전된 캐패시터 또는 전류가 흐르는 리액터를 전류원으로 한다.

11.3.3 피해 기기측의 대책

고조파 장해를 받는 기기의 내량을 증대시켜야 하는데 콘덴서의 경우 콘덴서를 포함한 계통의 임피던스가 용량성이 되어 유입되는 고조파 전류가 증대하여 장해에 이르게 된다. 이 경우에는 직렬 리액터를 부설하여 유도성으로 하여 장해를 줄인다. 직렬 리액터의 용량을 증가시키면 고조파 내량은 증가한다. 일반적으로 콘덴서에 설치하는 직렬 리액터 용량은 콘덴서 용량의 약 8% 정도를 선정한다. 이렇게 하면 제5고조파 전압 왜율은 3.5% 정도가 된다. 피해가 증가하는 계기, 전자기기는 절연 변압기를 개입시켜 계통에서 분리하는 것도 고려하여야 한다.

11.3.4 배전계통측의 대책

배전계통의 왜율을 저감시키는 방법으로는 배전선의 저항, 리액턴스를 저감시켜 공급점의 단락 용량을 크도록 한 것이다.

일반적으로 단락 용량과 정류기 용량과의 관계는 다음과 같다.

$$P=\frac{\%V_n\times P_s}{n\times\%K_n} \tag{11.10}$$

여기서 P는 공급점의 단락용량(kVA), P_s는 계통의 단락용량 (kVA)이고 $\%V_n$는 허용 고조파 전압, n는 고조파 차수, $\%K_n$은 정격 부하전류에 대한 n차 고조파 전류비(%)이다.

그런데 계통 단락용량의 증대책에 대해서는 전력계통의 특성에 따라 고려하여야 한다. 또한 선로 정수와 콘덴서 사이에 공진현상을 피하도록 배전계통의 절체, 변전소 뱅크의 변경에 따라서 선로정수를 변화시켜 공진상태를 피해야 한다. 그러나 이 방법은 장해방지의 근본적인 대책이 아니므로 긴급적인 대책으로 하고 고조파 발생원을 정확히 규명하여 조치하는 것이 바람직하다.

11.3.5 전원설비의 고조파 대책

최근의 전원설비는 각종 컴퓨터, 통신시스템, 사무자동화 기기에 대한 전원공급에 고신뢰도가 보장되어야 하므로 무정전 전원공급 장치인 UPS(Uninterruptible Power

Supply System)가 증가하고 있으며, 비상용 발전기도 상시 운전하여 에너지 수요 관리에 이용하는 사례가 증가하고 있다. 전력감시 시스템은 소형 컴퓨터를 다수 사용하고 있으므로, 정보기기를 포함하여 콘덴서 입력형 부하가 되고 있다. 즉 비선형 부하가 증가하고 있다. 따라서 정보기기와 컴퓨터 부하에 대한 UPS는 출력특성에서 고조파 대책이 있는 것을 채택하여야 한다. UPS의 전원공급배선 및 각 제어기기에 대한 전원배선은 파형 찌그러짐을 고려하여, 전압강하에 여유가 있도록 설계하여야 한다.

UPS를 통하여 정보기기에 전압을 공급하는 경우 정보기기측에 대해서 고조파 대책을 강구하여도 UPS 입력의 고조파는 감소하지 않으므로 UPS 자체에 대한 고조파 대책이 필요하게 된다. 하나의 전원선으로 여러 대의 정보기기를 접속한 경우 생기는 고조파는 1대분의 대수배로 증가하지 않으며 1대에 대해서는 감소하는 경향을 나타낸다. 정보기기에서 발생하는 누설전류도 전압 찌그러짐이 최대의 경우를 고려하여 누전 차단기를 계획하여야 한다.

자가 발전기 부하에서도 고조파 전류 발생부하가 급속히 증가하고 있으므로 발전기 역상 전류 내량으로 발전기 설비용량을 결정할 필요가 있다. 발전기에서 역상전류 내량을 증대시키기 위하여 제동권선을 강화할 필요가 있다. 발전기에는 병렬운전시의 난조 방지 및 고조파 전류에 대한 전압파형 찌그러짐을 저감시키기 위하여 제동권선을 설치하고 있다. 고조파 대책으로 약 15% 정도의 역상전류 내량을 가진 발전기를 선정하여야 한다. 최근에 외국에서는 약 25% 정도의 역상전류 내량을 갖는 발전기가 출현되고 있다.

발전기의 전압조정장치는 단자전압을 검출하여 전압제어를 행하는데 고조파 전류에 의하여 파형이 찌그러지므로 평균치와 실효치의 차가 커지게 된다. 따라서 평균치 검출형 자동전압 조정장치는 오차가 발생하기 때문에 실효치 검출형 자동전압 조정장치가 필요하게 된다. 또한 기본파 성분이 저하하므로 부하의 출력 및 효율도 저하하므로 이에 대해서도 대비하여야 한다.

11.3.6 고조파 대책의 종합 방향

고조파 장해의 방지책으로 기기에서 고조파 전류 발생량을 억제하는 기본 원칙과 고조파 발생원에서 다른 부하기기로 고조파 전류의 흐름 억제 및 수요가측에서 대책, 계통측에서의 대책 등 다각적인 고조파 대책이 필요하다. 따라서, 고조파 문제 해결은 기기 제조자, 전력 수용가, 전력회사가 상호 협력하여 합리적인 대책을 강구하여야 한다.

이런 측면에서 볼 때 전력계통에서의 고조파 환경수준, 고조파 전류 억제 목표값, 기기의 고조파 내량 수준 등에 대한 목표값이 하루빨리 설정되어야 할 것이다. 일반적으로 배전계통에서는 전압의 종합 파형왜율이 5% 이내가 되는 것을 추천하고 있다.

불특정 다수 이용자가 사용하는 기기 등에 대해서는 이용자측이 개별적으로 고조파 대책을 마련하는 것은 곤란하므로 기기 제조자측에서 제품의 표준규격 중에 고조파 발생량에 대한 허용값을 정하고 제조자측에서 대응하는 것이 바람직할 것이다.

전력수용가에서는 반도체 응용기기, 아크로 등 특정설비를 가진 수요가는 전력계통측에 고조파 전류가 방출되지 않도록 어떤 수준 이하에서 관리되도록 하여야 한다. 전력회사측에서도 고조파 환경수준을 일정한 값으로 유지할 수 있도록 고조파 대책을 마련하고, 수용가측 입장에서 각종 고조파 장해를 사전에 방지할 수 있도록 하여야 할 것이다.

연 습 문 제

11.1 고조파에 대하여 설명하시오.

11.2 인버터의 고조파 발생원인을 설명하시오.

11.3 고조파에 의한 전기설비에 대한 영향을 설명하시오.

11.4 고조파 억제 대책을 설명하시오.

11.5 전원설비에 대한 고조파 대책을 설명하시오.

제 12 장

전력전자 응용실습

12-1 실습보고서 작성방법
12-2 오실로스코우프의 사용법
12-3 단상 반파 정류기의 제작 및 특성 실습
12-4 단상 전파 정류기의 제작 및 특성 실습
12-5 제어용 전원장치 제작 및 동작 실습
12-6 영점검출장치 제작 및 동작 실습
12-7 변환기 구동장치 제작 및 동작 실습
12-8 구동장치 절연회로 제작 및 동작 실습
12-9 단상 세미컨버터 제작 및 특성 실습
12-10 벅 컨버터 제작 및 특성 실습
12-11 인버터 구동 및 동작 실습

실습차례

12.1 실습보고서 작성방법
12.2 오실로스코우프의 사용법
12.3 단상 반파 정류기의 제작 및 특성실습
12.4 단상 전파 정류기의 제작 및 특성실습
12.5 제어용 전원장치 제작 및 동작실습
12.6 영점 검출장치 제작 및 동작실습
12.7 변환기 구동장치 제작 및 동작실습
12.8 구동장치 절연회로 제작 및 동작실습
12.9 단상 세미 컨버터 제작 및 특성실습
12.10 벅 컨버터 제작 및 특성실습
12.11 인버터 구동 및 동작실습

12.1 실습보고서 작성방법

(1) 실습 제목

실습제목을 기록한다.

(2) 실습 목적

실습 목적을 기록한다

(3) 이론 및 원리

실습에 관련된 이론과 실습에 사용될 각종회로의 동작원리에 대하여 관련 교재, 각종기술서적, 관련 규격 등을 사전에 충분히 파악하여, 그 내용을 체계적으로 정리한다.

(4) 실습 방법

① 실습할 회로도 또는 실습 장치 구성도를 그린다.

② 실습 순서별로 실습 방법을 설명한다

③ 실습시의 주의사항을 기록한다.

(5) 사용 기자재

실습에 사용된 계측기, 실습장치, 각종 기기, 실습재료 등을 표로 체계적으로 정리한다.

(6) 실습결과

① 결과를 체계적으로 정리하고, 필요한 경우 표를 만든다.

② 실습에서 얻은 결과와 이론 및 원리를 비교 분석하고, 필요한 경우 특성을 나타내는 그래프를 작성한다.

(7) 기타

실습 소감, 앞으로 실습해야 할 추가사항 등을 기록한다.

※ 실습시 주의 사항

① 전원 투입 전에 반드시 담당교수 또는 조교의 확인을 받는다.

② 실습은 조별로 실시되므로 조원 전원이 참여하여야 한다.

③ 실습 후 바로 결과 보고서를 작성하여야 하므로, 사전에 예비지식을 학습하고, 보고서 작성용지 등을 준비한다.

④ 실습 후에는 전원을 확실히 차단하고 실험 기기 등을 제자리에 갖다 놓고, 주변을 깨끗하게 청소한다.

⑤ 조별로 담당교수 또는 조교의 최종확인을 받고 퇴실한다.

12.2 오실로스코우프의 사용법

12.2.1 목적

전력전자 응용 실습에서는 각종 제어 신호 파형 및 전력변환기 제어회로의 각종 파형 측정, 전력변환기의 출력 파형측정 등에 사용할 오실로스코우프의 사용법을 습득힌다.

12.2.2 개요

오실로스코우프의 사용전의 준비사항과 오실로스코우프의 전면 PANEL 및 후면 PANEL의 조작부에 관해서 간단하게 설명하며, 각 기능을 구분하여 사용법을 설명한다. 여기서는 H사의 60[MHz], 오실로스코우프를 사용한 경우이다.

12.2.3 오실로스코우프의 사용전 준비사항

오실로스코우프를 사용하기 전에 필히 다음 조작을 행하여 하며, 이 조작을 하므로써 이후의 조작을 원만히 진행할 수 있다.

글 중 ○ 표시 내의 번호는 그림 12.4~6에 표시한 전면 PANEL 각 스위치 또는 KNOB의 번호이다.

(1) 오실로스포우프에 전원을 넣기 전에 각 스위치 또는 KNOB를 아래와 같이 설정한다.

a. 전원스위치 ① ………… OFF
b. 4개의 POSITION KNOB ⑭⑳㉓㉛ ………… 중앙
c. INTENSITY KNOB ④ ………… 중앙
d. 트리거 레벨 KNOB ㉜ ………… 좌측으로 회전(FIX)
e. SWEEP MODE KNOB ㉞ ………… AUTO
f. FULL ×IO MAG KNOB ㉛ ………… 눌러진 상태
g. AC-GND-DC 절환 스위치 ⑧⑫ ………… AC

(2) AC 전원 케이블을 뒷 PANEL의 MAIN 콘넥터에 접속하여 플러그를 AC 콘센트에 접속한다

(3) POWER 스위치 ①을 ON

약 20초 후에 CRT 관면에 휘선이 나타난다. 휘선이 나타나지 않을 경우는 INTENSITY KNOB ④를 우측으로 회전하여 휘선이 나타나도록 한다.

(4) FOCUS KNOB ⑤와 INTENSITY KNOB ④를 조정하여 휘선을 선명하게 한다.

(5) 수직축 POSITION KNOB ⑳ (CH-1용), ⑭ (CH-2용)와 수평축 POSITION KNOB ㉛ (공통)을 조정하여 휘선이 중앙에 오도록 한다.

(6) CH-1용 AC-GND-DC 절환 스위치 ⑧을 DC에 설정하여 VERTICAL MODE절환 스위치 ⑯을 CH-1에 설정하며, PROBE를 CH-1용 입력 콘넥터 ⑨에 접속하여 PROBE의 선단을 CAL 1V 출력단자 ②에 접속한다

(7) CH-1용 VOLTS/DIV 절환 스위치 ⑲를 20mv/div에 설정하며, 동축상의 VARIABLE KNOB ㉑을 우측 끝까지 돌린 후 트리거 선택 절환 스위치 ㉖을 INT, INT TRIG 스위치 ⑱을 CH-1에 설정한다.

(8) LEVEL KNOB ㉜을 돌려 CAL 신호의 동기를 안정시킨다.
TIME/DIV KNOB을 돌려 1ms/div에 설정한다. 이상의 조작으로 1V의 구형파가 관면에 표시된다.

(9) 나타난 방향파가 그림 12.1과 같이 왜곡될 경우는 그림 12.2와 같이 되도록 PROBE의 트리거를 조정한다.

(10) (6)부터 (9)까지의 조작을 CH-2에 행하여 PROBE를 조정한다.
이 때 VERTICAL MODE 절환스위치 ⑯과 INT TRIG 스위치 ⑱은 CH-2에 설정한다.

(11) CAL 1V 출력단자 ②로부터 PROBE를 빼내면 오실로스코우프는 사용준비가 완료된다

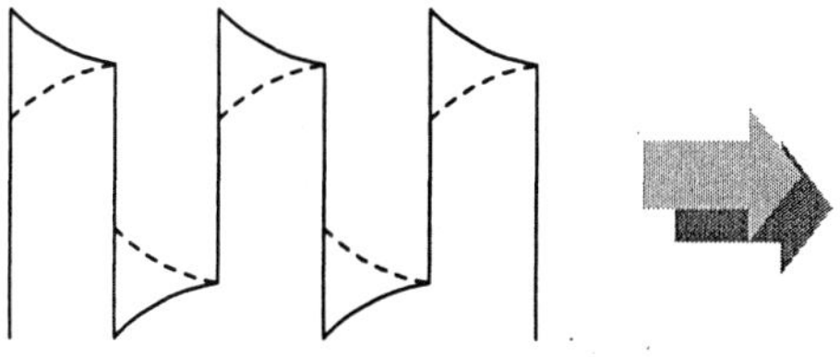

그림 12.1

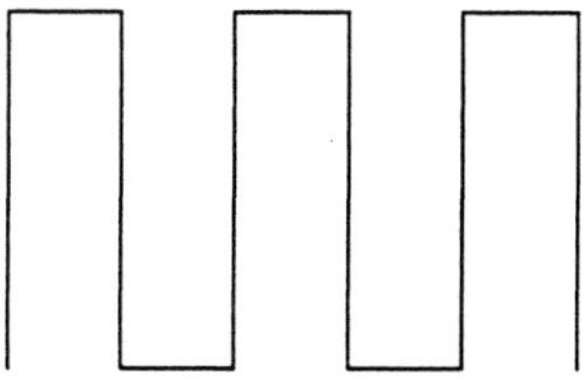

그림 12.2

12.2.4 오실로스코우프의 조작부 설명

그림 12.3은 오실로스코우프의 전면 PANEL을 나타내며 여기에는 각종 스위치, KNOB류, 단자, 표시 LAMP 등이 있다.

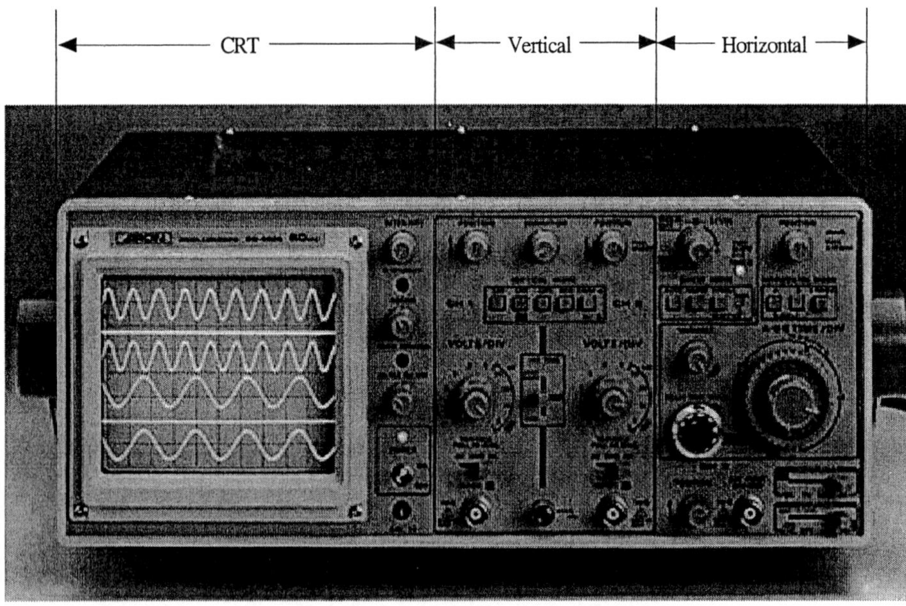

그림 12.3 오실로스코우프의 전면 PANEL

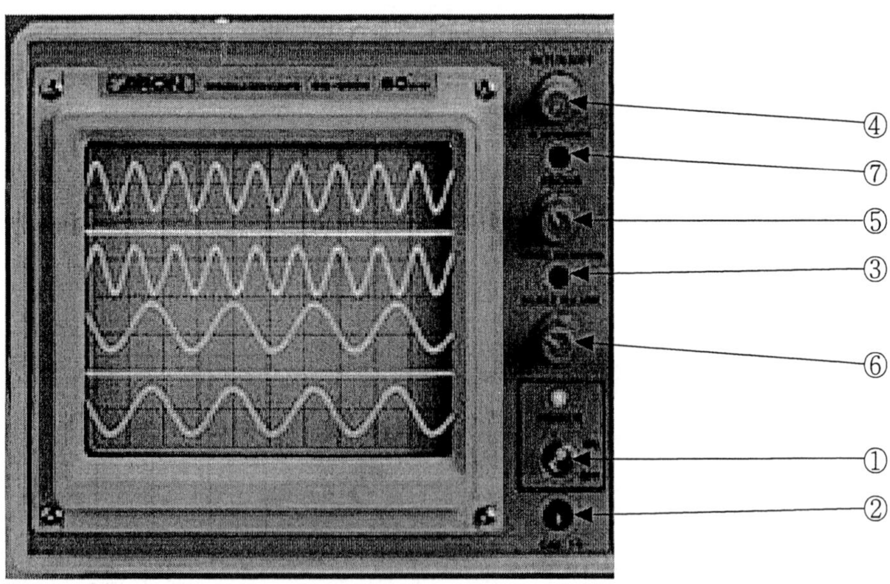

그림 12.4 CRT부 전면 PANEL

① POWER …… 전원 스위치를 ON할 경우 상측 표시 LAMP가 점등.

② CAL 1V …… 교정 전압 출력단자

③ TRACE ROTATION …… 휘선이 지자기 등에 영향을 받을 경우에 수정.

④ INTENSITY …… CRT 관면의 휘선이 휘도 조정

⑤ FOCUS …… CRT 관면의 휘선의 초점 조정

⑥ SCALE ILLUM …… CRT 관면 눈금의 조명을 조정

⑦ B INTENSITY …… B소인 동작시의 휘도 조정

그림 12.5 수직축부 전면 PANEL

⑧ AC GND DC …… CH 1의 입력 신호와 수직 증폭기의 결합 방식을 선택

AC …… 입력 시호의 직류 성분을 콘덴서로 저지하여 교류성분을 통과.

GND …… 입력단자는 개방되며 증폭기의 입력회로가 접지됨.

DC …… 입력신호는 증폭기에 직접 연결

⑨ INPUT [X] …… CH1의 수직 입력신호를 접속하는 단자. X-Y OSCILLOSCOPE로 사용할 때에는 X축에 입력신호를 접속한다. 또 CH3 소인시는 Y축에 입력신호를 접속한다.

⑩ ⊥접지단자 …… 측정용 접지단자

⑪ VOLTS / DIV …… 2중의 외측 KNOB, CH 2 수직축의 감도를 선택.

PANEL에 표시된 감도를 얻을 때에는 VARIABLE KNOB을 우측으로 돌려 CAL 위

치에 둘 필요가 있다.

⑫ AC GND DC …… CH2의 입력신호와 수직증폭기의 결합방식을 선택하며 동작은 ⑧과 동일하다.

⑬ INPUT [Y] …… CH2의 수직입력 신호를 접속하는 단자. X-Y OSCILLOSCOPE로 사용할 경우는 Y축 입력신호를 접속한다.

⑭ POSITION …… CH2 휘선의 수직 위치가 조정된다. KNOB을 당겼을 때 CH2의 입력 신호를 극성이 반전된다.

⑮ VARIABLE PULL×5 MAG …… 2중의 내측 KNOB, CH2의 수직감도가 연속적으로 변화되면 KNOB을 당겼을 때 표시된 감도의 5배가 된다.

⑯ VERTICAL MODE …… 수직의 동작 방식을 선택

CH 1 …… CH 1을 CRT 관면에 표시

CH 2 …… CH 2을 CRT 관면에 표시

CH 3 …… SOURCE 스위치 ㉖을 INT의 위치에 설정할 경우 내부 트리거 신호를 CRT 관면에 표시하여 SOURCE 스위치 ㉖을 CH3 / EXT 또는 CH 3÷10 / EXT÷10에 설정할 경우는 EXT INPUT 입력단자 ㉔에 가해진 신호가 CRT 관면에 표시된다.

ADD …… CH 1과 CH 2신호의 대수합 또는 차의 신호를 CRT 관면에 표시한다. 차의 신호를 표시할 경우는 POSITION KNOB ⑭를 당긴다.

CHOP …… 소인과의 관계는 CH 1, CH 2, CH 3의 CHANNEL간을 약 300KHZ CHANNEL수의 주파수로 절환되며, 2현상 또는 3현상 동작, 늦은 속도의 소인 관측시에 사용

ALT …… 소인 종료마다 CH 1, CH 2, CH 3의 CHANNEL간을 순차 절환하여 2현상 또는 3현상 동작으로 빠른 속도의 소인 관측시에 사용

⑰ SEPARATION …… VERTICAL MODE 스위치 ⑯을 ALT에 설정할 때에 B소인의 수직위치를 조정하는 KNOB.

⑱ INT TRIG …… 내부트리거 신호원을 절환하는 스위치. 이 스위치로 선택된 신호원은 SOURCE 스위치 ㉖을 INT에 설정할 때마다 선택되어 A TRIG에 접속

CH 1 …… CH 1 입력신호의 트리거 신호원.

또 X-Y 동작시에는 X축에는 신호를 접속

CH 2 …… CH 2 입력신호의 트리거 신호원

NORM …… CRT 관면에 표시되는 CHANNEL의 입력신호가 트리거 신호원

⑲ VOLTS/DIV …… 2중의 외측 KNOB, CH 1의 ⑪과 동일한 동작.

⑳ POSITION …… CH 1 휘선의 수직 스위치를 조정

㉑ VARABLE PULL×5 MAG …… 2중의 내측 KNOB, CH 1의 ⑮와 동일한 동작.

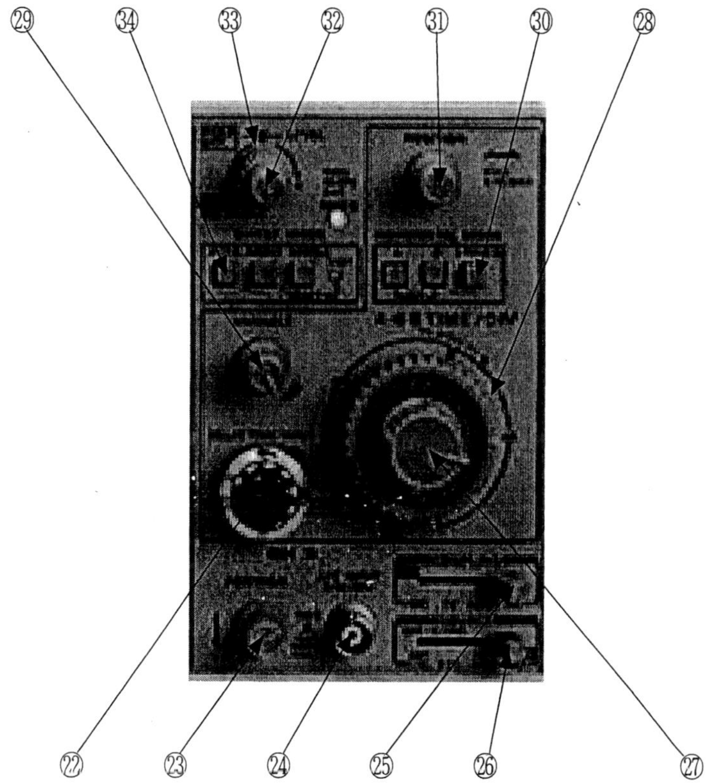

그림 12.6 수평축부 전면 PANEL

㉒ DELAY TIME MULT …… A TIME/DIV 스위치 ㉘로 설정된 DELAY TIME MULT의 배율기로 0.3~10.3배의 임의값이 연속하여 변화됨으로서 교정된 값을 읽는 것이 가능하다.

㉓ POSITION …… CH3 휘선의 수직 위치가 조정됨.

㉔ EXIT INPUT …… 트리거 회로의 외부 트리거 입력단자 또는 CH 3의 입력신호를 접속하는 단자

㉕ COUPLING …… 동기신호의 결합방식을 결정하는 스위치.

AC …… 동기입력은 용량경합으로 되며 10HZ 이하의 신호를 감쇄함.

AC-LF …… 10HZ부터 50KHZ의 신호를 통과시킴.

TV …… TV 영상신호 중 동기신호에 동기되도록 관측할 때 사용함. TIME/DIV 스위치의 0.5S~0.1mS까지는 TV-VF로써 수직 동기 신호에 동기되며 50㎲~0.05㎲까지는 TV-H로써 수평동기 신호에 동기됨.

DC …… 트리거 신호는 직접트리거회로에 접속됨.

㉖ SOURCE …… 트릭 회로의 트리거 신호원을 선택하는 스위치.

INT …… INT TRIG 스위치⑱로 선택하는 내부 신호가 트리거 신호원으로 됨

LINE …… Line(전원)신호가 트리거 신호원으로 됨.

CH 3 /EXT …… 외부 트리거(EXT INPUT) 입력 콘넥터 ㉔의 입력신호가 트리거 신호원이 됨

CH 3÷10 / EXT÷10 …… 외부 트리거(EXT INPUT) 입력 콘넥터 ㉔의 입력신호를 1/10로 감쇄한 트리거 신호원이 됨.

㉗ B TIME /DIV …… B소인의 소인 시간을 설정하는 스위치.

0.05㎲/Div～50㎳/Div시간을 19RANGE로 절환함.

㉘ A TIME/DIV …… A소인 시간을 설정하는 스위치. 소인시간은 0.05㎲/Div～0.5s/Div간이 22RANGE로 절환되며 X-Y동작할 때도 사용됨. TV-V, TV-H도 이 스위치로 자동적으로 절환됨

㉙ VARIABLE …… A소인시간의 미세조정기. A 소인시간을 연속적으로 1～2.5배 가변하게 된다. 소인 시간을 CAL(우측에 회전할 때의 위치)에서 교정됨.

㉚ HORIZONAL MODE …… A, B의 동작 방식을 선택하는 스위치

A …… A소인에 대한 파형 표시.

B …… B소인에 대한 파형 표시.

ALT(A, B 동시에 누를시) …… A 소인과 B 소인(지연소인)을 교차로 절환하면서 파형을 표시한다.

B TRIG'D …… 연속지연과 동기지연을 선택하는 스위치이다. ▌로 연속지연되며, A TIME/DIV 스위치 ㉘과 DELAT TIME MULT 스위치 ㉒로 소인 지연 후 트리거 신호로 BTH인이 스타트한다. ▮로 동기지연되며 A TIME/DIV 스위치 ㉘과 DELAY TIME MULT ㉒로 소인 지연 후 트리거 신호로 B 소인이 스타트한다. ▌때는 DELAY THE MULT 스위치 ㉒로 밝은 부분이 연속하여 이동된다. ▮때는 트리거 동작만 불연속적으로 이동한다.

㉛ POSITION …… 휘선의 수평위치 조정, 이 KNOB을 당겼을 때 수평증폭기의 GAIN은 10배가 되며 CRT 관면의 소인 시간은 10배의 속도가 된다.

㉜ LEVEL …… 2중의 내측 KNOB, 동기 LEVEL을 조정한다.

이 LEVEL KNOB의 조작으로 트리거 신호 파형이 어떤 점에서 소인이 개시될 것인지 결정한다. FIX의 위치에서는, 입력신호 LEVEL의 시작이 중앙에 고정된다. 이 KNOB을 당겼을 때 동기신호의 극성이 반전된다.

㉝ HOLD OFF …… 2중의 외측 KNOB, 트리거 LEVEL KNOB ㉜의 조작으로 동기를 시킬 경우에 사용한다. 우측으로 돌리면 HOLD OFF시간이 길어지며 CRT 관면에는

휘도가 떨어진다. 평상시는 좌회전하여 사용한다.

㉞ SWEEP MODE …… 소인 방식을 선택하는 스위치.

AUTO …… 동기상태가 되었을 때는 정지파형이 표시되고 동기신호가 없을 때 또는 동기 LEVEL이 맞지 않았을 경우에 관면 파형은 FREE-RUN 상태가 된다.

NORM …… 동기상태에는 관면에 파형이 표시되고 동기신호가 없을 때 또는 동기 LEVEL이 맞지 않을 경우는 휘선이 나타나지 않는다.

SINGLE …… RESET 스위치와 공용의 단소인 스위치이다. 3개의 스위치를 눌러 AUTO, NORM 스위치를 해제해도 단소인 동작이 되고 다시 스위치를 눌렀을 때도 RESER 된다. RESET될 때는 READY램프가 점등되고 단소인이 종료할 때 램프는 꺼진다.

12.3 단상 반파 정류기의 제작 및 특성 실습

12.3.1 목적

전력용 다이오드를 사용하여 단상 반파 정류기를 제작하고, 저항부하에 대한 단상 반파 정류기의 동작원리와 운전특성을 이해한다.

12.3.2 관련이론

정류기는 교류를 직류로 변환하는 전력변환 회로이다. 그림 12.7은 저항부하를 가진 단상반파 정류기회로이다. 입력전압이 정의 반파에서는 다이오드 D_1은 도통되고, 부의 반파에서는 다이오드는 차단되어 출력전압은 0이 된다.

그림 12.7의 정류기 회로에서 출력 전압의 평균값 V_{dc}는 다음과 같이 정의한다.

$$V_{dc} = \frac{1}{T}\int_0^T v(t)\,dt \tag{12.1}$$

여기서 $v(t) = V_m \sin\omega t$ 이고, $\frac{T}{2} \leq t \leq T$ 에서는 $v(t) = 0$ 이므로

$$\begin{aligned} V_{dc} &= \frac{1}{T}\int_0^T V_m \sin\omega t dt \\ &= \frac{-V_m}{\omega T}\left(\cos\frac{\omega T}{2} - 1\right) \end{aligned} \tag{12.2}$$

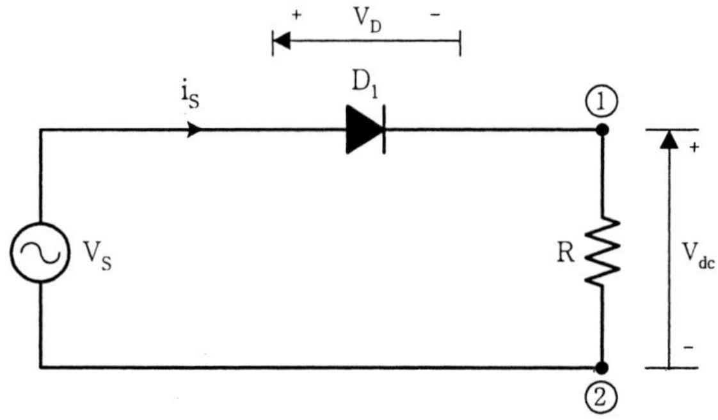

(a) 회로도

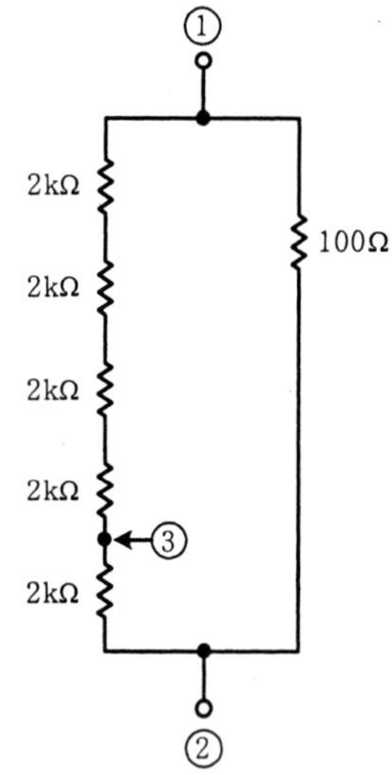

(b) 저항 분배

그림 12.7 단상 반파 정류기 회로

$\omega T = 2\pi$이므로 출력전압의 평균값 V_{dc}는

$$V_{dc} = \frac{V_m}{\pi} = 0.318\,V_m \tag{12.3}$$

이 된다. 저항부하에 흐르는 출력전류의 평균값 I_{dc}는

$$I_{dc} = \frac{V_{dc}}{R} = \frac{0.318\,V_m}{R} \tag{12.4}$$

가 된다.

12.3.3 실습재료 및 측정기기

(1) 실습재료

① 전력용 다이오드 : 1개

② 저항 : 100Ω(100W) 1개

③ 연선 : 2.0 ㎟ 10m

④ 플러그 : 220V 1개

⑤ 저항 : 2kΩ(1/4W) : 5개

(2) 실습용 기기 및 측정기기

① 실습용 기기

슬라이닥스, 니퍼,+드라이버

② 측정기기

오실로스코프, 디지털 멀티 테스터

12.3.4 실습방법 및 내용

(1) 그림 12.7의 회로를 이용하여 단상 반파 정류기를 구성한다. 슬라이닥스의 1차측은 교류전원 220V 측에 결선한다. 출력측은 교류 출력전압을 10V 정도로 가변하여 전원으로 사용하여 실습하되 철저한 안전관리를 하도록 한다. (실습회로 구성 후 담당교수의 확인 후 전원을 투입할 것.)

(2) 저항부하를 단상 반파 정류기에 연결하여 입력전압을 디지털 멀티 테스터 및 오실로스코우프로 측정하여 그 결과를 기록한다.

(3) 저항부하를 단상 반파 정류기에 연결하여 출력전압을 디지털 멀티 테스터 및 오실로스코우프로 측정하여 파형을 관찰하고 기록한다.

(4) (2)항 및 (3)항의 테스터 측정값과 오실로스코우프의 측정값의 차이에 대하여 이유를 설명하고 보고서에 기록한다.

(5) 단상 반파 정류기의 동작원리를 설명히고, 출력전압에 대하여 (3)항의 측정 결과와 이론식(2.3)에 의산 결과를 비교 검토한다.

12.4 단상 전파 정류기의 제작 및 특성 실습

12.4.1 목적

전력용 다이오드를 사용하여 그림 12.8의 단상 전파 정류기를 제작하고, 저항부하를 연결하여 단상 전파 정류기의 동작원리와 운전특성을 이해한다.

12.4.2 관련이론

그림 12.8의 단상 전파 정류기 회로에서 입력 전압의 최대값을 V_m이라고 하면, 출력 전압의 평균값 V_{dc}는

$$V_{dc} = \frac{2}{T}\int_0^{\frac{T}{2}} V_m \sin\omega t$$
$$= \frac{2V_m}{\pi}$$
$$= 0.6366\,V_m \quad (12.5)$$

이 된다. 그림 12.8는 단상 전파 브리지 정류기 회로를 나타내며, 산업응용분야에서 널리 이용되고 있다. 이 정류기 회로에 RL부하를 이용하면, 부하전류는 저항 R과 인덕턴스 L의 값에 따라 변화한다. $V_s = V_m \sin\omega t = \sqrt{2}\,V \sin\omega t$라면 부하전류 i_L은 다음과 같이 구할 수 있다.

$$L\frac{di_L}{dt} + Ri_L + E = \sqrt{2}\,V_s \sin\omega t \quad (12.6)$$

이 정류기 회로에서 부하전류 i_L는

$$i_L = \frac{\sqrt{2}\,V_s}{Z}\sin(\omega t - \theta) + \frac{E}{R}\left(e^{\frac{-Rt}{L}} - 1\right) \quad (12.7)$$

이 된다. 여기서 $Z = \sqrt{R^2 + (\omega L)^2}$, $\theta = \tan^{-1}\frac{\omega L}{R}$이다.

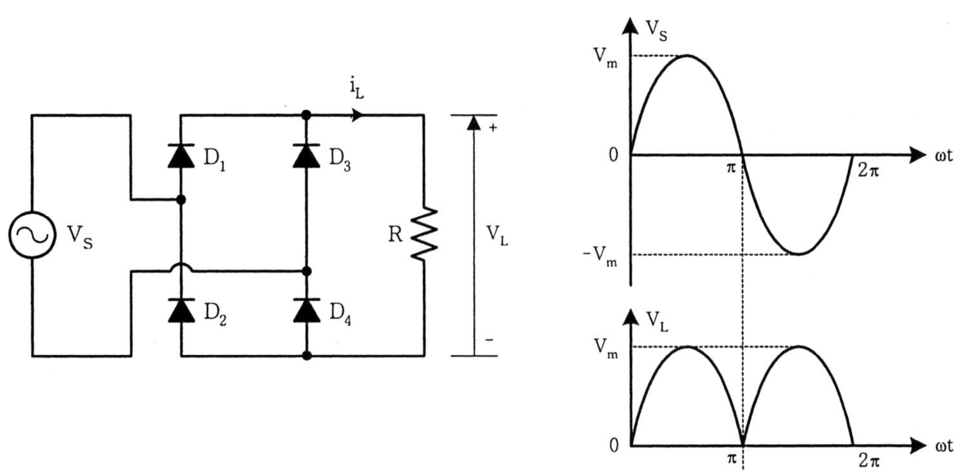

(a) 회로도 (b) 파형

그림 12.8 단상전파 브리지 정류기

12.4.3 실습재료 및 측정기기

(1) 실습재료

① 전력용 다이오드 : 4개

② 저항 : 500Ω(5W) 1개

③ 인덕터 : 8H(250Ω) 1개

④ 연선 : 2.0㎟ 4m

⑤ 저항 : 2kΩ(1/4W) 5개

⑥ 플러그 : 220V 1개

(2) 실습용기기 및 측정기기

① 실습용기기

슬라이 닥스, 니퍼,＋드라이버

② 측정기기

오실로스코프, 디지털 멀티 테스터

12.4.4 실습 방법 및 내용

(1) 그림 12.8의 회로를 이용하여 단상 전파 정류기를 구성한다. 슬라이닥스의 1차측은 교류전원 220V 측에 결선한다. 출력측은 교류 출력전압을 10V정도로 가변하여 전원으로 사용하여 실습하되 **철저한 안전관리를** 하도록 한다. (**실습회로 구성 후 담당 교수의 확인 후 전원을 투입할 것.**)

(2) 저항부하를 단상 전파 정류기에 연결하여 입력전압을 디지털 멀티 테스터 및 오실로스코우프로 측정하여 그 결과를 기록한다.

(3) 저항부하를 단상 전파 정류기에 연결하여 출력전압을 디지털 멀티 테스터 및 오실로스코우프로 측정하여 그 결과를 기록한다.

(4) (2)항 및 (3)항의 테스터 측정값과 오실로스코우프의 측정값의 차이에 대하여 이유를 설명하고 보고서에 기록한다.

(5) 저항부하 및 인덕터부하를 연결하여 출력접압을 오실로스코우프로 측정하여 (3)항의 저항부하만 연결하였을 때와 차이점을 분석하고 그 결과를 기록한다.

(6) 단상 전파 정류기의 동작원리를 설명하고 출력전압에 대하여 (3)항의 측정 결과와 이론식(3.1)에 의한 결과를 비교 검토한다.

12.5 제어용 전원장치 제작 및 동작 실습

12.5.1 목적

전력변환기에 사용할 제어용 전원을 설계하고 원하는 전압이 출력되는지 확인하고, ±12V, 5V 제어용 전원장치를 제작하고 동작원리를 이해한다.

12.5.2 설계요령

(1) 5V 제어용 전원장치

① 소형 변압기의 1차측은 220V를 사용하여 상용 교류전원 220V에 연결하고 2차측은 9V 단자에서 인출한다.

② 정류기의 전력용 다이오드의 내전압은 변압기의 2차전압×3정도 이상으로 설계한다.

③ 필터용 콘덴서의 용량은 변압기의 2차전류 이상이 되도록 하고 1000~2200μF 정도로 설계한다. 이 때 콘덴서의 내전압은 변압기의 2차전압×1.4 정도 이상으로 설계한다.

(2) ±12V 제어용 전원장치

소형 변압기의 1차측은 220V를 사용하여 상용 교류전원 220 V에 연결하고 2차측은 18V 단자에서 인출한다. 정류기의 다이오드의 내전압, 콘덴서 용량은 위 (2) 및 (3)항을 참조한다.

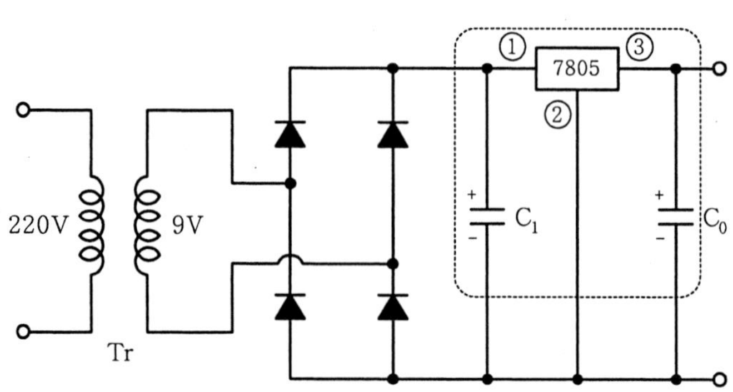

그림 12.9 +5V 제어용 전원장치 구성회로

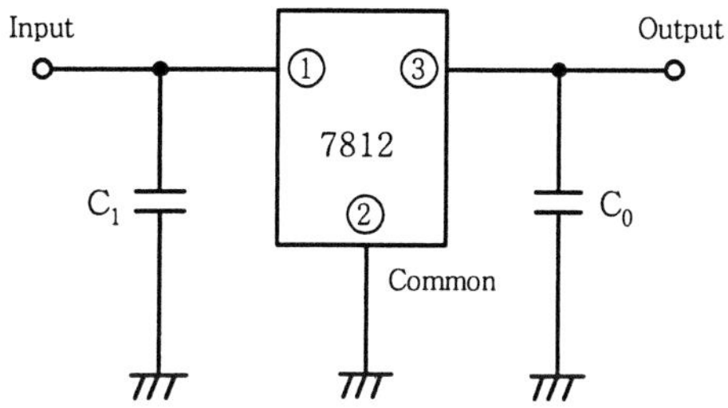

(a) 그림 12.9의 점선부분

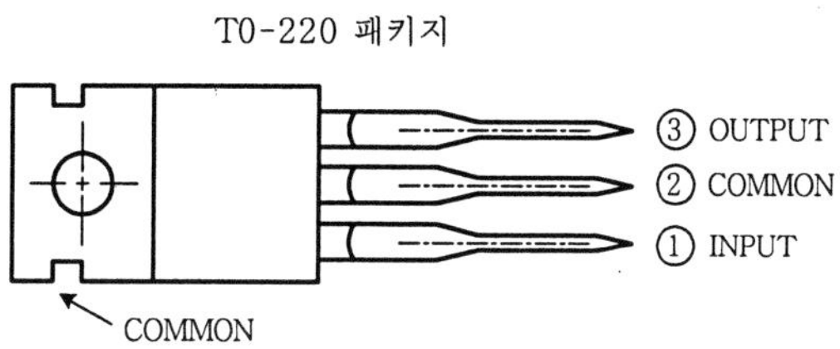

(b) 7805, 7812의 단자 모양

그림 12.10 +12V 제어용 전원장치 구성회로 (Tr 1차 220V, 2차 18V)

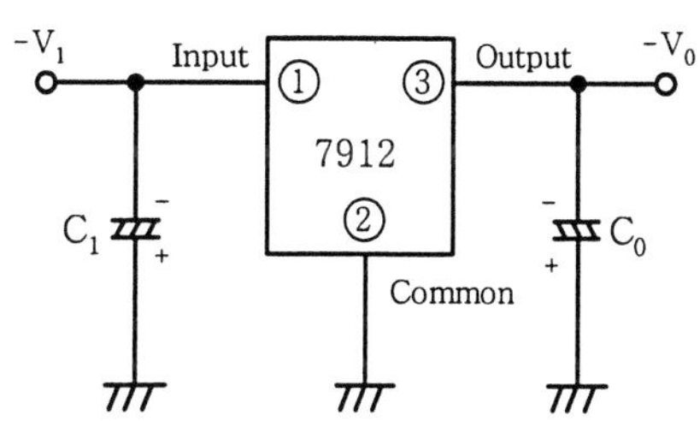

(a) 그림 12.9 회로 연결시 전해콘덴서 극성 주의

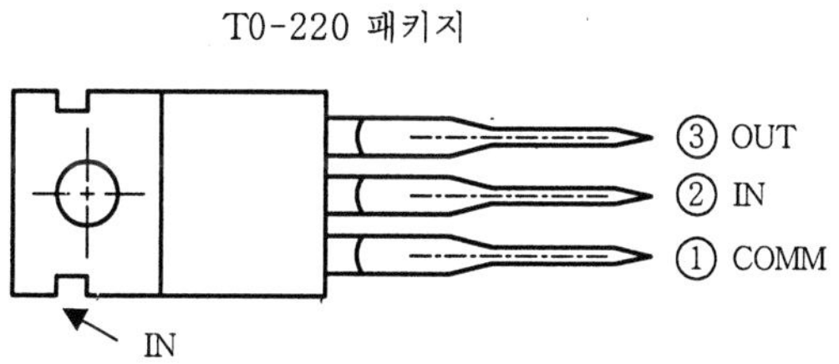

(b) 7912 단자 모양

그림 12.11 −12V 제어용 전원장치 구성회로 (Tr 1차 220V, 2차 18V)

12.5.4 실습재료 및 측정기기

(1) 실습재료

① 소형 변압기 1차 : 220V, 2차 : 9V, 2A 1개

② 소형 변압기 1차 : 220V, 2차 : 18V, 2A 2개

③ 전력용 다이오드 : 브리지 다이오드(내전압 40V 이상) 3개 또는 전력용 다이오드 12개

④ 전해 콘덴서 : 16V 470μF 2개, 35V 470μF 4개

⑤ 3단자 정전압 레귤레이터 : 7805 1개, 7812 1개, 7912 1개

⑥ 배선용 전선 : 연선 2.0㎟ 4m 점퍼선 0.5㎜ 흑색, 적색 각 4m

⑦ 시험용 부하저항 : 500Ω(5W)1개

⑧ 단면기판 1개

⑨ 커넥터 1개

⑩ 랙

⑪ 땜납

⑫ 플러그 : 220V 1개

(2) 실습용 기기 및 측정기기

① 실습용 기기

전기인두, 니퍼, 만능기판, 슬라이닥스

② 측정기기

디지털 멀티 테스터, 오실로스코프

12.5.5 실습방법

(1) 그림 12.9, 12.10, 12.11의 회로에 따라 설계하고 만능기판에 소자들을 연결하고 전원장치의 출력파형을 측정하고 원하는 결과인지 확인한다.

(2) 소자들을 가장 적절하게 단면기판에 배치하고 배선하며 납땜한다. 이 때 +5V 전원장치와 ±12V 전원장치는 한 단면기판에 제작한다.

(3) 납땜 후 원하는 출력전압이 나오는지를 오실로스코프로 측정한다.

(4) 각출력단자를 견출지 등을 이용하여 전원단자를 표시하여 다음 실습에서 이용시 쉽게 결선할 수 있게 한다.

(5) 완료한 단면기판은 커넥터, 랙에 결합하여 다음 실습시 이용할 수 있도록 구성하고, 실습결과를 기록한다.

12.6 영점검출장치 제작 및 동작 실습

12.6.1 목적

전력변환기에 사용할 영점검출회로를 설계하고 원하는 전압이 출력되는지 확인하고, 영점검출장치를 제작하고 동작원리를 이해한다.

12.6.2 설계요령

(1) 상용전원검출부

① 소형 변압기의 1차측은 220V를 사용하여 상용교류전원 220V에 연결하고 2차측은 9V 단자에서 인출한다.

② 제너 다이오드의 전압정격은 6.8V 정도로 선정하여 설계한다.

(2) 영점 출력부

구성회로는 그림 12.12를 참고하여 설계한다.

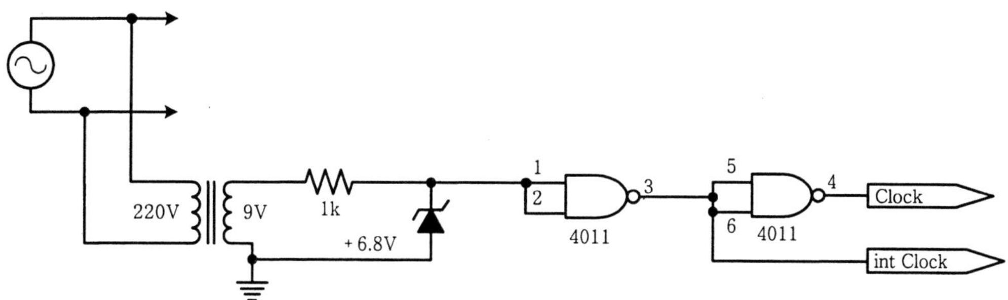

그림 12.12 영점검출회로 구성도

12.6.3 실습재료 및 측정기기

(1) 실습재료

① 소형 변압기 1차 : 220V, 2차 : 9V, 2A 1개

② 제너 다이오드 : 전압성격 6.8V 1개

③ 저항 : 1kΩ(1/4W) 1개

④ IC : NAND 4011 2개

⑤ 배선용 전선 : 2.0㎟ 4m 점퍼선 0.5㎜ 흑색, 백색 각 2m

⑥ 단면기판 1개

⑦ 커넥터 1개

⑧ 랙(12.5공용)

⑨ 땜납

⑩ +5V 제어용 전원장치 (12.5공용)

(2) 실습용 기기 및 측정기기

① 실습용기기

전기인두, 니퍼, 만능기판, 슬라이닥스

② 측정기기

디지털 멀티 테스터, 오실로스코프

12.6.4 실습방법

(1) 그림 12.13의 회로에 따라 설계하고 만능기판에 소자들을 연결하고 출력파형을 측정하고 원하는 결과인지 확인한다.
(2) 소자들을 가장 적정하게 단면기판에 배치하고 12.5에서 제작한 +5V 전원장치를 사용하여 IC의 전원배선을 연결하고 납땜한다.
(3) 납땜후 원하는 출력결과가 나오는지를 오실로스코프로 측정한다.
(4) 각출력단자를 견출지 등을 이용하여 표시한다.
(5) 완료한 단면기판은 커넥터, 랙에 결합하여 다음 실습시 이용할 수 있도록 구성하고, 실습결과를 기록한다.

12.7 변환기 구동장치 제작 및 동작 실습

12.7.1 목적

전력변환기에 사용할 구동장치 회로를 설계하고 원하는 구동신호가 출력되는지 확인하고, 변환기의 구동장치를 제작하고 동작원리를 이해한다.

12.7.2 설계요령

(1) 제어용 전원부 및 펄스 신호부

① 12.5에서 제작한 +5V 제어용 전원장치를 사용하여 원하는 전압이 출력되는지 확인한다.

② 12.6에서 제작한 영점 검출장치를 사용하여 원하는 펄스신호가 출력되는지 확인한다.

(2) 구동신호 출력부

구동신호회로는 그림 12.13를 참고하여 설계한다.

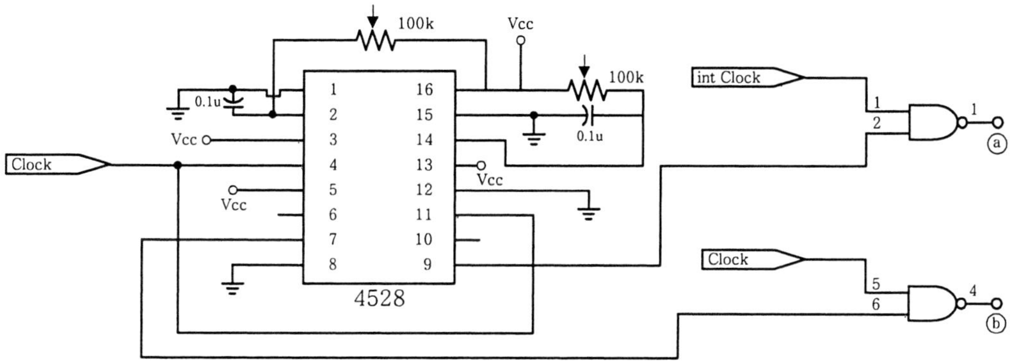

(MC 14538B)

그림 12.13 구동신호회로 구성도

12.7.3 실습재료 및 측정기기

(1) 실습재료

① 모노스터블 멀티바이브레터 :MC14538B 1개

② 전해 콘덴서 : 16V 0.1μF 2개

③ 가변저항 : 100㏀(1/4W) 2개

④ IC :NAND 4011 2개

⑤ 점퍼선 0.5㎜ 흑색, 백색 각 4m

⑥ 단면기판 (12.6 공용)

⑦ 커넥터 (12.6 공용)

⑧ 랙 (12.6 공용)

⑨ 땜납

⑩ +5V 제어용 전원장치(12.5 공용)

⑪ 영점 검출장치(12.6 공용)

(2) 실습용 기기 및 측정기기

① 실습용 기기

전기인두, 니퍼, 만능기판, 슬라이닥스

② 측정기기

오실로스코프, 디지털 멀티 테스터

12.7.4 실습방법

(1) 그림 12.14의 회로에 따라 설계하고 만능기판에 소자들을 연결하고 신호파형을 측정하고 원하는 결과인지 확인한다.
(2) 소자들을 가장 적절하게 단면기판에 배치하고 배선하며 납땜한다. +5V 정원장치와 영점 검출장치를 연결하고 출력 신호를 측정한다.
(3) 납땜 후 원하는 출력결과가 나오는지를 오실로스코프로 측정한다.
(4) 각출력단자를 견출지를 이용하여 표시한다.
(5) 완료한 단면기관은 커넥터, 랙에 결합하여 다음 실험시 이용할 수 있도록 구성하고, 실습결과를 기록한다.

12.8 구동장치 절연회로 제작 및 동작 실습

12.8.1 목적

전력변환기에 사용할 구동장치 절연회로를 설계하고 원하는 구동신호가 출력되는지 확인하고, 변환기의 구동장치 절연회로를 제작하고 동작원리를 이해한다.

12.8.2 설계요령

(1) 제어용전원부 및 펄스 신호부

① 12.5에서 제작한 ±12V 제어용 전원장치를 사용하여 원하는 전압이 출력되는지 확인한다. +5V 제어용 전원장치는 12.5의 재료를 사용하여 제작한다.

② 12.7에서 제작한 구동장치를 사용하여 원하는 펄스신호가 출력되는지 확인한다.

(2) 구동신호 출력부

구동신호 출력회로는 그림 12.14를 참고하여 설계한다.

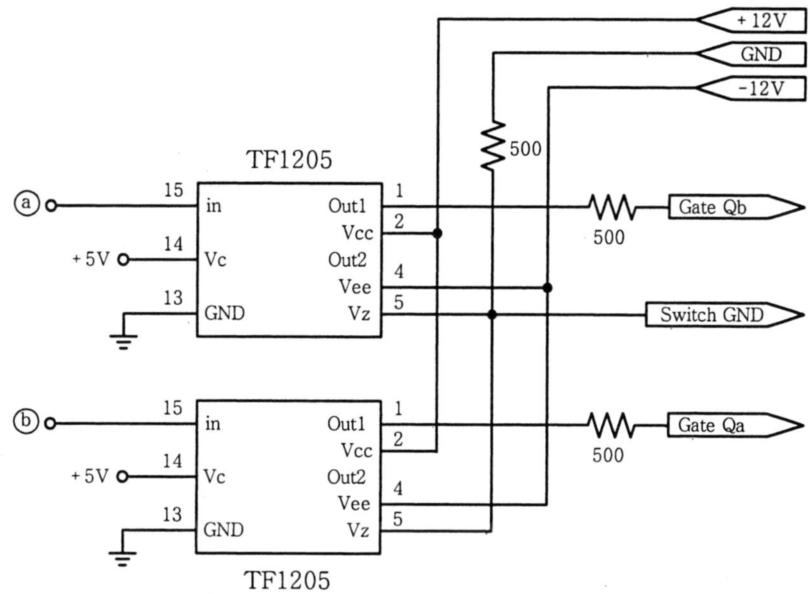

그림 12.14 구동신호 출력회로 구성도

12.8.3 실습재료 및 측정기기

(1) 실습재료

① 게이트 드라이브 모듈 : TF1205 2개

② 저항 : 500Ω(5W) 3개

③ 점퍼선 : 0.5㎜ 흑색, 백색 각 4m

④ 단면기판(12.6 공용)

⑤ 커넥터(12.6 공용)

⑥ 랙(12.6 공용)

⑦ 땜납

⑧ ±12V 제어용 전원장치(12.5 공용)

⑨ 변환기 구동장치(12.7 공용)

(2) 실습용 기기 및 측정기기

① 실습용 기기

전기 인두, 니퍼, 만능기판, 슬라이닥스

② 측정기기

디지털 멀티 테스터, 오실로스코프

12.8.4 실습방법

(1) 그림 12.14의 회로에 따라 설계하고 만능기판에 소자들을 연결하고 신호파형을 측정하고 원하는 결과인지 확인한다.
(2) 소자들을 가장 적절하게 단면기판에 배치하고 배선하며 납땜한다. 12.7에서 제작한 구동신호 회로를 연결하여 출력신호를 측정한다.
(3) 납땜 후 원하는 출력결과가 나오는지를 오실로스코프로 측정한다.
(4) 각 출력단자를 견출지를 이용하여 표시한다.
(5) 완료한 단면기판은 커넥터, 랙에 결합하여 다음 실험시 이용할 수 있도록 구성하고, 실습결과를 기록한다.

12.9 단상 세미컨버터 제작 및 특성 실습

12.9.1 목적

전력용 MOSFET를 사용하여 단상 세미컨버터를 제작하고, 저항부하에 대한 단상 세미컨버터의 동작원리와 운전특성을 이해한다.

12.9.2 관련이론

그림 12.15(a)의 단상 세미컨버터에서 입력전압의 정(+)의 반주기 동안 전력용 스위치 T_1은 정 바이어스 된다. 전력용 스위치 T_1이 $\omega t = \alpha$에서 점호되면, $\alpha \leq \omega t \leq \pi$에서 입력은 전력용 스위치 T_1가 다이오드 D_2를 통하여 공급된다. $\pi \leq \omega t \leq \pi + \alpha$에서 입력전압은 부(−)가 되고, 환류 다이오드 D_m는 순 바이어스로 된다. D_m은 유도성 부하에서 전류를 연속 흐르게 한다. 부하전류는 T_1과 D_2로부터 D_m으로 전환된다.

출력전압의 평균값 V_{dc}는

$$\begin{aligned} V_{dc} &= \frac{2}{2\pi}\int_{\alpha}^{\pi} V_m \sin\omega t \, d(\omega t) \\ &= \frac{V_m}{\pi}(1+\cos\alpha) \end{aligned} \tag{12.8}$$

점호각 α가 0에서 π까지 변할 때, V_{dc}는 $\dfrac{2V_m}{\pi}$에서 0까지 변한다. 출력전압의 평균값의 최대치는 $V_{dm} = \dfrac{2V_m}{\pi}$이 된다.

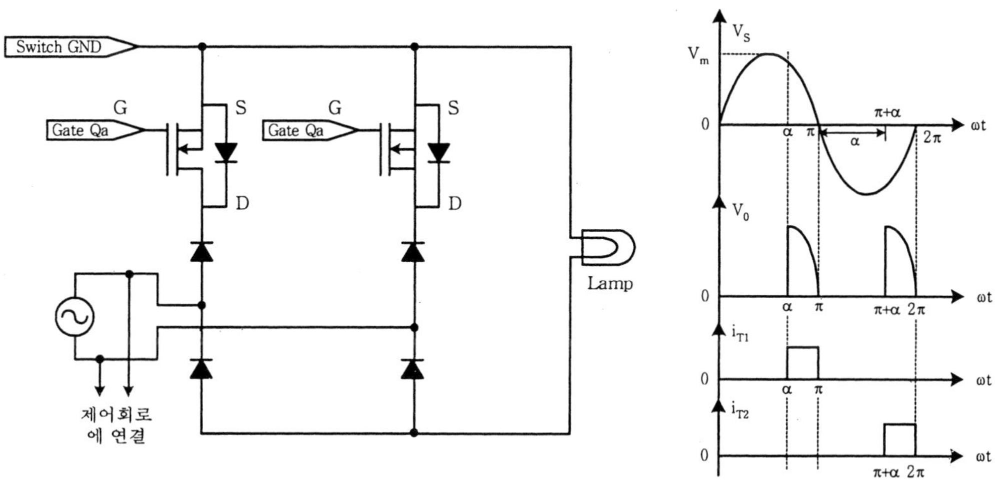

(a) 회로도 (b) 파형

그림 12.15 단상 세미컨버터

12.9.3 실습재료 및 측정기기

(1) 실습재료

① 전력용 MOSFET : IRF840 2개

② 전력용 다이오드 : DD25F80 2개

③ 다이오드 : IN5404 4개

④ 백열전구 : 100V 30W 1개

⑤ 연선 : 2.0㎟ 4m

⑥ 방열판 : 2개

⑦ 회로차단기 : 2극 220V 1개

⑧ 플러그 : 220V 1개

⑨ 베끄라이트 판 : 두께 3㎜, 50cm×60cm 1개

⑩ 전력변환기 구동장치 회로(12.8 공용)

(2) 실습용 기기 및 측정기기

① 실습용기기

슬라이닥스, 몽키, 뻰치, 니퍼, +드라이버

② 측정기기

오실로스코프, 디지털 멀티 테스터, 전력 고조파 측정기

12.9.4 실습방법 및 내용

(1) 그림 12.16(a)의 회로를 이용하여 단상 세미컨버터를 구성한다.

(2) 12.8에서 제작한 변환기 구동장치 회로의 출력부를 그림 12.16(a)의 단상 세미컨버터에 결합하여 동작상태가 정상인지를 확인한다.

(3) 저항부하(백열전구)를 이용하여 입력전압, 출력전압을 전력고조파 측정기로 측정하여 그 결과를 기록한다

(4) 저항부하(백열전구)를 이용하여 출력전압, 출력전류를 전력고조파 측정기로 파형을 측정하고 결과를 기록한다.

(5) 단상 세미컨버터의 동작원리를 설명하고, 출력전압에 대하여 (3)항의 측정 결과와 이론식(8.1)에 의한 이론값과 비교하고 검토결과를 기록한다.

12.10 벅 컨버터 제작 및 특성 실습

12.10.1 목적

전력용 트랜지스터를 사용하여 벅 컨버터를 제작하고, 저항부하에 대한 벅 컨버터의 동작원리와 운전특성을 이해한다.

12.10.2 관련이론

그림 12.16은 벅 컨버터의 기본회로이다. 그림 12.17은 벅 컨버터의 실습용 회로도를 나타낸 것이다. 스위치 S가 도통일 때 입력 전압에 의하여 인덕터 L에 에너지가 축적되면서 입력측으로부터 에너지가 출력측으로 전달되고 이 때 환류 다이오드 D는 차단된다. 다음 순간에 스위치 S가 차단되면 도통과정에서 인덕터 L에 축적된 에너지가 환류다이오드 D를 통하여 출력측으로 전달된다. 이와 같이 스위치 S의 도통과 차단의 시간비율을 조정하여 원하는 직류 출력전압을 얻을 수 있다.

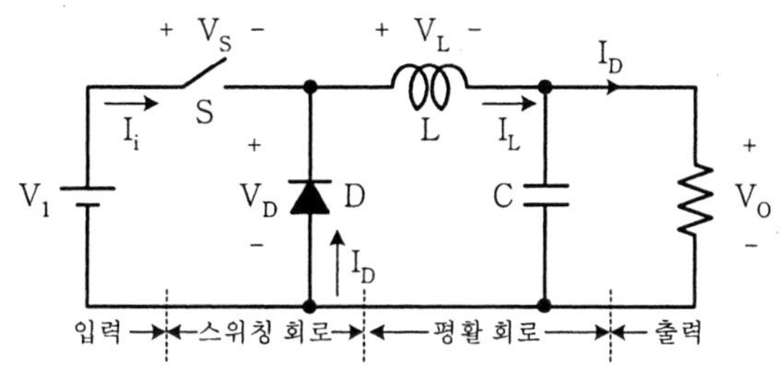

그림 12.16 벅 컨버터의 기본 회로

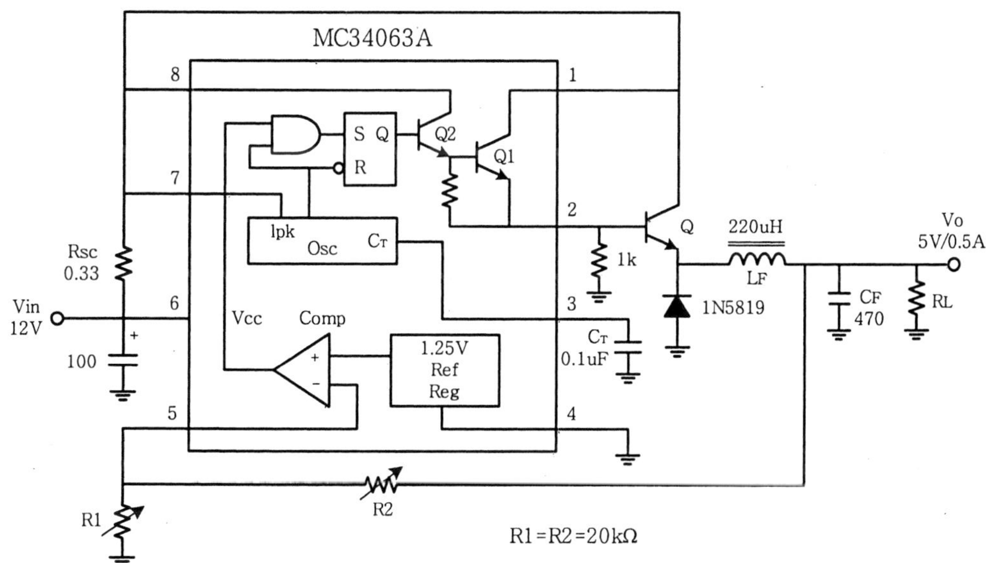

그림 12.17 벅 컨버터의 실습용 회로 구성

한 주기 동안의 입력에너지 P_0는

$$P_i = \frac{1}{T_s}\int_0^{T_i} V_i I_i \, dt$$

$$= V_i I_o \frac{T_{on}}{T_s} \tag{12.9}$$

$$P_o = \frac{1}{T_s}\int_0^{T_i} V_o I_o \, dt$$

$$= V_o I_o \frac{T_s}{T_s} \tag{12.10}$$

이 되고, 컨버터의 손실을 무시하면 $P_i = P_0$가 된다. 식(12.9) 및 식(12.10)에서 T_s는 컨버터의 스위칭 주기이고, T_{on}은 스위치가 도통되는 기간을 의미한다. 식(12.9) 및 식(12.10)에서 입력전압 V_i와 출력전압 V_0의 관계를 알아보면

$$\begin{aligned} V_o &= V_i \frac{T_{on}}{T_s} \\ &= D \cdot V_i \end{aligned} \tag{12.11}$$

이 된다. 여기서 D를 시비율(duty cycle)이라고 한다. 식(12.11)에서 $D = \frac{T_{on}}{T_s}$이 되며 벅 컨버터에서 시비율은 0에서 1사이의 값이 된다.

12.10.3 실습재료 및 측정기기

(1) 실습재료

① 전력용 트랜지스터 : NPN형 1개

② 저항 : 500Ω(5W) 1개.

③ 입력직류전원 : +12V 전원장치(12.5 공용)

④ PWM 칩 : MC34063A 1개.

⑤ 전해 콘덴서 : 16V 100μF 1개, 16V 470μF 1개, 16V 0.1μF 1개.

⑥ 인덕터 : 220μH, 2A 1개

⑦ 다이오드 : 1N5819 1개

⑧ 저항 : 0.33Ω(1/4W) 1개, 1kΩ(1/4W) 1개

⑨ 가변저항 : 20kΩ(1/4W) 2개

(2) 실습용 기기 및 측정기기

① 실습용 기기

슬라이닥스, 뻰치, 니퍼, +드라이버

② 측정기기

오실로스코프

12.10.4 실습방법 및 내용

(1) 그림 12.17의 회로를 이용하여 벅 컨버터를 구성한다.

(2) 12.5의 그림 12.17에서 제작한 +12V 전원장치를 그림 12.17의 벅 컨버터에 결합하여 동작 상태를 오실로스코프로 측정한다.

(3) 저항부하를 이용하여 입력전압, 출력전압을 오실로스코우프로 측정하여 그 결과를

기록한다.

(4) 벅 컨버터의 동작원리를 설명하고 시비율을 변화시키면서 출력전압의 변화하는 상태를 오실로스코프로 측정하고 실습결과를 기록한다.

12.11 인버터 구동 및 동작 실습

12.11.1 목적

인버터를 사용하여 유도 전동기의 속도제어의 동작을 이해한다. 인버터의 운전조작 방법을 습득하여 인버터 응용 시스템의 동작원리 및 운전특성을 이해한다.

12.11.2 관련이론

직류를 교류로 변환하는 전력변환기를 인버터(Inverter)라 한다. 인버터의 기능은 직류입력전압을 원하는 크기 및 주파수의 교류로 바꿀 수 있는데, 독립된 직류입력을 사용한 것을 자여식 인버터라 하고, 상용 교류를 직류로 정류하여 입력으로 사용한 것을 타여식 인버터라고도 부른다. 따라서, 타여식 인버터는 일정한 크기와 주파수의 전력을 다른 크기와 주파수의 전력으로 변환하는 기능이라 할 수 있다. 가변 출력전압은 입력 직류전압의 제어 또는 인버터의 제어에 의하여 얻을 수 있다. 특히 PWM (Pulse Width Modulation) 인버터는 인버터 자체에서 펄스 폭 변조 제어로 가변 전압 및 가변 주파수를 얻을 수 있다.

인버터의 출력전압 파형은 될 수 있는 한 정현파가 되어야 한다. 그러나, 실제 출력 파형은 비정현파가 되며 고조파를 포함하게 된다. 고속 스위칭 소자의 개발과 새로운 제어기법으로 출력파형에 포함되는 고조파를 줄이는 것이 오늘날 최대의 관심이 되고 있다.

그림 12.18(a)는 단상 브리지 인버터 회로를 나타낸 것이다. 트랜지스터 Q_1, Q_2가 동시에 턴 온 되면 부하에는 입력전압 V_S가 걸리게 된다. 트랜지스터 Q_3, Q_4가 동시에 턴 온 되면, 부하에는 입력전압 $-V_S$가 걸리게 된다. 출력 파형은 그림 12.18 (b)에 나타낸다.

출력전압의 실효값 V_o는

$$V_o = \left(\frac{2}{T_o} \int_0^{\frac{T_0}{2}} V_S^2 \, dt \right)^{\frac{1}{2}} \tag{12.12}$$

이 된다. 출력전압의 순시값을 퓨리에 급수로 전개하면,

$$v_0 = \sum_{n=1,3,5..}^{\infty} \frac{4V_s}{n\pi} \sin n\omega t \tag{12.13}$$

이 되고, $n=1$에 대한 기본파 성분의 실효값 V_1은

$$V_1 = \frac{4V_s}{\sqrt{2}\pi} = 0.9V_s \tag{12.14}$$

이 된다. RL부하에 대한 부하전류의 순시값 i_0는

$$i_0 = \sum_{n=1,3,5..}^{\infty} \frac{4V_s}{n\pi\sqrt{R^2+(n\omega L)^2}} \sin(n\omega t - \theta_n) \tag{12.15}$$

이 된다. 여기서 $\theta_n = \tan^{-1}\left(\frac{n\omega L}{R}\right)$ 이다.

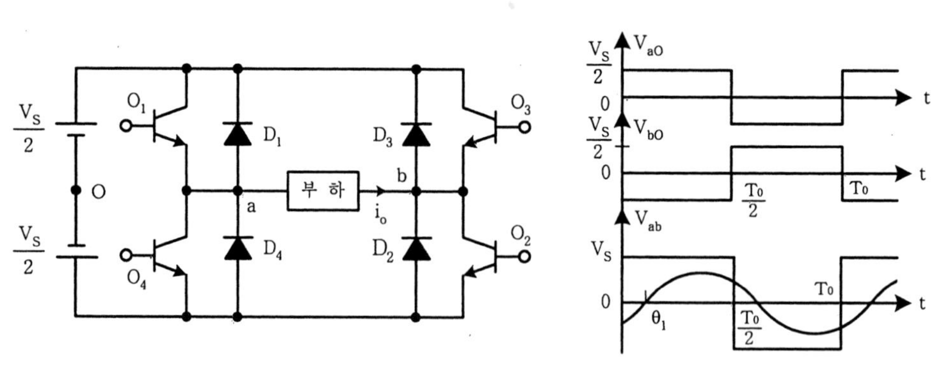

그림 12.20은 PWM인버터에 유도성 부하인 전동기를 연결하였을 경우의 출력전압파형과 전류파형의 형태를 보여주는 것이다.

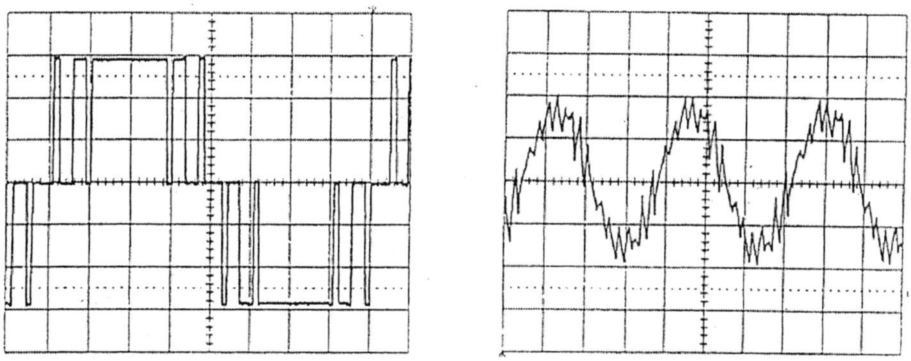

(a) 출력전압 파형(2ms/div, 100V/div) (b) 출력전류 파형(5ms/div, 10A/div)

그림 12.19 유도성 부하시 PWM 출력 파형 예

12.11.3 실습용 인버터 조작방법

1) 인버터 초기 조작

실습용 인버터인 LG 인버터인 경우는 다음의 순서로 조작을 한 후 동작시킨다.

① 전원투입	② 60	③ DOWN key 2번 누른다
④ FUI	⑤ FUNC key 누른다.	⑥ F1
⑦ UP key 누른다	⑧ F2	⑨ FUNC key 누른다
⑩ 1	⑪ DOWN key 누른다.	⑫ 1→0 바뀜
⑬ FUNC key 누른다	⑭ F2	⑮ 전원 내리고 다시 투입한다.

2) 인버터의 주파수 조정 동작 실습

(1) 주파수 낮춤

① FUNC key 누른다 ② DOWN key 누른다 ③ FUNC key 누른다

(2) 주파수 높임

① FUNC key 누른다 ② UP key 누른다 ③ FUNC key 누른다

(3) 인버터 동작

① RUN key 운전 ② STOP/RST key로 정지

12.11.4 실습재료 및 측정기기

(1) 실습재료

① 유도 전동기 : 3상, 220V, 1/4Hp 1개

② 연선 : 2.0㎟ 4m

③ 플러그 : 3구, 220V 1개

(2) 실습용 기기 및 측정기기

① 실습용기기

인버터, 뺀치, 니퍼, +드라이버

② 측정기기

전력 고조파 측정기.

12.11.5 실습방법 및 내용

(1) 유도 전동기와 인버터를 결선한다.

(2) 12.11.3의 2)항의 조작순서에 따라 인버터를 운전하였을 때 인버터의 출력전압을 전력 고조파 측정기로 측정하여 그 결과를 기록한다.

(3) (2)항의 실습후 인버터에 유도 전동기를 연결한 상태에서 인버터 출력전업의 종합 고조파 왜율(THD:Total Harmonic Distortion)을 전력 고조파 측정기로 측정하고, 인버터의 주파수를 변화시키면서 유도전동기의 속도제어상태를 관찰하고 종합 고조파 왜율값과 실습결과를 기록한다.

부　　　록

□ 전력용 반도체 소자의 기호와 특성

<table>
<tr><th>구분</th><th>기호</th><th>특성</th></tr>
<tr><td>다이오드</td><td>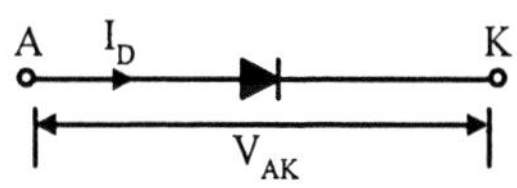
</td><td>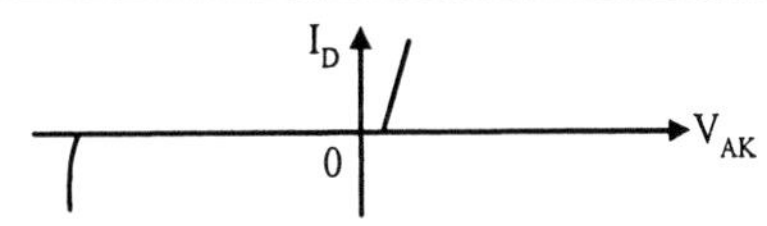
</td></tr>
<tr><td>사이리스터</td><td>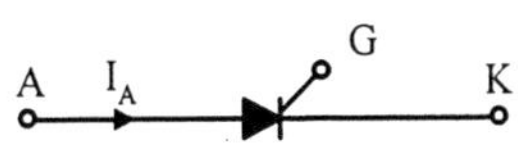
</td><td>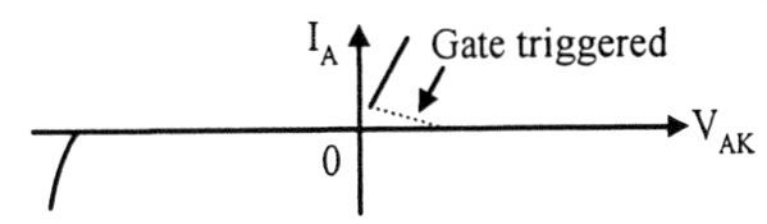
</td></tr>
<tr><td>SITH</td><td>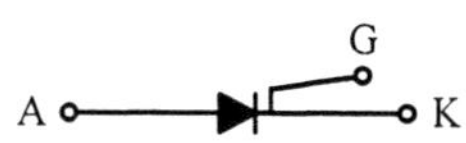
</td><td rowspan="3">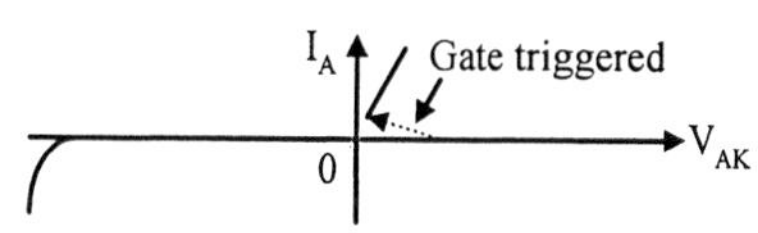
</td></tr>
<tr><td>GTO</td><td>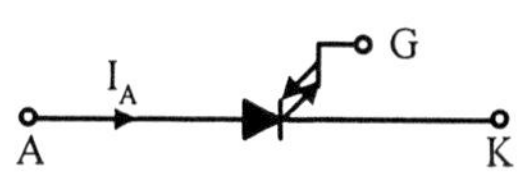
</td></tr>
<tr><td>MCT</td><td>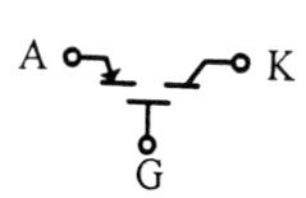
</td></tr>
<tr><td>TRIAC</td><td>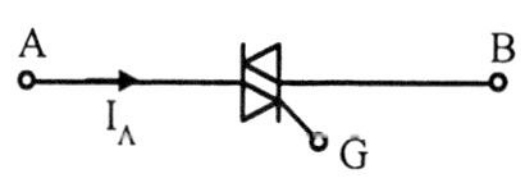
</td><td>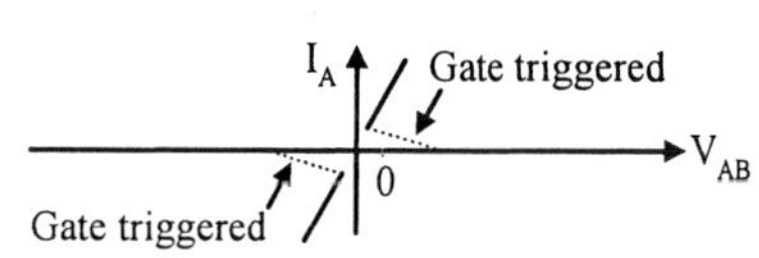
</td></tr>
<tr><td>LASCR</td><td>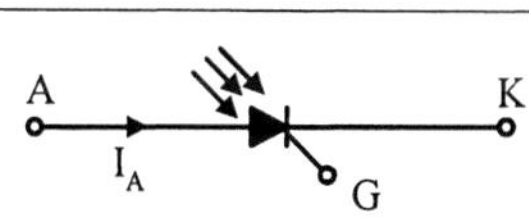
</td><td>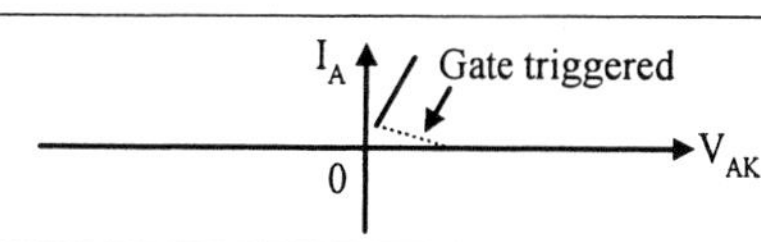
</td></tr>
<tr><td>NPN BJT</td><td>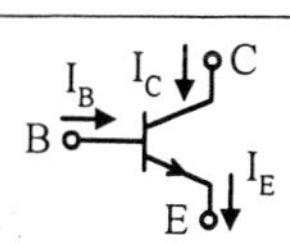
</td><td>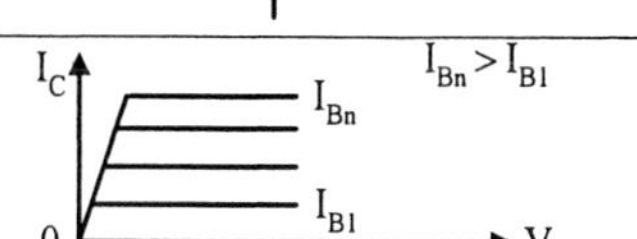
</td></tr>
<tr><td>IGBT</td><td>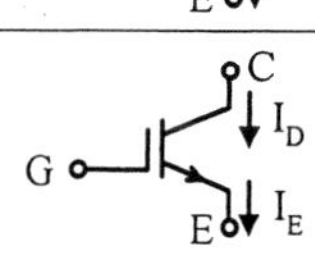
</td><td>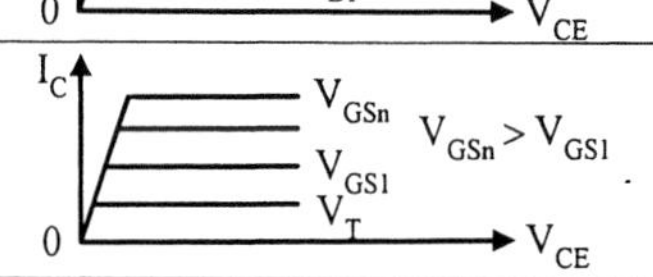
</td></tr>
<tr><td>N-찬넬
MOSFET</td><td>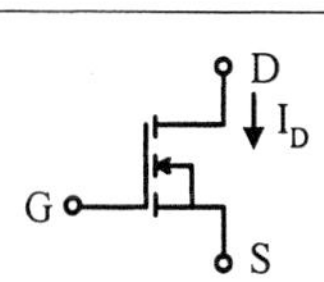
</td><td>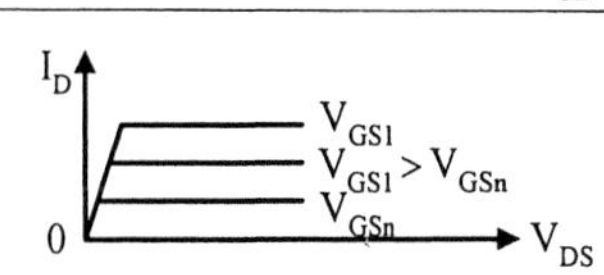
</td></tr>
<tr><td>SIT</td><td>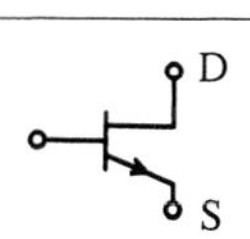
</td><td>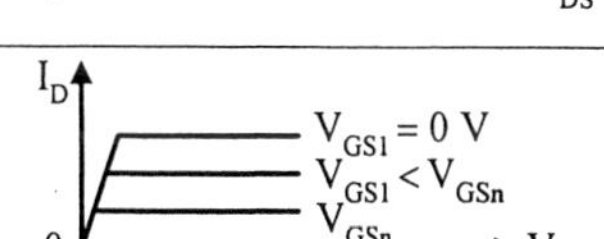
</td></tr>
</table>

□ 가변속 제어시 운전형태

Application	Type of Drive			
	Standard Industrial Drive	Motion Control Drive	Engineered Standard Drive	Custom System
Bottling Lines	AC	AC/DC	AC/DC	
Conveyors	AC/DC			AC/DC
Cranes/Hoist/Elevators			DC	
Extruders	AC/DC			
Fans/Blowers	AC/DC		AC	
Feeders (Screw, Distributing)	AC/DC	AC/DC	AC/DC	
Fibers Lines	AC/DC		AC/DC	AC/DC
Grinders (Metal)	AC/DC		AC	
Metal Removing		AC/DC	AC/DC	
Metal Rolling Mills			DC	DC
Mills (Grinding, Saw, Band)	AC/DC		AC/DC	DC
Mixers	AC/DC		DC	DC
Packaging Lines	AC/DC		AC	
Positioning		AC/DC	AC/DC	
Presses(Drill)	AC/DC		AC/DC	
presses(Stamp/Punch)			AC/DC	AC/DC
Printing Presses			DC	DC
Pulp/Paper Mills			AC/DC	DC
Pumps	AC		AC	
Robots		AC/DC	AC/DC	AC/DC
Saws	AC		AC/DC	
Separators	AC/DC			
Shears	AC			
Test Stands			AC/DC	
Transter Machines		AC/DC	AC/DC	
Washers	AC		AC/DC	
Winders/Unwinders			DC	DC

□ 삼각함수공식

1. $\sin A \operatorname{cosec} A = 1,\quad \tan A \cot A = 1,\quad \cos A \sec A = 1$

2. $\tan A = \dfrac{\sin A}{\cos A}$

3. $\sin^2 A + \cos^2 A = 1$, $\sec^2 A = 1 + \tan^2 A$, $\operatorname{cosec}^2 A = 1 + \cot^2 A$

4. $\sin(A \pm B) = \sin A \cos B \pm \cos A \sin B$, $\cos(A \pm B) = \cos A \cos B \mp \sin A \sin B$

5. $\sin 2A = 2\sin A \cos A$
   $\cos 2A = 2\cos^2 A - 1 = 1 - 2\sin^2 A = \cos^2 A - \sin^2 A$

6. $\sin A = 2\sin\dfrac{A}{2}\cos\dfrac{A}{2}$, $\cos A = \cos^2\dfrac{A}{2} - \sin^2\dfrac{A}{2}$

7. $2\sin^2 A = 1 - \cos 2A$,$2\cos^2\dfrac{A}{2} = 1 - \cos A$

8. $\sin A + \sin B = 2\sin\dfrac{1}{2}(A+B)\cdot\cos\dfrac{1}{2}(A-B)$
   $\sin A - \sin B = 2\cos\dfrac{1}{2}(A+B)\cdot\sin\dfrac{1}{2}(A-B)$
   $\cos A + \cos B = 2\cos\dfrac{1}{2}(A+B)\cdot\cos\dfrac{1}{2}(A-B)$
   $\cos A - \cos B = -2\sin\dfrac{1}{2}(A+B)\cdot\sin\dfrac{1}{2}(A-B)$

9. $\sin A \cos B = \dfrac{1}{2}[\sin(A+B) + \sin(A-B)]$
   $\cos A \sin B = \dfrac{1}{2}[\sin(A+B) - \sin(A-B)]$
   $\sin A \sin B = \dfrac{1}{2}[\cos(A-B) - \cos(A+B)]$
   $\cos A \cos B = \dfrac{1}{2}[\cos(A-B) + \cos(A+B)]$

□ 퓨리에 급수 전개

정상상태에서 전력변환기에서 출력전압은 다음과 같은 주기함수로 표현할 수 있다.

$$v_0(t) = v_0(t+T) \tag{1}$$

여기서 T 는 주기이다. $\omega = 2\pi f = \frac{2\pi}{T}$ 이므로

$$v_0(\omega t) = v_0(\omega t + 2\pi) \tag{2}$$

식 (1)을 퓨리에 급수 전개하면 $v_0(t)$는

$$v_0(t) = a_0 + \sum_{n=1,2,\ldots}^{\infty} [a_n \cos n\omega t + b_n \sin n\omega t] \tag{3}$$

여기서 a_0 , a_n, b_n 은 다음의 식으로 표현할 수 있다.

$$a_0 = \frac{1}{T}\int_0^T v_0(t)\,dt = \frac{1}{2\pi}\int_0^{2\pi} v_0(\omega t)d(\omega t) \tag{4}$$

$$a_n = \frac{2}{T}\int_0^T v_0(t)\cos n\omega t dt = \frac{1}{\pi}\int_0^{2\pi} v_0(\omega t)\cos n\omega t d(\omega t) \tag{5}$$

$$b_n = \frac{2}{T}\int_0^T v_0(t)\sin n\omega t dt = \frac{1}{\pi}\int_0^{2\pi} v_0(\omega t)\sin n\omega t d(\omega t) \tag{6}$$

한편

$$a_n \cos n\omega t + b_n \sin n\omega t$$

$$= \sqrt{a_n^2 + b_n^2}\left[\frac{a_n}{\sqrt{a_n^2 + b_n^2}}\cos n\omega t + \frac{b_n}{\sqrt{a_n^2 + b_n^2}}\sin n\omega t\right] \tag{7}$$

따라서 식 (3)에서 출력전압 $v_0(t)$는 다음과 같이 표현할 수 있다.

$$v_0(t) = a_0 + \sum_{n=1,2,\ldots}^{\infty} C_n \sin(n\omega t + \Phi_n) \tag{8}$$

여기서 $C_n = \sqrt{a_n^2 + b_n^2}$ 이고 $\Phi_n = \tan^{-1}(\frac{a_n}{b_n})$ 이다.

C_n과 Φ_n은 출력전압 $v_0(t)$의 n차 고조파 성분의 최대값과 위상각을 나타낸다.

□ 전력변환회로의 과도특성해석

1. RC 회로

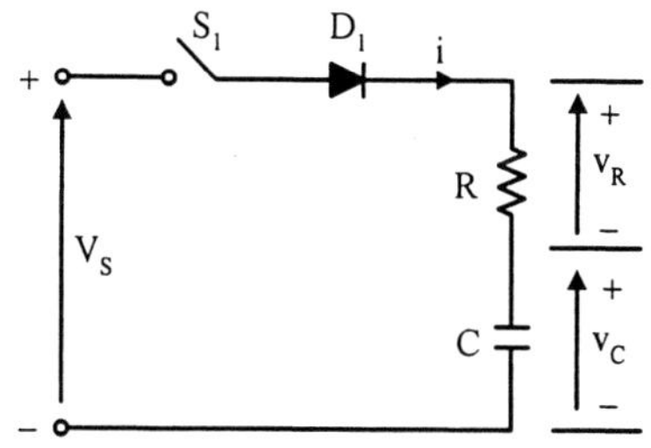

그림 1 RC 회로

그림 1과 같은 RC 회로에서 스위치 S_1을 $t=0$에서 도통될 때 다음의 관계가 성립한다.

$$V_s = v_R + v_C = Ri + \frac{1}{C}\int idt + v_C(t=0) \tag{1}$$

여기서 초기조건 $v_C(t=0)=0$으로 가정한다.
표 1의 라플라스 변환표를 이용하여 식 (1)을 라플라스 변환하면

$$\frac{V_s}{s} = RI(s) + \frac{1}{Cs}I(s) \tag{2}$$

$$I(s) = \frac{V_s}{R(s+\alpha)} \tag{3}$$

여기서 $\alpha = 1/RC$이다.
식(3)을 라플라스 역변환하면

$$i(t) = \frac{V_s}{R}e^{-\alpha t} \tag{4}$$

커패시터 양단전압 $v_c(t)$는

$$v_{C(t)} = \frac{1}{C}\int_0^t idt = V_s(1-e^{-\alpha t}) \tag{5}$$

정상상태에서 $i(t=\infty)=0$ 이고 $v_c(t=\infty)=\frac{V_s}{R}$ 가 된다.

표 1 라플라스 변환표

f(t)	F(s)
1	$\frac{1}{s}$
t	$\frac{1}{s^2}$
$e^{-\alpha t}$	$\frac{1}{s+\alpha}$
$\sin \alpha t$	$\frac{\alpha}{s^2+\alpha^2}$
$\cos \alpha t$	$\frac{s}{s^2+\alpha^2}$
$f'(t)$	$sF(s)-F(0)$
$f''(t)$	$s^2F(s)-sF(s)-F'(0)$

2. RL 회로

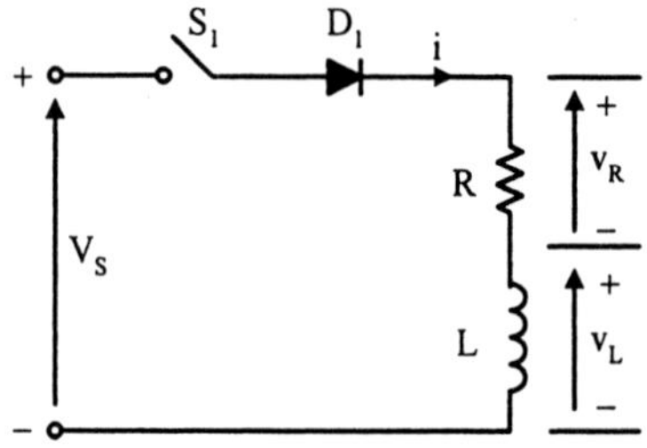

그림 2 RL회로

그림 2와 같은 RL 회로에서 스위치 S_1을 t=0에서 도통될 때 다음의 관계가 성립한다.

$$V_s = v_L + v_R + E = L\frac{di}{dt} + Ri + E \tag{6}$$

인덕터에 흐르는 초기전류 $i(t=0)=I_1$이라 가정하고, 식 (6)을 라플라스 변환하면

$$\frac{V_s}{s} = LsI(s) - LI_1 + RI(s) + \frac{E}{s} \tag{7}$$

$$I(s) = \frac{V_s - E}{Ls(s+\beta)} + \frac{I_1}{(s+\beta)}$$

$$= \frac{V_s - E}{R}\left[\frac{1}{s} - \frac{1}{s+\beta}\right] + \frac{I_1}{s+\beta} \tag{8}$$

여기서 $\beta = \frac{R}{L}$ 이다. 식(8)을 라플라스 역변환하면

$$i(t) = \frac{V_s}{R}(1 - e^{-\beta t}) + I_1 e^{-\beta t} \tag{9}$$

정상상태에서 $i(t=\infty) = \frac{V_s}{R}$ 이 된다.

3 LC 회로

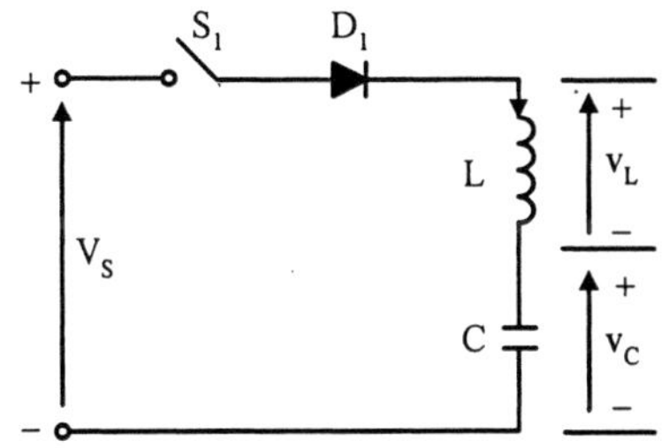

그림 3 LC회로

그림 3과 같은 LC 회로에서 스위치 S_1을 t=0에서 도통될 때 다음의 관계가 성립한다.

$$V_s = v_L + v_C = L\frac{di}{dt} + \frac{1}{C}\int i dt + v_C(t=0) \tag{10}$$

초기상태에서 $v_c(t=0)=0$, $i(t=0)=0$이라 가정한다. 식 (10)을 라플라스 변환하면

$$\frac{V_s}{s} = LsI(s) + \frac{1}{Cs}I(s) \tag{11}$$

$$I(s) = \frac{V_s}{Ls^2 + \omega_m{}^2} \tag{12}$$

여기서 $\omega_m = 1/\sqrt{LC}$ 이다. 식 (12)를 라플라스 역변환하면

$$i(t) = V_s\sqrt{\frac{C}{L}}\sin\omega_m t \tag{13}$$

커패시터의 전압 $v_c(t)$는

$$v_C(t) = \frac{1}{C}\int_0^t i(t)dt = V_s(1 - \cos\omega_m t) \tag{14}$$

□ 전력용 다이오드 규격 예

Power Diode Module DD160F series are designed for various rectifier circuits. DD160F has two diode chips connected in series in a package and the mounting base is electrically isolated from elements for simple heatsink construction. Wide voltage rating up to 1,600 V is available for various input voltages.

· Isolated mounting base
· Two elements in a package for simple (single and three phase) bridge connections
· Highly reliable glass passivated chips
· High surge current capability

(Applications)
Various rectifiers, Battery chargers, DC motor drives

■ Maximun Ratings

Symbol	Item	DD160F-40	DD160F-80	DD160F-120	DD160F-160	Unit
V_{RRM}	Repetitive Peak Reverse Voltage	400	800	1200	1600	V
V_{RSM}	Non-Repetitive Peak Reverse Voltage	480	960	1300	1700	V

Symbol	Item		Condition	Ratings	Unit
$I_{F(AV)}$	Average Forward Current		Single phase, half wave, 180° conduction, Tc : 87℃	160	A
$I_{F(RMS)}$	R.M.S Forward Current		Single phase, half wave, 180° conduction, Tc : 87℃	250	A
I_{FSM}	Surge Forward Current		1/2 cycle, 50/60Hz, peak value, non-repetitive	5000/5500	A
I^2t	I^2t		Value for one cycle of surge current	125000	A^2S
V_{ISO}	Isolation Breakdown Voltage(R.M.S)		A.C 1minute	2500	V
Tj	Operating Junction Temperature			-40~+125	℃
Tstg	Storage Temperature			-40~+125	℃
	Mounting Torque	(M5)	Recommended Value 25kgf · cm	22~28	kgf · cm
		Terminal (M8)	Recommended Value 105kgf · cm	95~115	
	Mass			510	g

■ Electrical Characteristics

Symbol	Item	Condition	Ratings	Unit
I_{RRM}	Repetitive Peak Reverse Current, max.	at V_{DRM}, single phase, half wave, Tj=125℃	50	mA
V_{FM}	Forward Voltage Drop, max.	Foward current 500A, Tj=25℃ Inst. measurement	1.42	V
Rth(j-c)	Thermal Impedance, max.	Junction to case	0.18	℃/W

Maximum Forward Characteristics

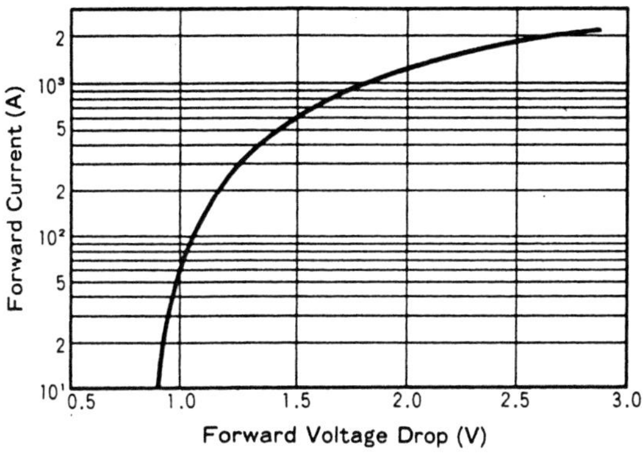

Average Forward Current Vs Power Dissipation

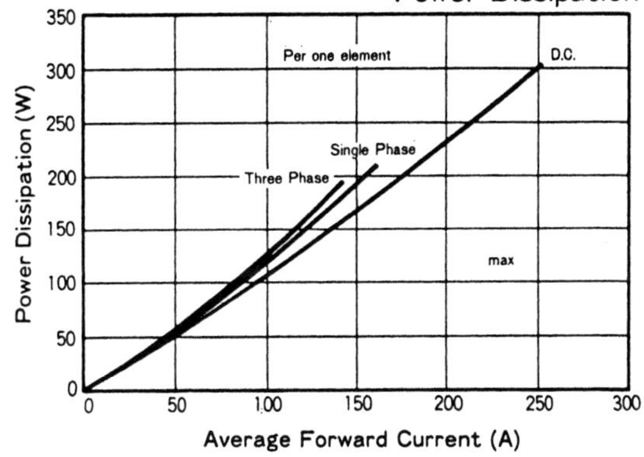

Average Forward Current Vs Allowable Case Temperature

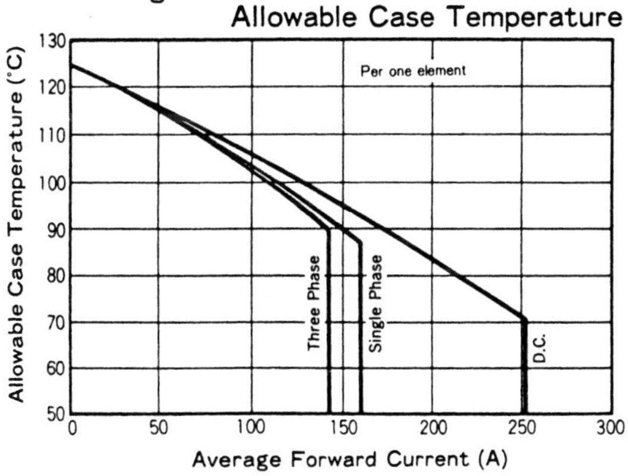

Cycle Surge Current Rating (Non-Repetitive)

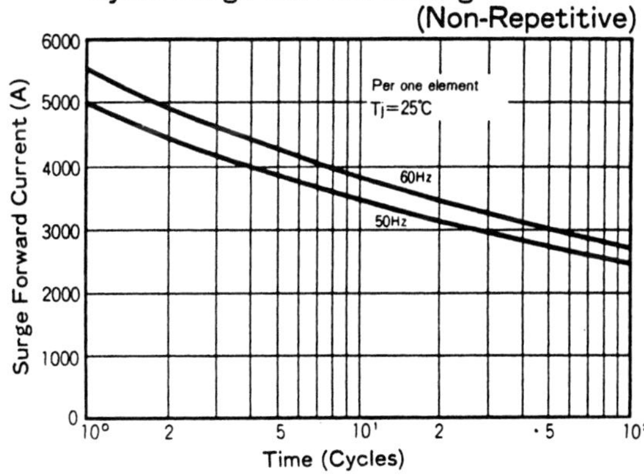

Transient Thermal Impedance

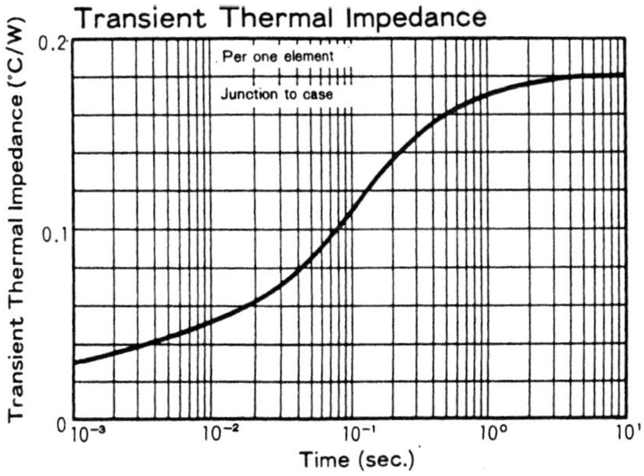

Output Current B2;Two Pulse Bridge Connection

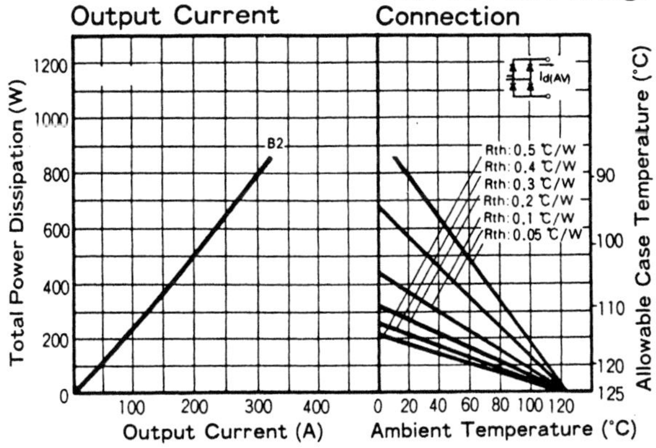

Output Current B6;Six Pulse Bridge Connection

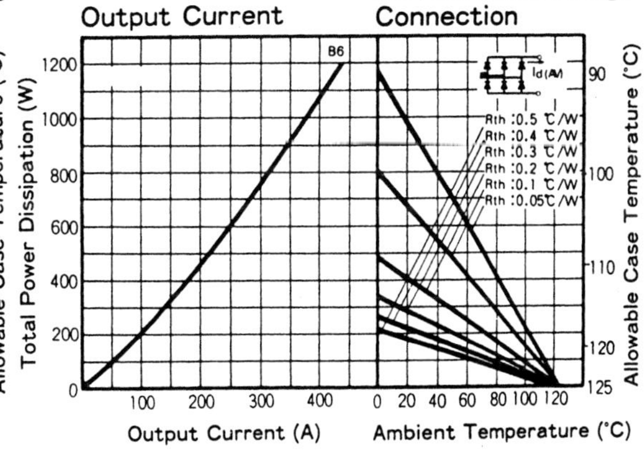

□ 전력용 트랜지스터 규격 예

QCA50AA 120 is a dual Darlington power transistor module which has series-connected high speed, high power Darlington transistors. Each transistor has a reverse paralleled fast recovery diode. The mounting base of the module is electrically isolated from semiconductor elements for simple heatsink construction.

- I_c=50A V_{CEX}=1200V
- Low saturation voltage for higher efficiency.
- High DC current gain h_{FE}
- Isolated mounting base

(Applications)
Motor Control (VVVF), AC/DC Servo, UPS, Switching Power Supply, Ultrasonic Application

■ Maximun Ratings

tj=25℃

Symbol	Item	Conditions	Ratings	Unit
V_{CBO}	Collector-Base Voltage		1200	V
V_{CEX}	Collector-Emitter Voltage	$V_{BE}=-2V$	1200	V
V_{EBO}	Emitter-Base Voltage		10	V
I_C	Collector Current		50	A
$-I_C$	Reverse Collector Current		50	A
I_B	Base Current		3	A
P_T	Total power dissipation	T_C=25℃	400	W
T_j	Junction Temperature		-40~+150	℃
Tstg	Storage Temperature		-40~+125	℃
V_{ISO}	Isolation Voltage	A.C. 1minute	2500	V
	Mounting Torque (M6)	Recommended Value 43kgf · cm	38~48	kgf · cm
	Mounting Torque Terminal (M5)	Recommended Value 25kgf · cm	22~28	
	Mass	Typical value	210	g

■ Electrical Characteristics

Tj=25℃

<table>
<tr><th rowspan="2">Symbol</th><th rowspan="2" colspan="2">Item</th><th rowspan="2">Conditions</th><th colspan="2">Ratings</th><th rowspan="2">Unit</th></tr>
<tr><th>Min.</th><th>Max.</th></tr>
<tr><td>I_{CBO}</td><td colspan="2">Collector Cut-off Current</td><td>V_{CB}=1200V</td><td></td><td>1.0</td><td>mA</td></tr>
<tr><td>I_{EBO}</td><td colspan="2">Emitter Cut-off Current</td><td>V_{EB}=10V</td><td></td><td>300</td><td>mA</td></tr>
<tr><td>$V_{CEX(SUS)}$</td><td colspan="2">Collector-Emitter Sustaning Voltage</td><td>I_C=10A I_{B2}=−2A</td><td>1200</td><td></td><td>V</td></tr>
<tr><td>h_{FE}</td><td colspan="2">DC Current Gain</td><td>I_C=50A V_{CE}=5V</td><td>75</td><td></td><td></td></tr>
<tr><td>$V_{CE(sat)}$</td><td colspan="2">Collector-Emitter Saturation Voltage</td><td>I_C=50A I_B=1A</td><td></td><td>3.0</td><td>V</td></tr>
<tr><td>$V_{BE(sat)}$</td><td colspan="2">Base Emitter Saturation Voltage</td><td>I_C=50A I_B=1A</td><td></td><td>3.5</td><td>V</td></tr>
<tr><td>ton</td><td rowspan="3">Switching Time</td><td>On Time</td><td rowspan="3">V_{CC}=600V I_C=50A
I_{B1}=1A I_{B2}=−1A</td><td></td><td>2.5</td><td rowspan="3">μs</td></tr>
<tr><td>ts</td><td>Storage Time</td><td></td><td>15.0</td></tr>
<tr><td>tf</td><td>Fall Time</td><td></td><td>3.0</td></tr>
<tr><td>V_{ECO}</td><td colspan="2">Collector-Emitter Reverse Voltage</td><td>−I_C=50A</td><td></td><td>1.8</td><td>V</td></tr>
<tr><td rowspan="2">Rth(j-c)</td><td colspan="2" rowspan="2">Thermal Impedance
(junction to case)</td><td>Transistor part</td><td></td><td>0.31</td><td rowspan="2">℃/W</td></tr>
<tr><td>Diode part</td><td></td><td>1.2</td></tr>
</table>

DC Current Gain

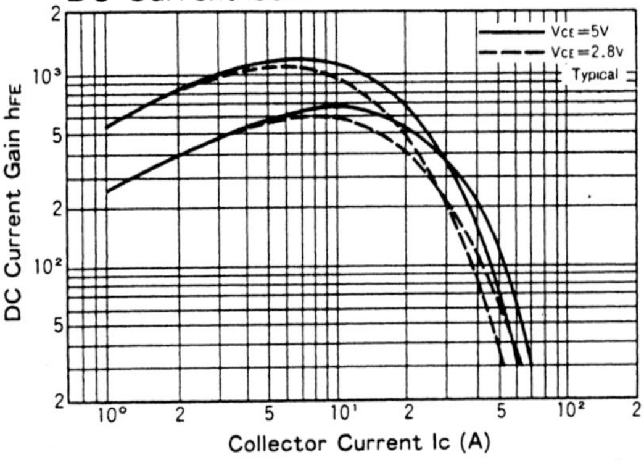

Saturation Characteristics

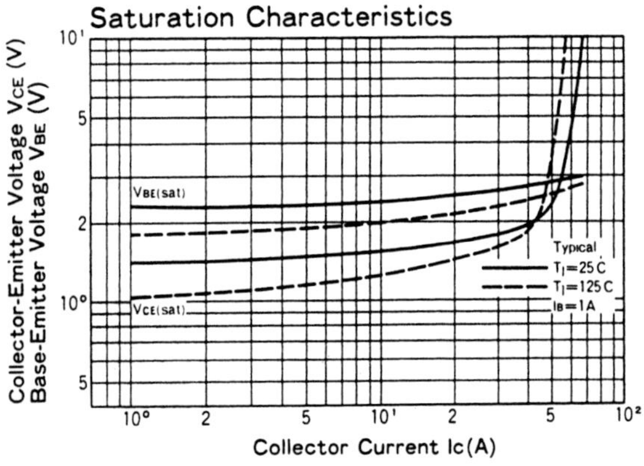

Forward Bias Safe Operating Area

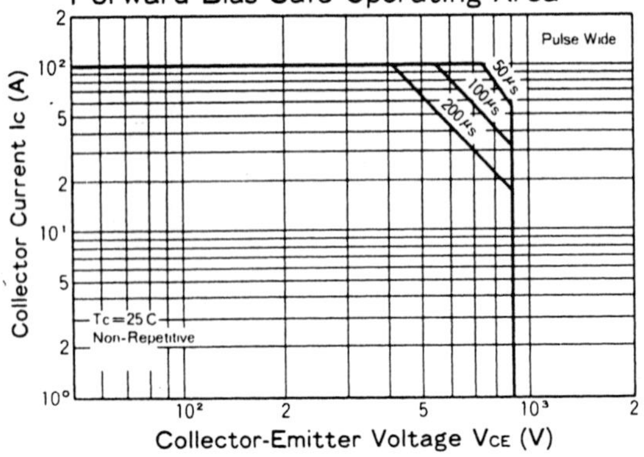

Reverse Bias Safe Operating Area

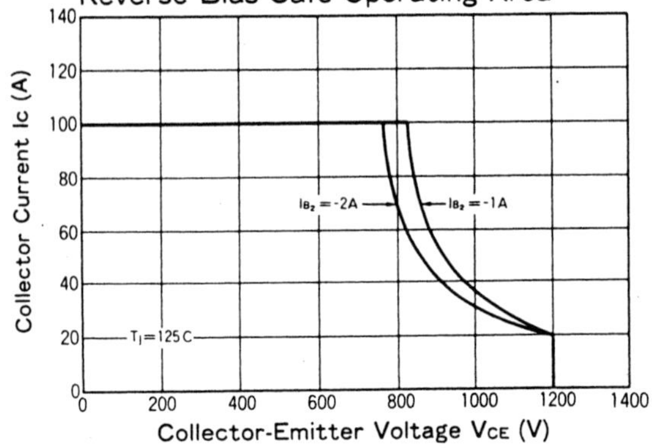

Collector Current Derating Factor

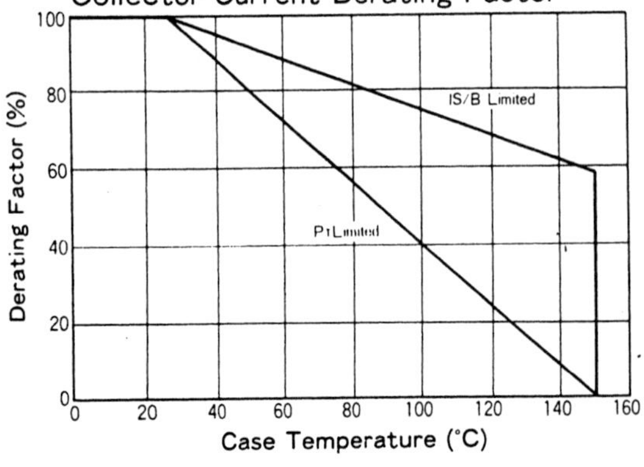

Forward Voltage of Free Wheeling Diode

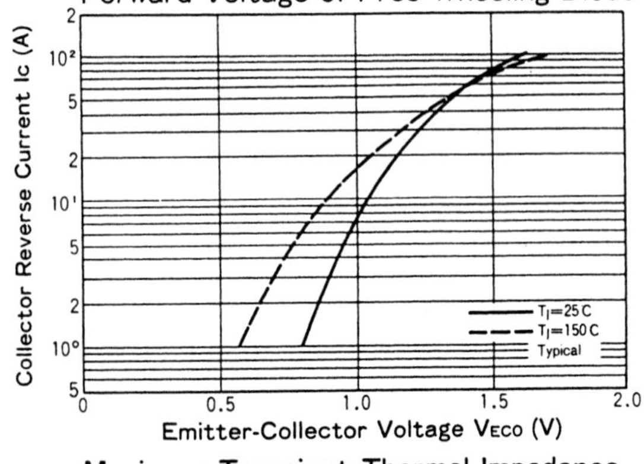

Collector Current Vs Switching Time

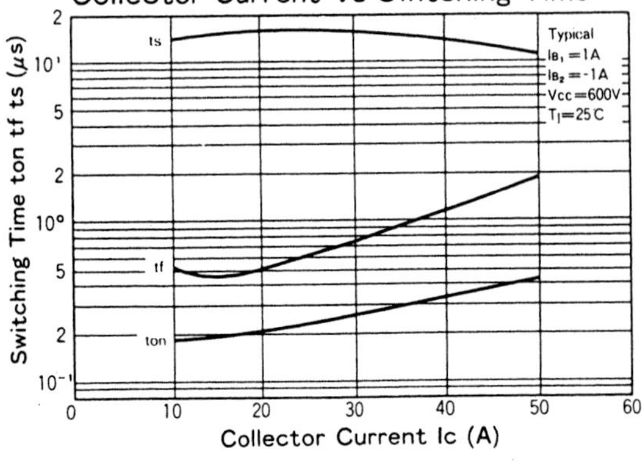

Maximum Transient Thermal Impedance Characteristics

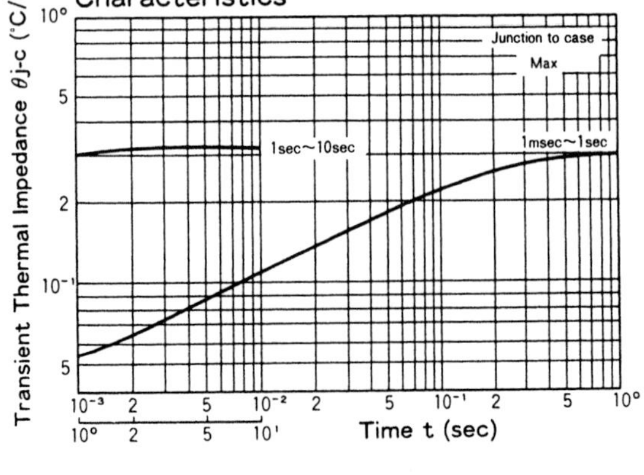

□ 사이리스터 규격 예

Power Thyristor/Diode Module PK160F series are designed for various rectifier circuits and power controls. For your circuit application, following internal connections and wide voltage ratings up to 1,600V are available. Two elements in a package and electrically isolated mounting base make your mechanical design easy.

- $I_{T(AV)}$ 160A, $I_{T(RMS)}$ 250A, I_{TSM}5500A
- di/dt 200A/μs
- dv/dt 500V/μs

(Applications)
Various rectifiers
AC/DC motor drives
Heater controls
Light dimmers
Static switches

■ Maximun Ratings

Symbol	Item	PK160F-40	PK160F-80	PK160F-120	PK160F-160	Unit
		PD160F-40	PD160F-80	PD160F-120	PD160F-160	
V_{RRM}	*Repetitive Peak Reverse Voltage	400	800	1200	1600	V
V_{RSM}	*Non-Repetitive Peak Reverse Voltage	480	960	1300	1700	V
V_{DRM}	*Repetitive Peak Off-State Voltage	400	800	1200	1600	V

Symbol	Item	Conditions	Ratings	Unit
$I_{T(AV)}$, $I_{F(AV)}$	*Average On-State Current	Single phase, half wave, 180° conduction, Tc : 87℃	160	A
$I_{T(RMS)}$ $I_{F(RMS)}$	*R.M.S On-State Current	Single phase, half wave, 180° conduction, Tc : 87℃	250	A
I_{TSM}, I_{FSM}	*Surge On-State Current	1/2 cycle, 50/60Hz, peak value, non-repetitive	5000/5500	A
I^2t	*I^2t	Value for one cycle of surge current	1.25×10^5	A^2S
P_{GM}	Peak Gate Power Dissipation		10	W
$P_{G(AV)}$	Average Gate Power Dissipation		3	W
I_{FGM}	Peak Gate Current		3	A
I_{FGM}	Peak Gate Voltage(Forward)		10	V
V_{RGM}	Peak Gate Voltage(Reverse)		5	V
di/dt	Critical Rate of Rise of On-State Current	I_G=100mA, Tj= 25℃, V_D=1/2V_{DRM}, dI_G/dt=0.1A/μs	200	A/μs
V_{ISO}	*Isolation Breakdown Voltage(R.M.S)	A.C 1minute	2500	V
Tj	*Operating Junction Temperature		-40~+125	℃
Tstg	*Storage Temperature		-40~+125	℃
	Mounting Torque (M5)	Recommended Value 25kgf · cm	22~28	kgf · cm
	Mounting Torque Terminal (M8)	Recommended Value 105kgf · cm	95~115	kgf · cm
	Mass		510	g

■ Electrical Characteristics

Symbol	Item	Condition	Ratings	Unit
I_{DRM}	*Repetitive Peak Off-State Current, max.	at V_{DRM}, single phase, half wave, Tj=125℃	50	mA
I_{RRM}	*Repetitive Peak Reverse Current, max.	at V_{DRM}, single phase, half wave, Tj=125℃	50	mA
V_{TM}	*Peak On-State Voltage, max.	On-State Current 500A, Tj=25℃ Inst. measurement	1.42	V
I_{GT}/V_{GT}	Gate Trigger Current/Voltage, max.	Tj=25℃, I_T=1A, V_D=6V	100/3	mA/V
V_{GD}	Non-Trigger Gate, Voltage, min.	Tj=125℃, V_D=1/2V_{DRM}	0.25	V
tgt	Turn On Time, max	I_T=160A, I_G=100mA, Tj=25℃, V_D=1/2V_{DRM}, di_G/dt=0.1A/μs	10	μs
dv/dt	Critical Rate of Rise of On-State Voltage, min.	Tj=125℃, V_D=2/3V_{DRM}, Exponential wave.	500	V/μs
I_H	Holding Current, typ.	Tj=25℃	50	mA
I_L	Lutching Current, typ.	Tj=25℃	100	mA
Rth(j-c)	*Thermal Impedance, max.	Junction to case	0.18	℃/W

***mark : Thyristor and Diodo part. No mark : Thyristor part**

Gate Characteristics

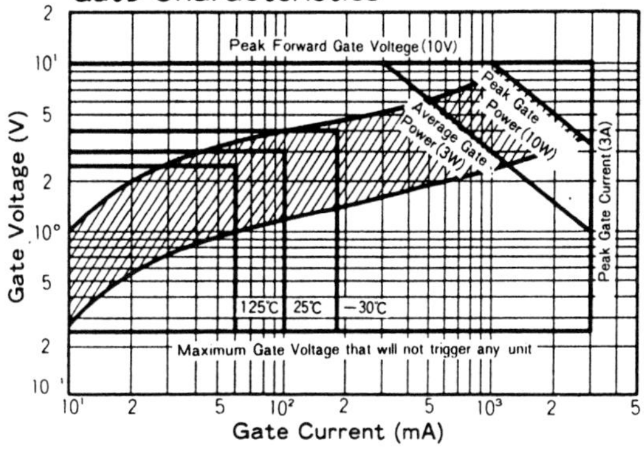

On-State Voltage max

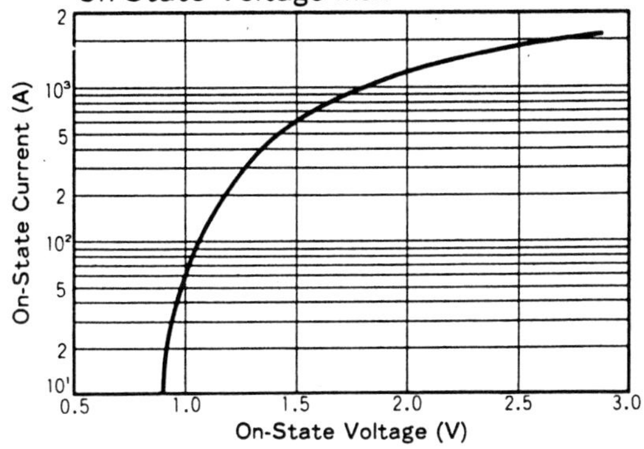

Average On-State Current Vs Power Dissipation (Single phase half wave)

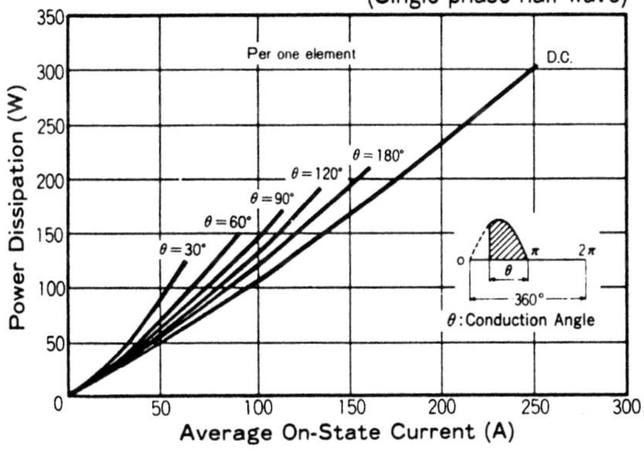

Average On-State Current Vs Maximum Allowable Case Temperature (Single phase half wave)

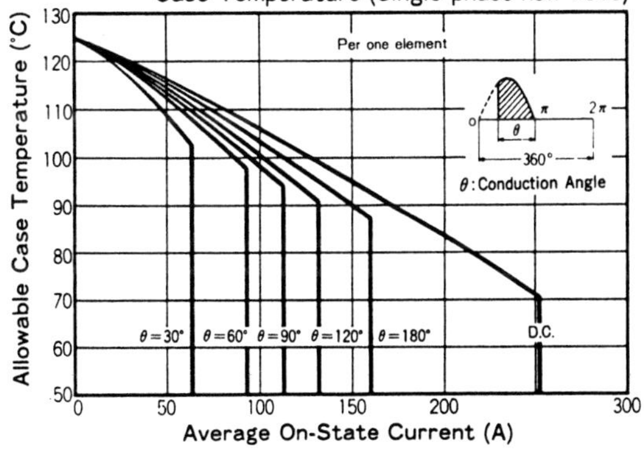

Surge On-State Current Rating (Non-Repetitive)

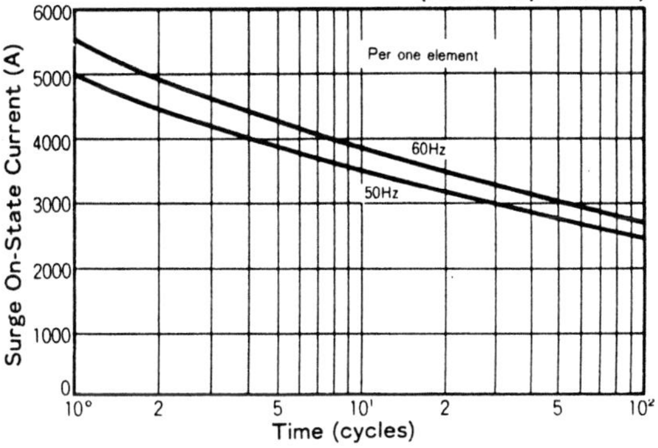

Transient Thermal Impedance

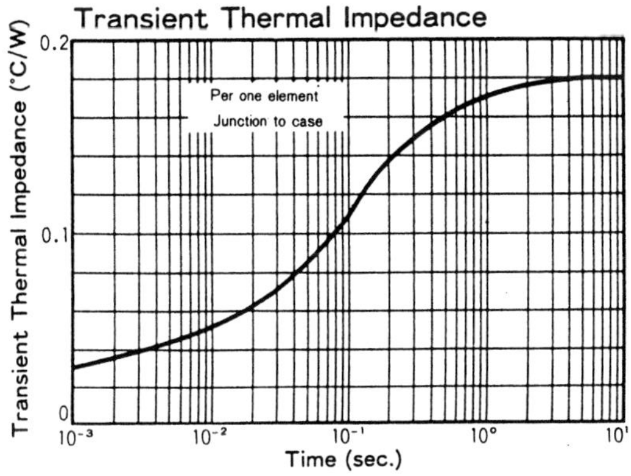

Output Current

W1 ; Bidirectional connection

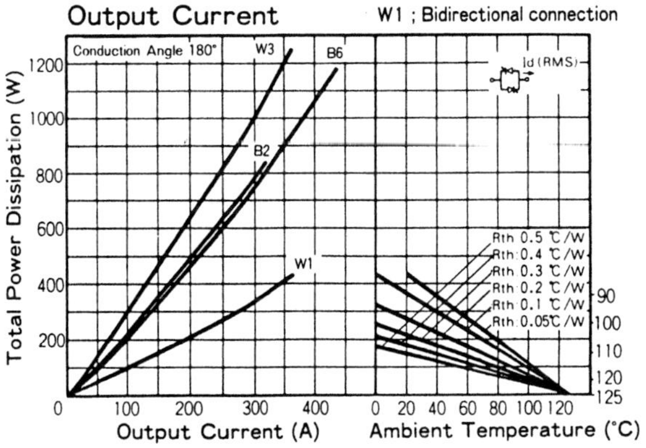

B2 Two pulse bridge connection

B6 ; Six pulse bridge connection

W3 ; Three phase bidirectional connection

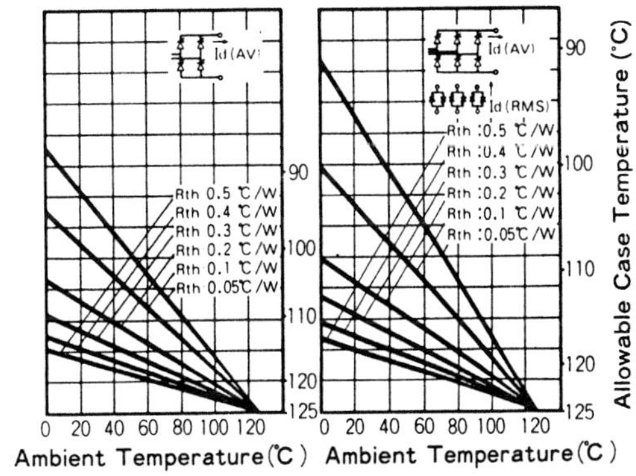

□ TRIAC 규격 예

For general A.C. power control applications such as A.C. switches, light controls, speed controls and heater controls etc.

- General A.C. power use
- $I_{T(RMS)}$=25A
- High coltage up to 1200V
- High surge current of 250A
- Package types ; stud

■ Maximum Ratings

Symbol	Item	SSG25C40	SSG25C60	SSG25C80	SSG25C100	SSG25C120	Unit
V_{DRM}	Repetitive Peak off-State Voltage	400	600	800	1000	1200	V

Symbol	Item	Conditions	Ratings	Unit
$I_{T(RMS)}$	R.M.S On -State Current	T_C=88℃	25	A
I_{TSM}	Surge On-State Current	One cycle, 50/60Hz, peak, non-repetitive	220/250	A
I^2t	I^2t	Value for one cycle of surge current	260	A^2S
P_{GM}	Peak Gate Power Dissipation		10	W
$P_{G(AV)}$	Average Gate Power Dissipation		1	W
I_{GM}	Peak Gate Current		3	A
V_{GM}	Peak Gate Voltage		10	V
di/dt	Critical Rate of Rise of On-State Current	I_G=100mA, Tj=25℃, V_D=1/2V_{DRM}, dI_G/dt=1A/μs	50	A/μs
Tj	Operating Junction Temperature		-30~+125	℃
Tstg	Storage Temperature		-30~+125	℃
	Mounting Torque	Recommended Value 12kgf · cm	15	kgf · cm
	Mass	Excluding nut. washer.26g. and wrapping material 3g	13.6	g

Electrical Characteristics

Symbol		Item	Conditions	Ratings	Unit
I_{DRM}		Repetitive Peak Off-State Current, max.	at V_{DRM}, single phase, half wave, Tj=125℃	3	mA
V_{TM}		Peak On-State Voltage, max.	I_T=35A, Tj=25℃ Inst. measurement	1.6	A
I^+_{GT1}	1	Gate Trigger Current, max.	Tj=25℃, I_T=1A, V_D=6V	70	mA
I^-_{GT1}	2		Tj=25℃, I_T=1A, V_D=6V	70	
I^+_{GT3}	3			-	
I^-_{GT3}	4		Tj=25℃, I_T=1A, V_D=6V	70	
V^+_{GT1}	1	Gate Trigger Voltage, max	Tj=25℃, I_T=1A, V_D=6V	3	V
V^-_{GT1}	2		Tj=25℃, I_T=1A, V_D=6V	3	
V^+_{GT3}	3			-	
V^-_{GT3}	4		Tj=25℃, I_T=1A, V_D=6V	3	
V_{GD}		Non-Trigger Gate Voltage, min.	Tj=125℃, V_D=1/2V_{DRM}	0.2	V
tgt		Turn On Time, max	I_T=25A, I_G=100mA, A_D=1/2V_{DRM}, Tj=25℃ dI_G/dt=1A/μs	10	μs
dv/dt		Critical Rate Of Rise of On-State Voltage, min.	Tj=125℃, V_D=2/3V_{DRM}, Exponential wave.	100	V/μs
$[dv/dt]_C$		Critical Rate of Rise off-State Voltage at commutation, min	Tj=125℃, [di/dt] c=15A/ms, V_D=2/3V_{DRM}	20	V/μs
I_H		Holding Current, typ.	Tj=25℃	30	mA
Rth(j-c)		Thermal Impedance, max.	Junction to case	1.0	℃/W

Gate Characteristics

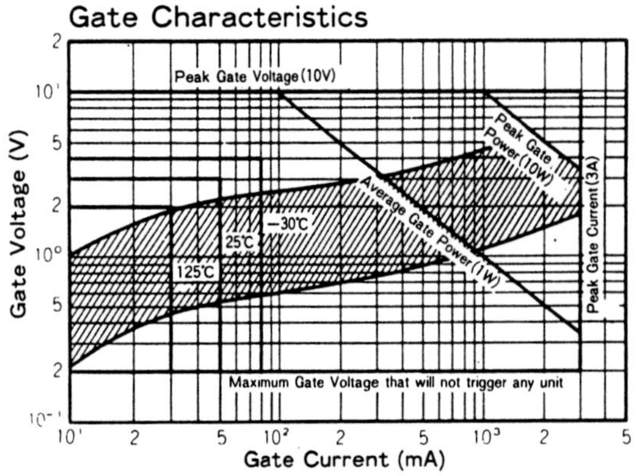

On-state Voltage

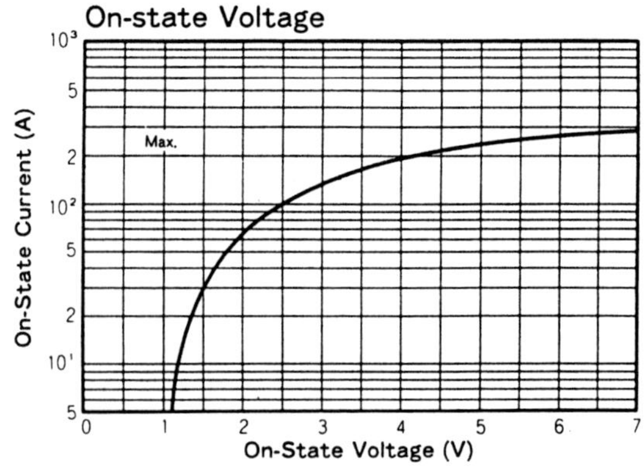

On state Current vs. Maximum Power Dissipation

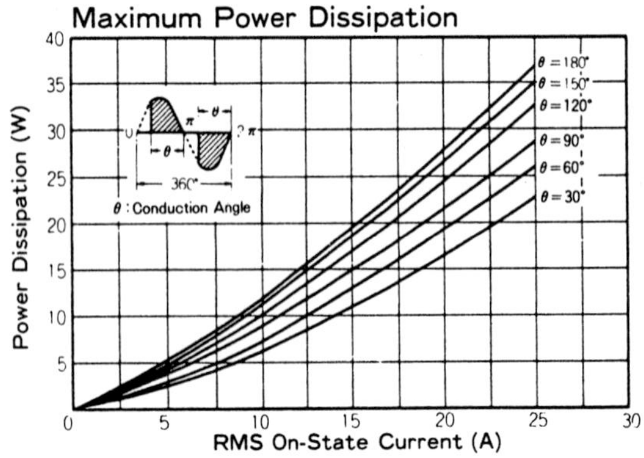

On state Current vs. Allowable Case Temperature

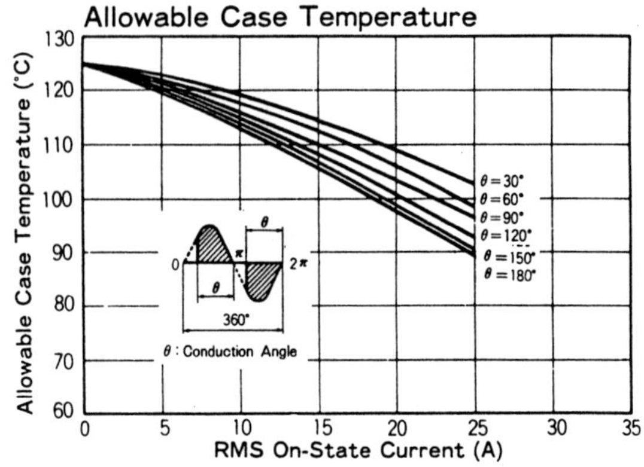

Ambient temp. vs. RMS On state Current

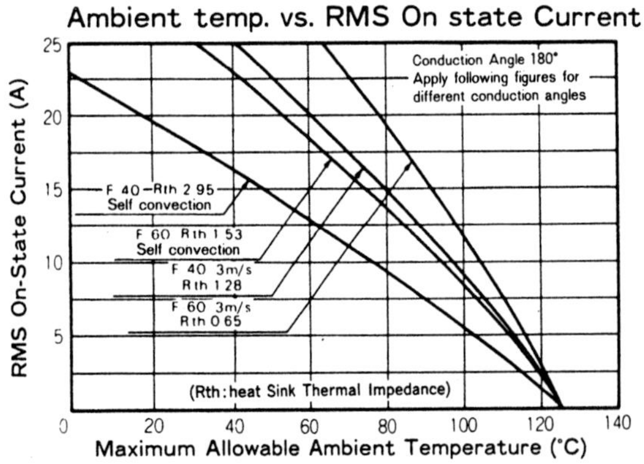

Surge On state Current Rating

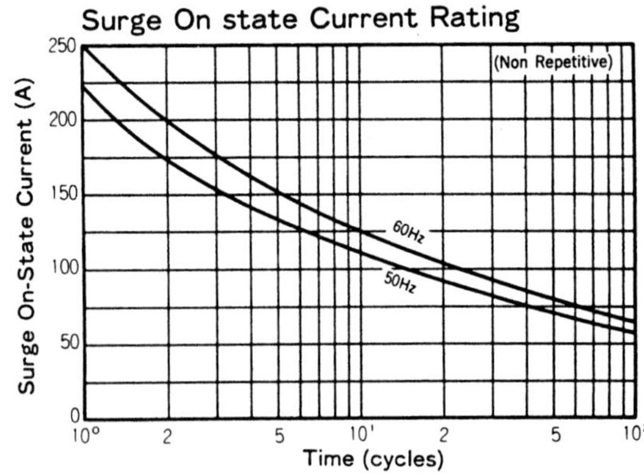

Transient Thermal Impedance

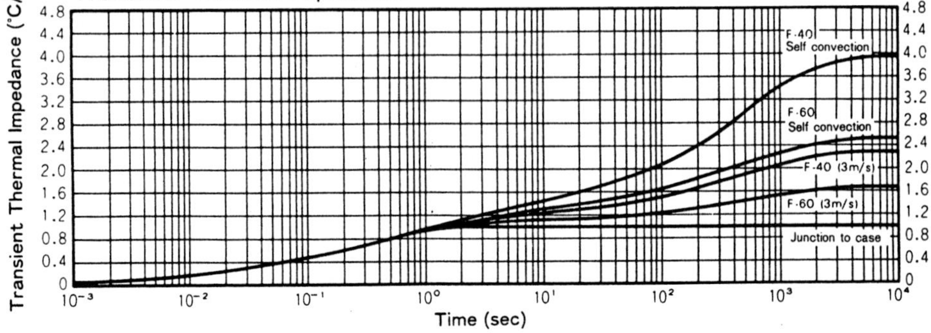

□ MOSFET 규격 예

■ ABSOLUTE MAXIMUM RATINGS (T_C=25℃ unless otherwise noted)

PARAMETERS/TEST CONDITIONS		Symbol	IRF 450	IRF 451	IRF 452	IRF 453	Units
Drain-Source Voltage		V_{DS}	500	450	500	450	V
Gate-Source Voltage		V_{GS}	±40	±40	±40	±40	V
Continuous Drain Current	T_C=25℃	I_D	13	13	12	12	A
	T_C=100℃		8.0	8.0	7.0	7.0	
Pulsed Drain Current[1]		I_{DM}	52	52	48	48	
Avalanche Current (see figure 9)		I_A	13	13	12	12	
Power Dissipation	T_C=25℃	P_D	150	150	150	150	W
	T_C=100℃		60	60	60	60	
Operating Junction & Storage Temperature Range		$T_J \cdot T_{stg}$	−55 to 150				℃
Lead Temperature(1/16" from case for 10 secs.)		T_L	300				

■ THERMAL RESISTANCE RATINGS

THERMAL RESISTANCE	Symbol	Typ.	Max.	Units
Junction-to-Case	R_{thJC}	-	0.83	K/W
Junction-to-Ambient	R_{thJA}	-	30	
Case-to-Sink	R_{thCS}	0.1	-	

[1]Pulse width limited by maximum junction temperature (refer to transient thermal impedance data, figure 11)

□ 컨버터의 제어회로 구성 예

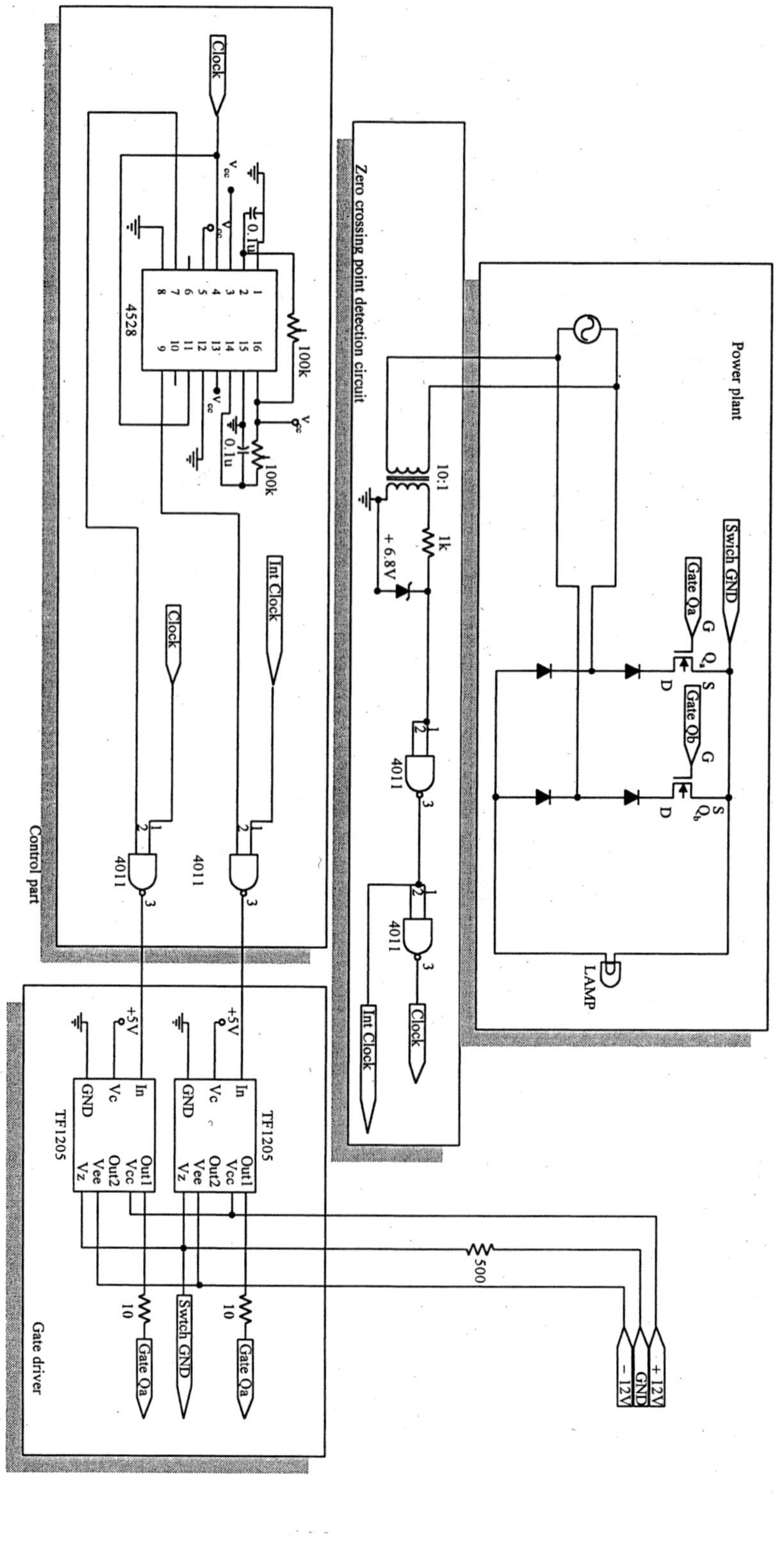

□ 고효율 전동기 및 인버터 관련 국제 규격

1. 고효율 유도 전동기

(1) IEC Pub. 34	Rotating Electrical Machine
(2) NEMA MG-1	Motors and Generators.
(3) ANSI/IEEE 112	Standard test procedure for polyphase induction motors and Generators
(4) CSA C390-M1985	Energy efficiency test methods for three-phase induction motors
(5) JEMA 137	省エネルキ-のための 電動機の 選定と 適用
(6) NEMA MG-10	Energy guide for selection motors and use of polyphase
(7) ANSI/IEEE 43	IEEE Recommended pratice for testing insulation resistance of rotating machinery
(8) KSC 4002	회전전기기계 총칙
(9) KSC 4201	3상 유도전동기의 특성 산정방법
(10) IEC Pub.279	Measurement of the winding resistance of an a.c machine during opeating at alternating voltage.
(11) KSC 4202	일반용 저압 3상 유도전동기

2. 인버터

(1) ANSI/IEE std 995	IEEE Recommended practice for efficiency determination of alternating-current adjustable-speed drives.
(2) IEC Pub. 34-17	Guide for the application of cage induction motors when fed from converters
(3) ANSI/IEE std 519	IEEE Guide for harmonic control and reactive compensation of static power converters.
(4) JEM 1334	Clearances and creepage distances for low-voltage switchgear and controlgear
(5) ANSI/IEEE std 1035	Test procedure for utility-interconnected static power converters
(6) CSA 22.2 No.14	Industrial control equipment.
(7) NEMA Pub. No. ICS 3.1	Safety standards for construction and guide for selection, installation and operation of adjustable-speed drive systems.
(8) JEM TR-148	Application guide for inverter drive.
(9) IEC Pub. 146	Semiconductor converters
(10) NEMA IS 2.2	Specification for industrial motor drive system.
(11) UL 508	Electric industrial control equipment.
(12) CISPR Pub. 9	Limits of radio interference leakege currents according to CLSPR and national requlations.
(13) UL 1450	
(14) UL 1004	machine during opeating at alternating voltae.
(15) JEM TR-169	Application guide for low voltage three-phase squirrel-cage induction motors for general purpose driven by inverters.

□ 국내 인버터 규격 예

<table>
<tr><td colspan="3">적용전동기 (kW)</td><td>0.4</td><td>0.75</td><td>1.5</td><td>2.2</td><td>3.7</td><td>5.5</td><td>7.5</td><td>11</td><td>15</td><td>18.5</td><td>22</td></tr>
<tr><td rowspan="6">출력</td><td colspan="2">정격용량 (kVA)</td><td>1.2</td><td>2</td><td>3</td><td>4</td><td>6</td><td>9</td><td>13</td><td>17</td><td>22</td><td>28</td><td>33</td></tr>
<tr><td colspan="2">정격출력전류 (A)</td><td>3</td><td>5</td><td>8</td><td>10</td><td>16</td><td>24</td><td>33</td><td>45</td><td>58</td><td>73</td><td>86</td></tr>
<tr><td colspan="2">정격출력전압 (V)</td><td colspan="11">3상3선식 200V, 220V, 230V(입력전압비례 대응)</td></tr>
<tr><td colspan="2">정격출력주파수 (Hz)</td><td colspan="7">50Hz, 60Hz, 100Hz, 120Hz, 150Hz, 180Hz, 200Hz, 240Hz, 300Hz, 360Hz</td><td colspan="4">50Hz, 60Hz, 100Hz, 120Hz, 150Hz, 180Hz, 200Hz, 240Hz</td></tr>
<tr><td colspan="2">과부하전류정격</td><td colspan="11">150% 1분간(전자서멀에 의한 반한시 특성)</td></tr>
<tr><td rowspan="2">전원</td><td colspan="2">정격입력교류전압주파수</td><td colspan="11">3상 3선식 200~230V 50/60Hz(1.2KV만 1φ입력 가능)</td></tr>
<tr><td colspan="2">허용변동</td><td colspan="11">전압 180~253V, 주파수 ±5% 이내, 전원전압 Unbalance율 3% 이내</td></tr>
<tr><td rowspan="10">제어사양</td><td colspan="2">제어방식</td><td colspan="11">정현파 PWM 제어</td></tr>
<tr><td colspan="2">출력주파수범위</td><td colspan="7">0.5~360Hz</td><td colspan="4">2~240Hz</td></tr>
<tr><td colspan="2">주파수정도</td><td colspan="11">디지털 설정의 경우 : 최고주파수의 ±0.02%(25℃±10℃),
아날로그설정의 경우 : 최고주파수의 ±0.5%(25℃±10℃)</td></tr>
<tr><td colspan="2">주파수설정분해능</td><td colspan="11">0.01Hz(아날로그 설정, 60Hz시 0.02Hz)</td></tr>
<tr><td colspan="2">전압/주파수특성</td><td colspan="7">V/F Pattern 절체(19종류)</td><td colspan="4">V/F Pattern(15종류)</td></tr>
<tr><td colspan="2">토크부스트</td><td colspan="11">V/F 강약 정체(16종류, 2승 저감토크)</td></tr>
<tr><td rowspan="2">제동토크</td><td>회생</td><td colspan="3">회생제동 150%이상(단시간정격)</td><td colspan="2">100%이상(단시간정격)</td><td colspan="2">40%이상(단시간정격)</td><td colspan="4">20%이상(단시간정격)</td></tr>
<tr><td>직류</td><td colspan="7">DC dynamic제동(0.5Hz이하)유무 선택</td><td colspan="4">DC dynamic제동(2Hz이하)유무선택</td></tr>
<tr><td colspan="2">표준부속기능</td><td colspan="11">50~99Hz임의 설정 V/F자동 V/F부, 자동토크부스트, 주파수 Jump 3개소, 상하한리미터, 바이어스, 전류제어, 순시재시동, 프로그램보호</td></tr>
<tr><td rowspan="6">운전사양</td><td colspan="2">운전방식</td><td colspan="11">터치판넬조작, 정역운전(FWD단자, REV단자), FREE RUN STOP(BX단자)</td></tr>
<tr><td colspan="2" rowspan="2">주파수설정신호</td><td colspan="11">터치판넬조작, X1, X2, JOG단자에 의한 원격조작, JOG가변(60종)선택</td></tr>
<tr><td colspan="11">다단설정 DC0~+10V, DC0~-10V(-10V는 내부판절체, 입력임피던스 22kΩ), DC4~20mA(입력임피던스250Ω)</td></tr>
<tr><td colspan="2">외부출력신호</td><td colspan="11">이상출력신호(1C접점, AC250V, 2A)인버터 정지신호, 주파수 일치신호 과부하 예보신호(오픈 콜렉터 출력)</td></tr>
<tr><td colspan="2">가속·감속시간</td><td colspan="11">0.06~1800sec(32종 가감속 독립), 외부단자(SOFT)에서 수동절체가능(가감속 공통)</td></tr>
<tr><td rowspan="9">보호기능</td><td rowspan="5">인버터차단</td><td>인버터과열</td><td colspan="11">과부하에 의한 인버터 내부의 이상발열 및 외부 DB저항의 이상 발열 검출</td></tr>
<tr><td>과부하</td><td colspan="11">모터 과부하를 검출(전자서멀, 외부서멀)</td></tr>
<tr><td>과전류</td><td colspan="11">모터 가속시, 감속시, 일정속도시의 과전류 검출</td></tr>
<tr><td>과전압</td><td colspan="11">감속시 회생전압, 감속시간 불량 검출</td></tr>
<tr><td>부족전압</td><td colspan="11">상용전원의 부족전압을 검출</td></tr>
<tr><td colspan="2">Stall 방지</td><td colspan="11">과전류, 과전압을 억제하는 기능으로 Motor가 Stall하지 않도록 제어합니다.</td></tr>
<tr><td colspan="2" rowspan="2">순간정전</td><td colspan="11">상용전원의 15m sec 이내의 순간정전은 운전계속</td></tr>
<tr><td colspan="11">상용전원의 15m sec를 초과하는 순간 정전에는 자동 재시동(순간정전 재시동 기능 선택시)</td></tr>
<tr><td colspan="2">출력단자 단락·지락</td><td colspan="11">인버터 출력단자 단락보호기능, 인버터출력단자 지락 보호기능</td></tr>
<tr><td rowspan="5">LED표시</td><td rowspan="4">문자표시 7세그멘트</td><td>운전시</td><td colspan="11">주파수(Hz)실제치, 평균 실효 전류치(A), 터치판넬</td></tr>
<tr><td>설정시</td><td colspan="11">설정데이터 표시(기능코드)</td></tr>
<tr><td rowspan="2">이상발생시</td><td colspan="11">OU : 과전압, LU : 부족전압, OC1 : 가속시 과전류, OC2 : 감속시 과전류, OC3 : 운전시 과전류</td></tr>
<tr><td colspan="11">OL1 : 외부서멀동작·인버터과열, OL2 : 전자서멀동작, Err3 : CPU오동작</td></tr>
<tr><td colspan="2">레벨메타표시</td><td colspan="11">0~100%(10% 눈금)의 %표시로 주파수(Hz)실제치</td></tr>
<tr><td rowspan="3">환경</td><td colspan="2">주위온도</td><td colspan="11">-10℃~+40℃(반내 -10℃~+50℃ 단, 상면카바를 떼었을 때)</td></tr>
<tr><td colspan="2">습도</td><td colspan="11">상대습도 90% 이하(이슬이 없을 것)</td></tr>
<tr><td colspan="2">표고</td><td colspan="11">옥내표고 1000m 이하, 부식가스, 먼지 등이 없을 것</td></tr>
<tr><td colspan="3">보호구조</td><td colspan="5">전폐형 케이스부 유니트형</td><td colspan="6">폐쇄형 케이스부 유니트형</td></tr>
<tr><td colspan="3">냉각방식</td><td>자냉</td><td>자냉</td><td>자냉</td><td>강제풍냉</td><td>강제풍냉</td><td>강제풍냉</td><td>강제풍냉</td><td>강제풍냉</td><td>강제풍냉</td><td>강제풍냉</td><td>강제풍냉</td></tr>
<tr><td colspan="3">개략중량 (kg)</td><td>3.1</td><td>3.2</td><td>5.7</td><td>6.0</td><td>6.2</td><td>12.1</td><td>13.1</td><td>17</td><td>18</td><td>21.5</td><td>22.5</td></tr>
</table>

<table>
<tr><th></th><th>단자기호</th><th>단자명령</th><th colspan="3">기 능</th></tr>
<tr><td rowspan="4">주회로부단자</td><td>R, S, T</td><td>상용전원입력단자</td><td colspan="3">입력전원을 접속</td></tr>
<tr><td>U, V, W</td><td>인버터 출력단자</td><td colspan="3">출력전원(모터접속단자 : 입력전압비례)</td></tr>
<tr><td>DB1, DB2, *(DB)</td><td>외부제동저항접속단자</td><td colspan="3">외부제동저항(다이나믹 브레이크 : DB)을 접속</td></tr>
<tr><td>GND</td><td>접지단자</td><td colspan="3">접지</td></tr>
<tr><td rowspan="18">제어회로부단자</td><td>13</td><td>주파수 설정용 전원단자</td><td colspan="3">내부전원(DC+10V)</td></tr>
<tr><td>11</td><td>주파수 설정용 공통단자</td><td colspan="3">내부전원(0V)</td></tr>
<tr><td>12</td><td>주파수 설정용 전압입력단자</td><td colspan="3">외부로부터의 주파수 설정신호를 입력(DC0~+10V/0~-10V)</td></tr>
<tr><td>C1</td><td>주파수 설정용 전류입력단자</td><td colspan="3">외부로부터의 주파수 설정신호를 입력(DC4~20mA)</td></tr>
<tr><td>FM</td><td>주파수계 · 디지털 카운터 접속단자</td><td colspan="3">0~+10V, 0~1,440Hz (출력주파수 비례)</td></tr>
<tr><td>FWD</td><td>정방향 입력단자</td><td>정전지령신호를 입력: 접점(폐)에서 정전</td><td colspan="2" rowspan="2">정전·역전신호가 동시에 접점(폐) 또는 접점(개)시는 정지</td></tr>
<tr><td>REV</td><td>역방향 입력단자</td><td>역전지령신호를 입력: 접점(폐)에서 역전</td></tr>
<tr><td>BX</td><td>FREE RUN 정지단자</td><td colspan="3">프리런 정지지령신호를 입력 ; 접점(폐)에서 프리런 동작</td></tr>
<tr><td>THR</td><td>외부서멀 · 외부제동 저항감온서멀 접속단자</td><td colspan="3">외부서멀 신호를 입력 : 접점(폐)에서 프리런 정지</td></tr>
<tr><td>RST</td><td>리세트 신호 입력단자</td><td colspan="3">외부리세트 신호를 입력 : 접점(폐)에서 리세트</td></tr>
<tr><td>30A, 30B, 30C</td><td>이상경보 출력단자</td><td colspan="3">인버터의 이상 경보신호를 출력(1c접점, AC250V, 2A)</td></tr>
<tr><td>JOG</td><td>JOG 운전 입력단자</td><td colspan="3">조깅운전지령 신호를 입력 : 접점(폐)에서 동작(주파수가변 : 60종류)</td></tr>
<tr><td>X1, X2</td><td>다단 주파수 절체 입력단자</td><td colspan="3">운전주파수의 다단절체신호를 입력(3단 설정가능)</td></tr>
<tr><td>SOFT</td><td>가감속 시간 외부입력단자</td><td colspan="3">가감속 시간의 설정신호를 입력(1단설정가능 : 가감속시 병용가)</td></tr>
<tr><td>SST</td><td>인버터 정지신호 출력단자(제로속)</td><td>인버터정지의 제로속신호를 출력</td><td rowspan="3">오픈콜레터 (27V,50mA max)</td><td rowspan="3">Relay출력은 옵션 OPC-02</td></tr>
<tr><td>SAR</td><td>주파수 일치신호 출력단자(속도도달)</td><td>주파수 일치신호를 출력</td></tr>
<tr><td>OL</td><td>과부하 예보신호 출력단자</td><td>과부하의 예보신호를 출력</td></tr>
<tr><td>CM</td><td>COMMON 단자</td><td colspan="3">각 외부신호 입출력단자와 접속</td></tr>
</table>

□ 무정전 전원장치 규격 예

120V-60Hz

Output capacity	500VA	750VA	1kVA	2kVA	3kVA	5kVA
Input voltage	Single phase 120V +10%, -15%					
Input frequency	60Hz +10%, -10%					
Input capacity	1kVA	1.5kVA	2kVA	4kVA	6kVA	10kVA
Battery backup time	10 min.					
Typical recharging time	WIthin 10 hours					
Type of battery	Sealed lead acid					
Output voltage	Single phase 120V					
Output voltage regulation	±3% steady state					
Output frequency	60Hz ±1.0%					
Output voltage waveform	Computer grade sine wave, 3% THD					
Rated load power factor	0.85 lagging					
Output voltage transient characteristic	±10% under 100% load step change					
Overload capacity	150% for 60 sec					
Efficiency	65%	68%	70%	73%	75%	75%
Storage temperature	-20 to +60℃(Temperatures above 40℃ will shorten battery life.)					
Operating temperature	0 to +40℃					
Operating humidity	30 to 80% without condensation					
Altitude	Less than 1000m above sea level					
Outline dimensions (mm)	520H 220W 450D	520H 220W 450D	652H 230W 570D	846H 600W 400D	1249H 600W 400D	1419H 700W 450D
Weight (kg)	42	55	60	135	195	295
Acoustic noise (dB) at one meter from enclosure	50		55			
Installation	Free-standing with casters				Free-standing without casters	

220V-50Hz

Output capacity	500VA	750VA	1kVA	2kVA	3kVA	5kVA
Input voltage	Single phase 220V +10%, -15% (Input transformer is provided.)					
Input frequency	50Hz +5%, -5%					
Input capacity	1kVA	1.5kVA	2kVA	4kVA	6kVA	10kVA
Battery backup time	10 min.					
Typical recharging time	Within 10 hours					
Type of battery	Sealed lead acid					
Output voltage	Single phase 220V					
Output voltage regulation	±3% steady state					
Output frequency	50Hz ±1.0%					
Output voltage waveform	Computer grade sine wave, 3% THD					
Rated load power factor	0.85 lagging					
Output voltage transient characteristic	±10% under 100% load step change					
Overload capacity	150% for 60 sec					
Efficiency	63%	66%	68%	71%	73%	73%
Storage temperature	-20 to +60℃(Temperatures above 40℃ will shorten battery life.)					
Operating temperature	0 to +40℃					
Operating humidity	30 to 80% without condensation					
Altitude	Less than 1000m above sea level					
Outline dimensions (mm)	550H 230W 480D	550H 230W 480D	652H 230W 570D	846H 600W 400D	1249H 600W 400D	1419H 700W 450D
Weight (kg)	45	60	69	145	210	315
Acoustic noise (dB) at one meter from enclosure	50		55			
Installation	Free-standing with casters				Free-standing without casters	

240V-50Hz

<table>
<tr><td>Output capacity</td><td>500VA</td><td>750VA</td><td>1kVA</td><td>2kVA</td><td>3kVA</td><td>5kVA</td></tr>
<tr><td>Input voltage
Input frequency</td><td colspan="6">Single phase 240V +10%, -15% (Input transformer is provided.)
50Hz +5%, -5%</td></tr>
<tr><td>Input capacity</td><td>1kVA</td><td>1.5kVA</td><td>2kVA</td><td>4kVA</td><td>6kVA</td><td>10kVA</td></tr>
<tr><td>Battery backup time</td><td colspan="6">10 min.</td></tr>
<tr><td>Typical recharging time
Type of battery</td><td colspan="6">Within 10 hours
Sealed lead acid</td></tr>
<tr><td>Output voltage
Output voltage regulation
Output frequency
Output voltage waveform
Rated load power factor
Output voltage transient characteristic
Overload capacity</td><td colspan="6">Single phase 240V
±3% steady state
50Hz ±1.0%
Computer grade sine wave, 3% THD
0.85 lagging
±10% under 100% load step change
150% for 60 sec</td></tr>
<tr><td>Efficiency</td><td>63%</td><td>66%</td><td>68%</td><td>71%</td><td>73%</td><td>73%</td></tr>
<tr><td>Storage temperature
Operating temperature
Operating humidity
Altitude</td><td colspan="6">-20 to +60℃(Temperatures aboe 40℃ will shorten battery life.)
0 to +40℃
30 to 80% without condensation
Less than 1000m above sea level</td></tr>
<tr><td>Outline dimensions (mm)</td><td>550H
230W
480D</td><td>550H
230W
480D</td><td>652H
230W
570D</td><td>846H
600W
400D</td><td>1249H
600W
400D</td><td>1419H
700W
450D</td></tr>
<tr><td>Weight (kg)</td><td>45</td><td>60</td><td>69</td><td>145</td><td>210</td><td>315</td></tr>
<tr><td>Acoustic noise (dB) at one meter from enclosure</td><td colspan="2">50</td><td colspan="4">55</td></tr>
<tr><td>Installation</td><td colspan="4">Free-standing with casters</td><td colspan="2">Free-standing without casters</td></tr>
</table>

Battery back-up time may vary depending on the operating conditions.

OUTLINE DRAWINGS

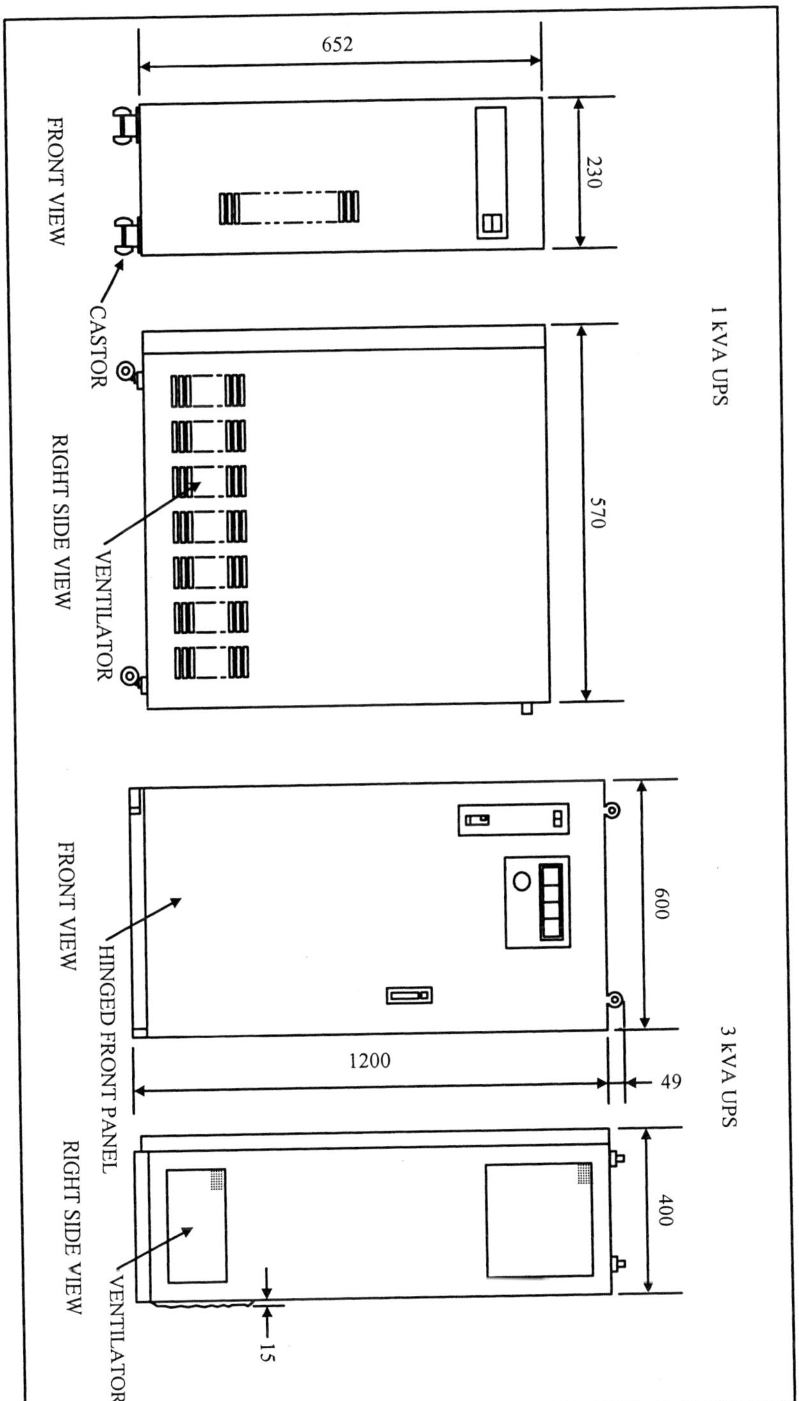

□ 인버터의 선정시 고려사항

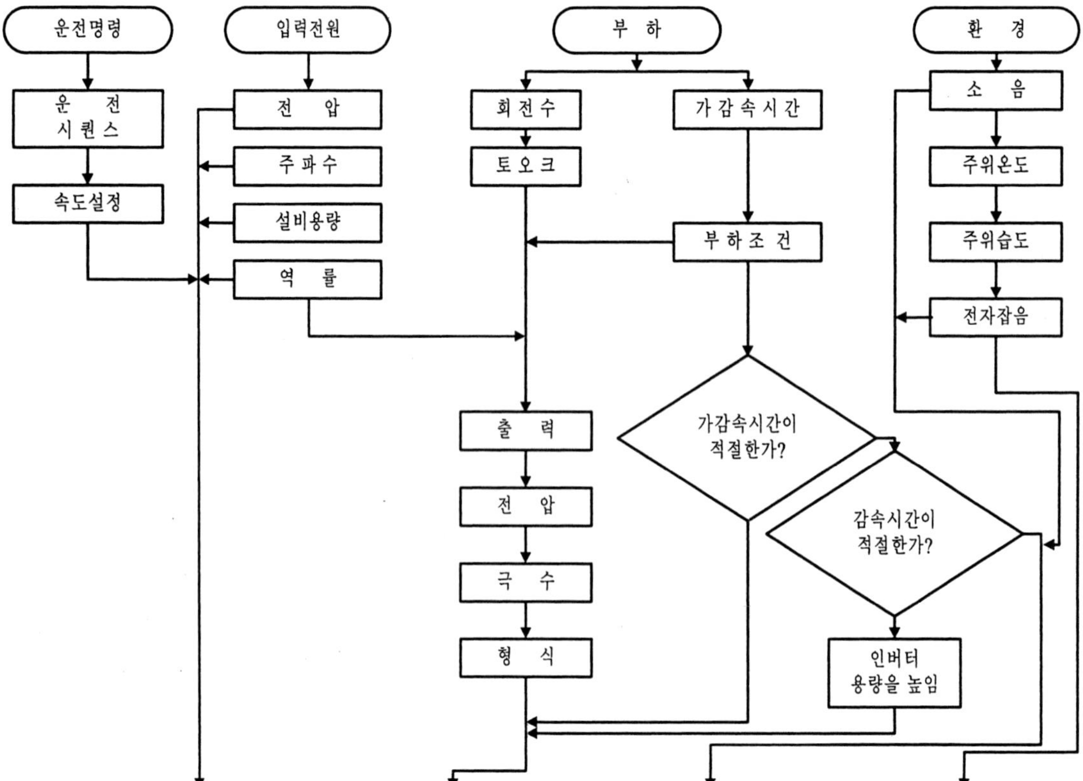

입력	출력	부대 , 장비	주위조건
상 수	상 수	DC 브레이크	설치장소
전압범위	전압범위	회생방전유니트	주위온도
주파수범위	주파수범위	소음저감리액터	주의습도
전원용량	V/F 특성	노이즈필터	소 음
역 률	정격용량		전자잡음
정전문제	과부하내량		
운전 시퀀스	보호기능		
속도설정			

참 고 문 헌

이 교재를 편찬하는데는 아래 도서들을 참고하였으며, 저자들에게 감사를 드리며, 전력전자공학분야의 연구에 참고하기 바랍니다.

1. 송언빈, 디지틀 소프트웨어에 의한 NPC PWM인버터의 제어에 관한 연구.
2. 한국전력공사 전력연구원, 고효율 전동기 및 구동장치 시험·평가기술 개발.
3. 한국전기연구소, 전력변환장치의 현황.
4. B.D.Bedford and R.G.Hoft, Principle of Inverter Circuit, John Wiley & Sons.
5. S.B.Dewan and A.Straughen, Power Semiconductor Circuits, John Wiley & Sons.
6. M.H.Rashid, Power Electronics, Prentice-Hall Internatinal, Inc.
7. M.J.Fisher, Power Electronics, PWS-KENT.
8. P.C.Sen, Thyristor DC Drives, John Wiley & Sons.
9. L.Gyugyi and B.R.Pelly, Static Frequency Changers, John Wiley & Sons.
10. P.Wood, Switching Power Converter, Van Nostrand Reinhold co.
11. R.Sittig and P.Roggwiler, Semiconductor Devices for Power Conditioning,Plenum.
12. B.K.Bose, Power Electronics & AC Drives, Prentice-Hall.
13. N.Mohan, T.M.Undeland, and W.P.Robbins, Power Electronics, John Wilej & Sons.
14. J.G.Kassakian, M.F.Schlecht, and G.C.Verghese, Principles of Power Electronics, Addison-Wesley.
15. J.M.Jacob, Industrial Control Electronics, Prentice-Hall.
16. G.K.Dubey, Power Semiconductor Controlled Drives, Prentice-Hall.
17. A.E.Fitzgerald, C.Kingsley, and S.D.Umans, Electric Machinery, McGraw-Hill.
18. J.P.Hayes,Digital System Design & Microprocessors, McGraw-Hill.
19. K.L.Short, Microprocessor & Programmed Logic, Prentice-Hall.
20. U.Valkenburg, Network Analysis, Prentice-Hall.
21. Kuo, Digital Control System, Holt Rinehart Winston.
22. J.Millman, Micro-Electronics, McGraw-Hill.
23. J.U.Wait, L.P.Huelsman, and G.A.Korn, Introduction to Operational Amplifiers Theory & Application,McGraw-Hill.
24. R.G.Coughlin and F.F.Driscoll, Operational Amplifiers & Linear Integrated Circuits, Prentice-Hall.
25. R.U.Churchill, J.W.Brown, and R.G.Verhey, Complex Variables & Applications, McGraw-Hill.
26. Motorola, CMOS Data Book.
27. SanRex, Power Semiconductor Data Book.
28. Allen-Bradley, Drives.

찾아보기

【2】

2차 항복 124

【ㄱ】

가변속 운전 183
가변 전압 및 가변 주파수 177
가변 직류 링크 인버터 185
가변 풍량 제어 198
강제 전류 회로 75
게이트 보호회로 79
게이트 신호 74
게이트 전류 130
고조파 177
고조파 장해 235
고조파 전류 231, 236
고조파 전류율 233
공기조화 시스템 199
공진 주파수 48
공진현상 232
과도전압변동 220
과부하 내량 190, 192
과부하 보호 190
과전류 차단 보호장치 192
과전압 보호회로 127
교류위상 제어 81
교류전력조정 19
교류전압 제어 141
교류필터 222, 237
기본파 성분 180

【ㄴ】

누설전류 28

【ㄷ】

다알링톤(Darlington) 접속 123
단락용량 237
단방향 제어기 142
단상 반파 정류기 54
단상 전파 전류기 56
대규모 무정전 전원 시스템 217
대칭각 제어 기법 108
댐퍼제어 200
댐핑비 77
댐핑펙터 50
돌입전류 195
드레인 전류 130
등가회로 82
디지틀 변조방식 181

【ㄹ】

래칭전류 72
리플성분 94

【ㅁ】

무정전 전원 시스템 209
무효전력 12

【ㅂ】

반송파 182
반한시 특성 190
방출전력 125
벅 부스트 컨버터 163
벅 컨벅터 155
베이스 구동회로 126

베이스 전류 123
변조지수 182
변조파 182
부동 충전방식 210
부스트 컨버터 159
부하선 126
브리지 인버터 179

【ㅅ】

사이리스터 71
삼상 반파 컨버터 100
삼상 브리지 정류기 59
삼상 세미컨버터 100
삼상 컨버터 99
상승시간 74
상용 대기방식 212, 213
상용 동기 대기방식 213
서지전압 128
선형영역 131
세미컨버터 95
쇼트키 다이오드 36
순 바이어스 28
순방향 전압강하 28
순방향 회복시간 32
순변환 17
스너버회로 77
스위칭 소자 119
스위칭 손실 127
시비율 154
시정수 47
신호전압 73
싸이클로컨버터 18

【ㅇ】

안전 동작 영역 124
알칼리 축전지 223
애노드 27
애벌란치(avalanche) 항복 71
양방향 제어 142
역률 개선 방법 106
역률 개선용 콘덴서 236
역 바이어스 28
역변환 18
역상전류 내량 239
역회복 시간 30
역회복 전하량 31
역회복 특성 30
열 등가회로 125
열저항 125
열전압 29
온(on)-오프(off) 제어 141
위상 제어 141
유지전류 72
인덕터 169
인버터 18
입력용량 195

【ㅈ】

자여식 인버터 177
자연 전류 143
자연 전류 회로 75
전력변환 회로 14
전력용 MOSFET 130
전력용 다이오드 27
전력용 반도체 소자 14
전력용 트랜지스터 119
전류원 인버터 177
전류 이득 130
전압원 인버터 177
전위장벽 29
절연회로 78
절환시간 217
점호 76
점호각 93
점호 펄스 143

정류 17
정류기 43
정류자 12
정류작용 97
정전압 정주파수 21
정지형 12
정지형 절환 스위치 213
정출력 특성 188
정 토오크 운전 183
정현파 펄스 폭 변조 기법 111
제어 정류기 93
종합 고조파 왜형률 179
주파수비 182
지연시간 74
직렬 리액터 236
직류 사이리스터 스위치 방식 211
직송선 213

【ㅊ】

쵸퍼 19
쵸퍼 회로 76
쵸핑 주기 154
쵸핑 주파수 154
축전지 용량 227
출력용량 195
충전기 용량 227

【ㅋ】

캐소드 27
커뮤테이션 75
컨버터 43
콜렉터 전류 124

【ㅌ】

타여식 인버터 177

【ㅍ】

파괴전압 125
포화영역 131
펄스 폭 변조(PWM : Pulse Width Modulation) 236
퓨리에 급수 180

【ㅎ】

항복전압 28
환류 다이오드 32
회생제동 191
회전형 12

Power Electronics

실용 전력전자공학

3판 9쇄 2019년 9월 2일

저 자 김철우 / 송언빈
발행인 송광헌
발행처 복두출판사
주 소 서울특별시 영등포구 경인로82길 3-4
센터플러스 807호
(우) 07371
전 화 02-2164-2580
FAX 02-2164-2584
등 록 1993. 11. 22. 제 10-902 호

정가 : 15,000원
ISBN : 978-89-8000-072-2 92560

한국과학기술출판협회 회원사